U0171153

国家"十三五"重点图书出版规划项目
"江苏省新型建筑工业化协同创新中心"经费资助

新型建筑工业化丛书

吴 刚 王景全 主 编

装配式混凝土高效梁柱连接节点研究与设计

管东芝 郭正兴 朱张峰 郑永峰 著

东南大学出版社
SOUTHEAST UNIVERSITY PRESS
·南京·

内容提要

本书阐述了装配式混凝土梁柱连接的特点和在我国的发展历程,介绍了课题组提出的若干种基于等同现浇的装配式混凝土高效梁柱连接形式,全面、系统地阐述了装配式混凝土高效梁柱连接的研究成果和设计方法。本书内容系统、重点突出、图文并茂、易于掌握,既是研究成果的理论著作,也可指导设计人员应用系列装配式混凝土高效梁柱连接。

本书适合从事装配式混凝土结构的科研、设计技术人员,也可为高校相关专业教师开展本技术领域教学提供参考与借鉴。

图书在版编目(CIP)数据

装配式混凝土高效梁柱连接节点研究与设计 / 管东芝等著.
—南京:东南大学出版社,2022.1
(新型建筑工业化丛书 / 吴刚,王景全主编)
ISBN 978 - 7 - 5641 - 9789 - 6

Ⅰ. ①装… Ⅱ. ①管… Ⅲ. ①装配式混凝土结构—梁柱—联结件—研究 Ⅳ. ①TU37

中国版本图书馆 CIP 数据核字(2021)第 231832 号

责任编辑:丁 丁 责任校对:杨 光 封面设计:东南视觉 责任印制:周荣虎

装配式混凝土高效梁柱连接节点研究与设计
Zhuangpeishi Hunningtu Gaoxiao Liangzhu Lianjie Jiedian Yanjiu Yu Sheji

著 者	管东芝 郭正兴 朱张峰 郑永峰
出版发行	东南大学出版社
社 址	南京市四牌楼 2 号 邮编:210096 电话:025-83793330
网 址	http://www.seupress.com
电子邮箱	press@seupress.com
经 销	全国各地新华书店
印 刷	江苏凤凰数码印务有限公司
开 本	787mm×1092mm 1/16
印 张	16
字 数	350 千字
版 次	2022 年 1 月第 1 版
印 次	2022 年 1 月第 1 次印刷
书 号	ISBN 978-7-5641-9789-6
定 价	98.00 元

本社图书若有印装质量问题,请直接与营销部联系,电话:025-83791830。

序

　　改革开放近四十年来,随着我国城市化进程的发展和新型城镇化的推进,我国建筑业在技术进步和建设规模方面取得了举世瞩目的成就,已成为我国国民经济的支柱产业之一,总产值占 GDP 的 20% 以上。然而,传统建筑业模式存在资源与能源消耗大、环境污染严重、产业技术落后、人力密集等诸多问题,无法适应绿色、低碳的可持续发展需求。与之相比,建筑工业化是以采用标准化设计、工厂化生产、装配化施工、一体化装修和信息化管理为主要特征的生产方式,并在设计、生产、施工、管理等环节形成完整有机的产业链,实现房屋建造全过程的工业化、集约化和社会化,从而提高建筑工程质量和效益,实现节能减排与资源节约,是目前实现建筑业转型升级的重要途径。

　　"十二五"以来,建筑工业化得到了党中央、国务院的高度重视。2011 年国务院印发《建筑业发展"十二五"规划》,明确提出"积极推进建筑工业化";2014 年 3 月,中共中央、国务院印发《国家新型城镇化规划(2014—2020 年)》,明确提出"绿色建筑比例大幅提高""强力推进建筑工业化"的要求;2015 年 11 月,中国工程建设项目管理发展大会上提出的《建筑产业现代化发展纲要》中提到,"到 2020 年,装配式建筑占新建建筑的比例 20% 以上,到 2025 年,装配式建筑占新建建筑的比例 50% 以上";2016 年 8 月,国务院印发《"十三五"国家科技创新规划》,明确提出了加强绿色建筑及装配式建筑等规划设计的研究;2016 年 9 月召开的国务院常务会议决定大力发展装配式建筑,推动产业结构调整升级。"十三五"期间,我国正处在生态文明建设、新型城镇化和"一带一路"倡议实施的关键时期,大力发展建筑工业化,对于转变城镇建设模式,推进建筑领域节能减排,提升城镇人居环境品质,加快建筑业产业升级,具有十分重要的意义和作用。

　　在此背景下,国内以东南大学为代表的一批高校、科研机构和业内骨干企业积极响应,成立了一系列组织机构,以推动我国建筑工业化的发展,如依托东南大学组建的新型建筑工业化协同创新中心、依托中国电子工程设计院组建的中国建筑学会工业化建筑学术委员会、依托中国建筑科学研究院组建的建筑工业化产业技术创新战略联盟等。与此同时,"十二五"国家科技支撑计划、"十三五"国家重点研发计划、国家自然科学基金等,对建筑工业化基础理论、关键技术、示范应用等相关研究都给予了有力资助。在各方面的支持下,我国建筑工业化的研究聚焦于绿色建筑设计理念、新型建材、结构体系、施工与信息化管理等方面,取得了系列创新成果,并在国家重点工程建设中发挥了重要作用。将这些成果进行总结,并出版"新型建筑工业化丛书",将有力推动建筑工业化基础理论与技术的发展,促进建筑工业化的推广应用,同时为更深层次的建筑工业化技术标准体系的研究奠定坚实的基础。

　　"新型建筑工业化丛书"应该是国内第一套系统阐述我国建筑工业化的历史、现状、理论、技术、应用、维护等内容的系列专著,涉及的内容非常广泛。该套丛书的出版将有助于我国建筑工业化科技创新能力的加速提升,进而推动建筑工业化新技术、新材料、新产品的应用,实现绿色建筑及建筑工业化的理念、技术和产业升级。

　　是以为序。

清华大学教授
中国工程院院士　聂建国

2017 年 5 月 22 日于清华园

丛书前言

建筑工业化源于欧洲,为解决战后重建劳动力匮乏的问题,通过推行建筑设计和构配件生产标准化、现场施工装配化的新型建造生产方式来提高劳动生产率,保障了战后住房的供应。从20世纪50年代起,我国就开始推广标准化、工业化、机械化的预制构件和装配式建筑。70年代末从东欧引入装配式大板住宅体系后全国发展了数万家预制构件厂,大量预制构件被标准化、图集化。但是受到当时设计水平、产品工艺与施工条件等的限制,装配式建筑遭遇较严重的抗震安全问题,而低成本劳动力的耦合作用使得装配式建筑应用减少,80年代后期开始进入停滞期。近几年来,我国建筑业进行结构调整和转型升级,在中央和地方政府大力提倡节能减排政策引领下,建筑业开始向绿色、工业化、信息化等方向发展,以发展装配式建筑为重点的建筑工业化又得到重视和兴起。

新一轮的建筑工业化与传统的建筑工业化相比又有了更多的内涵,在建筑结构设计、生产方式、施工技术和管理等方面有了巨大的进步,尤其是运用信息技术和可持续发展理念来实现建筑全生命周期的工业化,称为新型建筑工业化。新型建筑工业化的基本特征主要有设计标准化、生产工厂化、施工装配化、装修一体化、管理信息化五个方面。新型建筑工业化可以最大限度地节约建筑建造和使用过程中的资源、能源,提高建筑工程质量和效益,并实现建筑与环境的和谐发展。在可持续发展和发展绿色建筑的背景下,新型建筑工业化已经成为我国建筑业发展方向的必然选择。

自党的十八大提出要发展"新型工业化、信息化、城镇化、农业现代化"以来,国家多次密集出台推进建筑工业化的政策要求。特别是2016年2月6日,中共中央、国务院印发《关于进一步加强城市规划建设管理工作的若干意见》,强调要"发展新型建造方式,大力推广装配式建筑,加大政策支持力度,力争用10年左右时间,使装配式建筑占新建建筑的比例达到30%";2016年3月17日正式发布的《国家"十三五"规划纲要》,也将"提高建筑技术水平、安全标准和工程质量,推广装配式建筑和钢结构建筑"列为发展方向。在中央明确要发展装配式建筑、推动新型建筑工业化的号召下,新型建筑工业化受到社会各界的高度关注,全国20多个省市陆续出台了支持政策,推进示范基地和试点工程建设。科技部设立了"绿色建筑与建筑工业化"重点专项,全国范围内也由高校、科研院所、设计院、房地产开发和部构件生产企业等合作成立了建筑工业化相关的创新战略联盟、学术委员会,召开各类学术研讨会、培训会等。住建部等部门发布了《装配式混凝土建筑技术标准》《装配式钢结构建筑技术标准》《装配式木结构建筑技术标准》等一批规范标准,积极推动了我国建筑工业化的进一步发展。

东南大学是国内最早从事新型建筑工业化科学研究的高校之一,研究工作大致经历了三个阶段。第一个阶段是海外引进、消化吸收再创新阶段。早在 20 世纪末,吕志涛院士敏锐地捕捉到建筑工业化是建筑产业发展的必然趋势,与冯健教授、郭正兴教授、孟少平教授等共同努力,与南京大地集团等合作,引入法国的世构体系;与台湾润泰集团等合作,引入润泰预制结构体系。历经十余年的持续研究和创新应用,完成了我国首部技术规程和行业标准,成果支撑了全国多座标志性工程的建设,应用面积超过 500 万 m^2。第二个阶段是构建平台、协同创新。2012 年 11 月,东南大学联合同济大学、清华大学、浙江大学、湖南大学等高校以及中建总公司、中国建筑科学研究院等行业领军企业组建了国内首个新型建筑工业化协同创新中心,2014 年入选江苏省协同创新中心,2015 年获批江苏省建筑产业现代化示范基地,2016 年获批江苏省工业化建筑与桥梁工程实验室。在这些平台上,东南大学一大批教授与行业同仁共同努力,取得了一系列创新性的成果,支撑了我国新型建筑工业化的快速发展。第三个阶段是自 2017 年开始,以东南大学与南京市江宁区政府共同建设的新型建筑工业化创新示范特区载体(第一期面积 5 000 m^2)的全面建成为标志和支撑,将快速推动东南大学校内多个学科深度交叉,加快与其他单位高效合作和联合攻关,助力科技成果的良好示范和规模化推广,为我国新型建筑工业化发展做出更大的贡献。

　　然而,我国在大规模推进新型建筑工业化的过程中,技术和人才储备都严重不足,管理和工程经验也相对匮乏,急需一套专著来系统介绍最新技术,推进新型建筑工业化的普及和推广。东南大学出版社出版的"新型建筑工业化丛书"正是顺应这一迫切需求而出版,是国内第一套专门针对新型建筑工业化的丛书。丛书由十多本专著组成,涉及建筑工业化相关的政策、设计、施工、运维等各个方面。丛书编著者主要是来自东南大学的教授,以及国内部分高校、科研单位一线的专家和技术骨干,就新型建筑工业化的具体领域提出新思路、新理论和新方法来尝试解决我国建筑工业化发展中的实际问题,著者资历和学术背景的多样性直接体现为丛书具有较高的应用价值和学术水准。由于时间仓促、编著者学识水平有限,丛书中疏漏和错误之处在所难免,欢迎广大读者提出宝贵意见。

丛书主编　吴　刚　王景全

前　　言

　　建筑工业化是我国建筑业的重要发展战略,得到了党中央、国务院的重视。装配式混凝土结构以良好的经济、环境和社会效益得到了长足的发展,近年来与智慧工地等智能建造概念结合的案例逐渐增多,被认为是智能建造发展的重要载体。因此,装配式混凝土结构是建筑工业化,乃至智能建造领域重要的研究和应用热点。装配式混凝土框架易于模数化、标准化和定型化,更具得天独厚的推广应用优势,是装配式混凝土结构进一步发展的主要方向。在装配式混凝土框架结构体系中,预制梁柱连接节点对结构性能往往起决定性的作用,同时影响施工可行性和建造方式,故而装配式混凝土框架的结构形式往往取决于预制梁柱连接节点的形式。

　　我国目前仍然采用"等同现浇"思路来设计和建造装配式混凝土结构,有力地促进了装配式混凝土结构的大范围推广应用,但也带来了施工烦琐、精度要求高、建造成本高等问题,在一定程度上阻碍了装配式混凝土结构的进一步发展。基于"十二五"国家科技支撑计划项目课题"装配式建筑混凝土剪力墙结构关键技术研究""十三五"国家重点研发计划项目课题"装配式建筑关键节点连接高效施工及验收技术研究与示范"的研究,课题组对装配式混凝土结构中涉及的钢筋连接技术、混凝土结合面技术开展了深入的研究,同时提出了多种装配式混凝土高效梁柱连接形式,旨在保证良好抗震性能的同时提高施工效率,降低建造成本,促进装配式混凝土框架结构向着高质量、高效率的方向进一步发展。

　　本书以课题组在装配式混凝土框架结构方面所开展的科研工作为基础,系统介绍系列试验研究,阐述相关的设计方法,涉及钢筋套筒连接、混凝土结合面形式、多种梁柱连接技术及相应的设计方法,为提高我国装配式混凝土框架结构的建造效率提供技术选择和支撑,在为设计人员提供技术指导的同时,也可作为科研人员的参考与借鉴。

　　本书共分六章,主要内容包括:第1章绪论,系统梳理了装配式混凝土框架梁柱连接的特点,总结国内外装配式混凝土框架结构梁柱连接发展历程;第2章装配式混凝土结构钢筋连接技术,重点介绍了浆锚连接技术及套筒连接技术的研究和相应的设计原则;第3章预制混凝土与现浇混凝土结合面技术,重点叙述了预制混凝土与现浇混凝土结合面的形式和研究成果,并介绍了相关的抗剪设计方法;第4章直锚与搭接混合装配整体式混凝土梁柱连接研究与设计,重点介绍了普通钢筋锚入式混合连接和钢绞线锚入式混合连接试验研究成果,并阐述了相关的强度、变形计算方法;第5章部分高强筋装配整体式混凝土梁柱连接研究与设计,重点阐述了采用高强筋作为底筋的装配式混凝土梁柱连接试验研究成果,以及塑性铰的研究成果和计算方法;第6章局部预应力装配整体式混凝土梁柱连接研究与设计,重点介绍了采用局部预应力筋连接的装配式梁柱节点试验研究成果和系统的设计方法。

本书由东南大学郭正兴和管东芝、南京工业大学朱张峰、山东建筑大学郑永峰老师共同执笔,本书涉及的研究成果得到了课题组其他成员的支持,包括东南大学刘家彬老师、江苏科技大学杨辉老师、原东南大学硕士研究生尹航和栾丽影等,在此表示衷心的感谢。

装配式混凝土框架结构的研究非常广泛,认识尚未统一,课题组也在开展持续研究。由于作者理论水平与实践经验有限,书中难免存在不足甚至谬误之处,恳请读者批评指正。

作　者
2021 年 3 月

目　　录

第1章

绪论

1.1 装配式混凝土结构概述

随着我国城市化进程的发展和新型城镇化的推进,我国建筑业在技术进步和建设规模方面取得了卓越的成就,早已成为我国国民经济的支柱产业之一。近年来,"一带一路"倡议的实施带动了新一轮的投资热潮,并且我国的新型城镇化还有较大的发展空间,这给建筑业带来了新的发展机遇。可以说,在未来相当长的时间内,建筑业的技术进步和节地、节能、节水、节材水平,仍然在很大程度上影响并决定着我国经济增长方式的转变和未来国民经济整体发展的速度与质量。在新的形势下,以大量的材料、劳动力和资源投入为特征的传统建造作业方式的重要转型方向即为装配式建筑结构。其中,混凝土结构最为面广量大,由全现浇混凝土建造体系变为装配式混凝土结构建造方式是建筑业技术升级的重要内容之一。

装配式混凝土结构具有标准化设计、工厂化生产、机械化装配、信息化提升的特点。装配式混凝土结构是通过离散的预制混凝土构件相互连接形成的整体结构,作为整体结构基本单元的预制构件,较为适应标准化、定型化和模数化的要求,从而可以促进建筑产业形成集约式的工业化生产方式。考虑到预制装配式混凝土建筑结构工厂生产、现场安装的一体化生产建造方式,从建筑方案的设计开始就遵循一定的标准,可为大规模重复制造与施工打下基础。预制混凝土构件在工厂进行生产,缓解和解决了诸多全现浇混凝土结构全部现场化施工带来的问题。首先,主要建筑构件在工厂内制作完成,减小了现场工作量,扬尘、噪声污染得到有效控制,废水、废渣、废气等建筑废弃物随着工厂化生产效率的提高大幅减少,将对环境的影响降低到最小的范围内。其次,工厂提供了良好的室内工作环境,避免了天气的影响,可有效控制温度和湿度等因素,同时人员操作更加舒适方便,钢模得到大量应用,预制构件的质量大幅提高。最后,工厂采用流水线式的自动化生产方式和现代化的管理方法,模板等辅助材料周转率大幅提高,材料浪费现象得到有效控制,节约了资源,降低了成本;同时劳动力投入降低,有效缓解了建筑工人缺乏的问题。装配式混凝土结构在施工建造时,大部分构件已经在工厂制作完成,运送到现场时已经成型,所有的预制构件全部通过专用工具进行吊装,安装速度快,施工效率高,人工劳动量大幅减少,机械化程度高。目前,工程结构建造概念正经历着巨大的发展和转变,自动化和机器人技术、计算机协调施工技术(CIC)、建筑信息模型技术(BIM)等相继得到了开发和应用。装配式混凝土结构标准化、定型化和模数化的构件单元便于各种施工机械的应用,在实现建筑结构自动化建造方面具有较大的优势。装配式混凝土结构的建造,仅建造承担者就涉及设计方、施工方和预制构件厂商等多方单位,每一个构件从最初的设计到最终的吊装到位,需要多方的深度协调。其生产和建造的方式适合工业化方式,更便于信息化技术和信息化管理的应用实施,更加契合当下智能建造理念的发展。因此,装配式混凝土结构代表着建筑产业发展的未来方向之一。

从受力角度而言,装配式混凝土结构是由预制混凝土构件通过适当的连接方法进行连接所形成的整体受力结构。按结构或者预制构件的构成方式分为装配整体式混凝土结构和全预制混凝土结构。前者的预制构件采用半预制的方式,在现场仍需要浇筑少量混凝土,通过现浇的混凝土连接所有的预制混凝土构件形成整体,属于叠合结构;后者则完全取消现浇混凝土,所有的部件均为完全的预制构件,往往通过硬接触的方式实现预制构件的连接。装配整体式混凝土结构往往采用等同现浇的思路进行设计,而且存在着现场的现浇作业,一般认为结构的整体性更好。因此,装配整体式混凝土结构更易于被人们理解与接受,在我国甚至世界范围内都得到了广泛关注与认可,是目前大量建造的主流。

装配式混凝土结构按结构形式主要分为装配式剪力墙结构、装配式框架结构和装配式框架剪力墙结构。目前国内装配式混凝土结构的研究和应用多集中于装配式剪力墙结构。实际上,框架结构由梁和柱以刚接或铰接的形式相连而成,相对于墙单元,梁、柱单元更易于模数化、标准化和定型化,装配式混凝土框架结构更具有得天独厚的推广应用优势,是装配式混凝土结构进一步发展的主要方向。在装配式混凝土框架结构体系中,预制构件间的连接节点,特别是预制梁柱连接节点,对结构性能如承载能力、结构刚度、抗震性能等往往起到决定性的作用,同时对装配式混凝土框架结构的施工可行性和建造方式也有深远的影响,故而装配式混凝土框架的结构形式往往取决于预制梁柱连接节点的形式。因此,在采用等同现浇思想的装配整体式混凝土框架结构的应用过程中,梁柱连接的研究和设计往往也是该类结构大范围推广应用的重中之重。

1.2 装配式混凝土梁柱连接节点技术特点

在装配式混凝土框架结构体系中,预制构件间的连接节点,特别是预制梁柱连接节点,对结构性能如承载能力、结构刚度、抗震性能等往往起到决定性的作用,同时深远影响着预制混凝土框架结构的施工可行性和建造方式,故而装配式混凝土框架的结构形式往往取决于梁柱连接节点的形式。装配式混凝土框架结构梁柱连接种类和形式繁多,从不同的角度出发,可以了解和比较其不同的技术特点。

一般而言,装配式混凝土框架结构梁柱连接根据施工工艺的不同,可以分为湿连接和干连接。湿连接即为现浇节点,是指预制构件在建造现场通过浇筑混凝土或灌注水泥基灌浆料的方式完成连接,使离散的构件连接成为一个整体结构,浇筑的这部分往往是结构形成完整的传力路径的关键部位。湿连接包括常规整浇连接、钢筋或预应力筋孔道灌浆连接等。这类连接节点现场施工时,仍然需要在预制梁、柱吊装完成后形成的节点区搭设一定量的现场模板,用于节点区的现场混凝土浇筑。(如图 1-1)

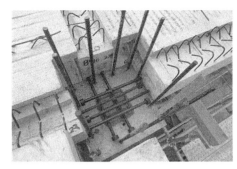 

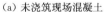

(a) 未浇筑现场混凝土   (b) 节点区搭设模板

图 1-1   典型装配式混凝土梁柱湿连接

干连接与湿连接不同,其在现场安装往往不涉及湿作业,主要有两类:一类是梁柱构件以及连接件均在工厂生产,在预制构件内植入钢部件,运到现场后,通过螺栓或焊接来连接预制构件形成整体结构。按照构造方式的不同,主要包括牛腿连接、钢吊架连接、焊接连接、螺栓连接、干式企口连接等。另一类则是通过无粘结预应力压接的形式来连接梁柱构件,属于预应力连接。干连接现场拼装时,不考虑现浇混凝土作业,所以往往具有建造速度快、周期短的特点。(如图 1-2)

图 1-2   典型装配式混凝土梁柱干连接

装配式混凝土框架结构梁柱连接的抗震性能是关系整个结构在地震中的表现的关键,故从抗震性能和抗震设计策略角度来看,用于抗震设防区的装配式混凝土框架结构主要有两种:一种是等同于现浇钢筋混凝土框架结构抗震性能的装配式混凝土框架结构,简称等同现浇类;另一种是拥有自身独特抗震性能和规律的装配式混凝土框架结构,简称自身特性类。等同现浇类装配式混凝土框架结构是指建成的装配式混凝土框架结构抗震性能达到甚至超过现浇混凝土框架结构,抗震机理和评价指标均与现浇混凝土结构一致。这样在实际设计应用中,装配式混凝土结构就可以根据现行的较为成熟的现浇结构规范进行设计,设计的原则是在地震作用下结构的性能等同于现浇结构体系。这类装配式混凝土框架结构常采用湿连接的形式来形成整体,设计允许的塑性变形可以设置在连接区内,也可以设置在连接区外,后者即为强连接,如图 1-3 所示。

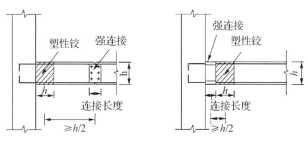

图 1-3 强连接示意图

与等同现浇相反的另一种观点认为,装配式混凝土结构是一种独立结构,其性能目标和标准不应该依照或者等同现浇混凝土框架结构体系。该类装配式混凝土框架结构一般采用干连接形式,也有少量现场湿作业,形成的整体结构受力特性不同于现浇混凝土结构体系。这类结构的塑性变形往往仅限于连接区域,预制混凝土构件能够保持弹性或者仅有少量破坏,连接区在地震荷载下的结构响应常常决定了整个预制框架结构的抗震性能。因此,预制构件本身无须设计成延性构件,可以在一定程度上降低造价;同时,若采用合理的节点构造,使得预制构件在地震后能够方便更换,所需的成本和代价往往比对现浇钢筋混凝土框架结构进行修复要小。常见的自身特性类预制混凝土框架连接节点主要有无粘结预应力筋连接、混合连接和基于消能减震技术的连接等。(如图 1-4)

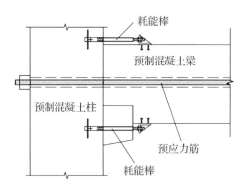

图 1-4 典型自身特性类梁柱连接示意图

装配式混凝土框架梁柱连接从受力性能来看,可分为抗弯连接和简单连接。抗弯连接受力时能够承受弯矩,简单连接仅能承受剪力和轴力,在结构分析和计算时被当成铰接考虑。从连接变形的特点来区分,可分为刚性连接、半刚性连接和铰接连接。

预制构件之间的连接实质上要解决离散的预制构件之间的内力传递问题,故从内力传递的角度可以更好地认识装配式混凝土框架结构连接的特点。钢筋混凝土是由混凝土和钢筋按照一定原则结合成一体的组合材料,它们能够共同受力的本质原因是二者之间具有较好的粘结作用,从而变形协调,通过平截面假定来分析构件的应力分布。预制构件之间的连接由于构造形式的不同,内力传递方式因而多种多样。考虑到普通钢筋混凝土的传力特点,从传力方式的角度出发,装配式混凝土框架结构梁柱连接分为直接传力连接、间接传力连接和混合传力连接三种形式。

直接传力连接将不同预制混凝土构件的钢筋和混凝土通过某种方式直接连接起来,同普通混凝土一样,通过钢筋和混凝土之间的粘结作用共同受力,连接部位能够适用于平截面假定。在地震作用下,主要通过钢筋的屈服和混凝土的破坏来耗散能量。相对于直接传力连接,间接传力连接不通过钢筋和混凝土的粘结作用形成整体,预制构件之间通过"硬"接触的方式来传递内力。常见的间接传力连接主要是搁置式连接。在间接传力连接中,往往在预制构件上植入钢部件,在现场安装时通过钢部件的连接形成整体结构,内力需要通过钢部件的连接来传递。混合传力连接结合前两者的特点,部分采用直接传力连接,部分采用间接传力连接来达到传递结构内力的目的。

1.2.1　直接传力连接

1) 预制梁底筋锚固连接

预制梁底外伸的纵向钢筋直接伸入节点核心区位置进行锚固,如图 1-5(a)所示。预制楼板放置在预制梁上,在梁和楼板的上表面、节点核心区布置钢筋,再浇筑并振捣混凝土,使所有预制构件连接成为整体。这种节点必须有效保证下部纵筋的锚固性能,一般做法是将锚固钢筋端部弯折形成弯钩或者在钢筋端部增设锚固端头来保证锚固质量和减少锚固长度。国外也有在预制梁端增设环扣状钢绞线的做法,通过环扣状的钢绞线伸入节点核心区进行锚固,如图 1-5(b)所示。

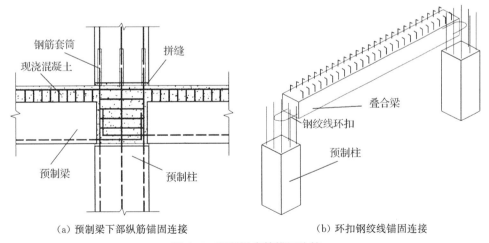

(a) 预制梁下部纵筋锚固连接　　　　　　　(b) 环扣钢绞线锚固连接

图 1-5　预制梁底筋锚固连接

2) 附加钢筋搭接连接

采用该连接的预制梁下部纵筋往往不伸入节点核心区,而是通过伸入或者跨过节点核心区的附加钢筋与梁端伸出的钢筋进行搭接,再后浇混凝土形成整体结构。该连接形式最常见的做法是预制梁端部预留一小段 U 形薄壁键槽,梁底纵筋在键槽端部截断,附加钢筋贯穿节点核心区,并置于键槽内,如图 1-6(a)所示。若梁端不设置 U 形薄壁键槽,则必须通过现场搭设梁端部模板并浇筑混凝土来完成附加钢筋与预制梁纵筋的搭接,如图 1-6(b)所示。

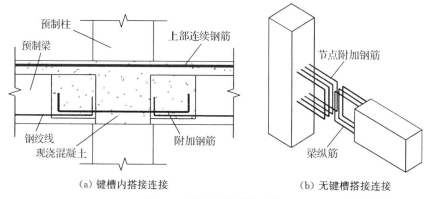

(a) 键槽内搭接连接   (b) 无键槽搭接连接

图 1-6   附加钢筋搭接连接

3) 锚固与搭接混合连接

锚固与搭接混合连接结合了前两种连接的特点,在梁端设置 U 形键槽,预制梁下部底筋伸出梁端,在节点核心区进行锚固,同时增设附加钢筋来加强预制梁与预制柱的连接,如图 1-7(a)所示。钢绞线锚入和附加普通钢筋的混合连接,如图 1-7(b)所示。该连接预制梁采用先张法预制预应力梁形式,梁端预留键槽。钢绞线从键槽内伸出,端部通过压花机形成压花锚,根据锚固长度需要,可伸入节点核心区内或者对面预制梁的键槽内锚固。在节点拼装时,附加两端带扩大头的直钢筋,通过后浇混凝土实现梁柱节点的整体连接。

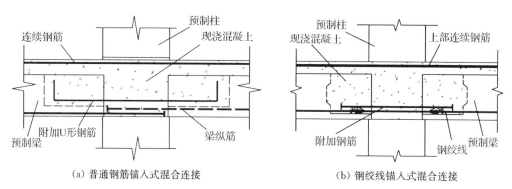

(a) 普通钢筋锚入式混合连接   (b) 钢绞线锚入式混合连接

图 1-7   锚固与搭接混合连接

4) 钢筋贯通连接

该连接使得不同预制构件上的钢筋连接成为贯通的整体,在受力状态上更加接近于普通钢筋混凝土结构。对于节点区现浇的预制混凝土框架连接,大多采用预制梁钢筋在节点区焊接或者套筒连接的形式相连,也可采用节点连接两侧预制梁共同预制成一体的形式,梁钢筋在节点区通长设置,如图 1-8(a)所示,该形式的预制梁一般称为"莲藕梁"。

对于梁柱节点核心区也预制的框架连接,往往在节点核心区预留贯通孔,同时在一侧梁内也预留孔道,另一侧梁纵向钢筋超长布置,现场安装时穿过柱贯通孔伸入梁孔道内,通过注浆形成整体连接,如图 1-8(b)所示。该连接以日本的 LRV-H 技术为代表。

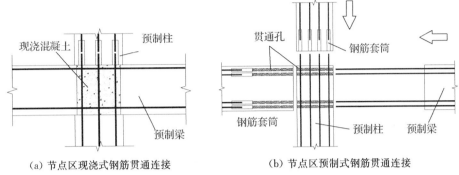

(a) 节点区现浇式钢筋贯通连接   (b) 节点区预制式钢筋贯通连接

图 1-8   钢筋贯通连接

5) 有粘结预应力筋压接连接

该连接方式采用高强度的后张预应力筋将预制梁和预制柱构件连接在一起。通过灌浆等手段,使得预应力筋与混凝土之间产生粘结,预应力筋成为预制构件配筋的一部分。在连接截面处只有预应力筋,而没有任何普通钢筋。地震作用下,梁柱连接节点通过连接处裂缝的张开和闭合来耗散能量。随着变形的增大,预应力筋屈服后也会产生一定的塑性变形,连接节点具有一定的耗能能力,但耗能能力相对较弱,震后残余变形也相对较大,该连接形式如图 1-9 所示。

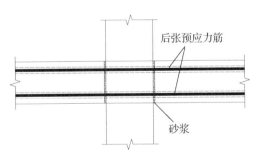

图 1-9   有粘结预应力筋压接连接

6) 有粘结预应力筋压接与普通钢筋搭接混合连接

由于纯粹的有粘结预应力筋压接连接耗能能力较差,故在预制梁上下一定高度内,增设普通钢筋来提高耗能能力,如图 1-10 所示。该连接通过有粘结预应力筋的作用将预制梁和预制柱压接在一起,由摩擦力来抵抗梁上传递至节点的剪力,在地震作用下也不需要设置剪力键或牛腿。普通钢筋和预应力筋都提供受弯承载力,普通钢筋还要通过其屈服来耗散地震能量。预应力筋穿过在梁和梁柱节点核心区内预留好的孔道进行张拉;上下两侧的普通钢筋则通过在梁上下预留的凹槽和节点内预留的孔道穿入,并现场灌浆。灌浆后,混凝土和预应力筋及普通钢筋形成相互粘结的整体,通过平截面假定可以有效分析各个部位的应力情况。为避免普通钢筋过早屈服,往往在靠近连接截面的一小区段内设置为无粘结。

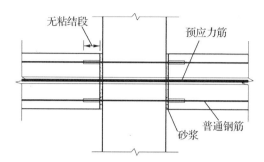

图 1-10　有粘结预应力筋压接与普通钢筋搭接混合连接

1.2.2　间接传力连接

1)预制梁搁置铰接连接

该连接常采用干连接方式,其主要特点是预制柱在连接处设置搁置短平台,预制梁直接搁置在短平台上,梁钢筋不伸出梁端,在梁端一般留有销栓孔,搁置短平台上伸出螺栓或者钢筋,插入销栓孔内,起限位固定作用。该平台可以采用混凝土牛腿或型钢承台等多种形式,根据建筑要求的不同,搁置平台有明式或暗式等,如图 1-11 所示。

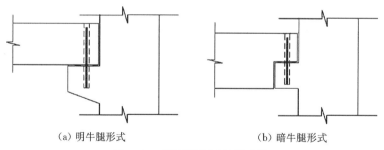

(a)明牛腿形式　　　　　　　　(b)暗牛腿形式
图 1-11　预制梁搁置铰接连接

2)预制梁搁置抗弯连接

由于预制梁搁置铰接连接不能传递弯矩,因而多用于工业厂房结构。将预制梁截面上下部分通过不同的形式与柱形成良好的连接,使得预制梁端能够传递弯矩,即成为预制梁搁置抗弯连接。常采用焊接连接,即预制梁端和预制柱对应处预埋钢连接件,预制梁搁置后进行钢连接件焊接,形成能够传递弯矩的搁置连接,如图 1-12(a)所示。预制梁截面上部也可以通过钢板和螺栓组合件与预制柱连接,螺栓将钢板压紧,钢板之间通过摩擦力来耗能,这种连接即为摩擦滑移连接。另一种方式则通过特制的连接件连接预制梁内纵筋,再紧固螺栓形成抗弯连接,如图 1-12(b)所示。

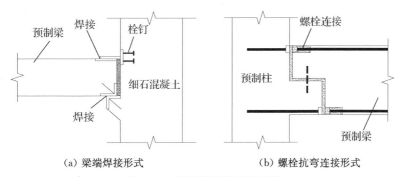

（a）梁端焊接形式　　　　　　　（b）螺栓抗弯连接形式

图 1-12　预制梁搁置抗弯连接

3）预埋钢构件连接

该类连接方式不同于一般预埋小型钢部件的预制混凝土框架结构，其预埋的钢构件连接不依赖于预制混凝土，可独立传递内力。预制混凝土内的钢筋与钢构件有效焊接，混凝土与钢构件有效粘结形成完整的预制构件，钢构件往往采用螺栓连接的方式进行连接，现场安装后，再现浇混凝土将钢构件完全锚入混凝土，如图 1-13（a）所示。国内也有学者提出梁柱连接部位完全依靠钢构件进行连接，预制混凝土在非梁柱连接区域与钢构件有效连接，在连接区域该结构类似于钢结构，如图 1-13（b）所示。

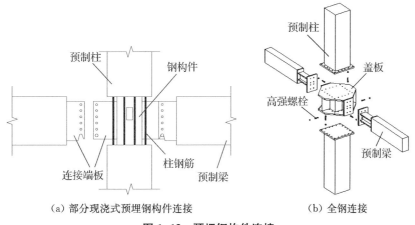

（a）部分现浇式预埋钢构件连接　　　　　　（b）全钢连接

图 1-13　预埋钢构件连接

4）梁端局部预应力筋压接连接

该连接的预制混凝土梁端部制作成扩大端的形式，预留预应力孔道。现场安装时，在梁柱接缝之间涂抹一层砂浆垫层，预应力筋穿过梁柱上的孔道施加预应力后，预制梁和预制柱通过预应力筋压接在一起，如图 1-14（a）所示。梁端部扩大端受力较为复杂，需要严格计算配筋。国外有学者提出仿照钢结构构造特点，预制混凝土梁端部预制成类似工字梁焊接钢板的形式，通过预应力螺栓来实现与预制柱的连接，如图 1-14（b）所示。

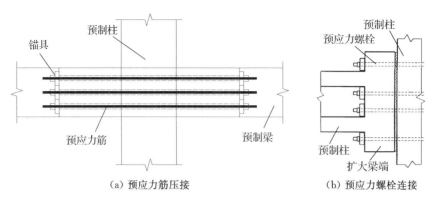

（a）预应力筋压接　　　　　　　（b）预应力螺栓连接

图 1-14　梁端局部预应力筋压接连接

5）无粘结预应力筋压接连接

该连接方式同有粘结预应力筋压接连接的构造方式类似，如图 1-15 所示。但预应力筋与预制混凝土之间没有粘结，能够延缓预应力筋的屈服，使其在罕遇地震作用下仍能保持弹性，连接节点震后残余变形很小，具有较强的恢复能力。其依靠预制梁端的锚固端来传递预应力，预应力相对于预制构件来说是外力，梁柱连接通过预应力筋和预制构件共同承受弯矩荷载，属于间接传力的范畴。

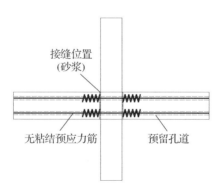

图 1-15　无粘结预应力筋压接连接

1.2.3　混合传力连接

直接传力连接多采用湿连接，现场湿作业较多，但传力路径较短，受力直接，抗震耗能能力较强；间接传力连接多是干连接，现场装配安装相对较为方便，但传力路径较长，在地震荷载作用下，易在连接部位处发生破坏。混合传力连接结合二者的特点，既有间接连接的部位，又有直接连接的部分，主要有以下几种连接方式。

1）搁置叠合现浇连接

该连接不同于一般的搁置抗弯连接，其预制梁往往做成预制叠合梁的形式，预制柱在两层连接位置也预留现浇区。在现场安装时，预制梁先搁置于柱边的牛腿或搁置平台上，搁置重叠部分采用焊接等形式连接为整体，梁上叠合部位放置钢筋，伸入预制柱现浇区，再现浇混凝土完成整个结构，如图 1-16(a) 所示。预制梁亦可直接搁置于预制柱顶，如

图 1-16(b) 所示。由于两侧预制梁下部依靠硬接触进行传力,导致该连接的梁、柱构件在节点区均非连续,其抗震性能受到一定的影响。

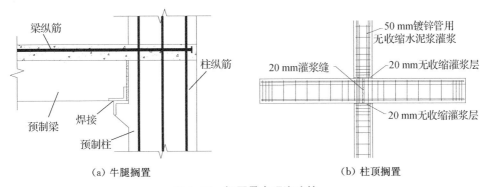

（a）牛腿搁置 　　　　　　　　（b）柱顶搁置

图 1-16　搁置叠合现浇连接

2) 无粘结预应力筋压接与普通钢筋受力混合连接

在无粘结预应力筋压接的基础上,对预制梁截面上下部分普通钢筋贯穿预制柱,锚固于预制柱预留的孔道内,如图 1-17 所示,普通钢筋也可以是搭接钢筋。该连接无粘结预应力筋压接是间接传力,梁截面上下部分的普通钢筋则属于直接传力,无粘结预应力筋能够提供较强的恢复力,使得该连接在地震作用下残余变形较小,同时普通钢筋又增强了耗能能力。

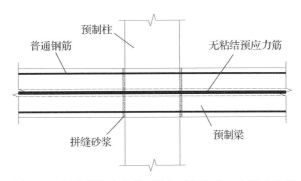

图1-17　无粘结预应力筋压接与普通钢筋受力混合连接

1.3　装配式混凝土框架梁柱连接国外典型形式

由于不同国家和地区社会、经济发展水平的差异,装配式混凝土结构的发展存在着一定的不同。一般认为,装配式混凝土建筑技术起源于 19 世纪的欧洲,20 世纪初,装配式混凝土建筑技术传到美国;20 世纪 50 年代,日本开始大力发展建筑工业化,装配式混凝土建筑开始得到发展。本节选取发展装配式混凝土建筑结构较为成熟的有关国家或地区的典型装配式混凝土框架梁柱连接形式,对其技术内容及相关构造进行概要介绍。

1.3.1 美国

美国各种结构专业相关的协会发布了许多涉及装配式混凝土框架梁柱连接的规程、指南等,其中有代表性的 Joint ACI-ASCE Committee 550 发布了报告 *Guide to Emulating Cast-in-Place Detailing for Seismic Design of Precast Concrete Structures*[1],对装配整体式混凝土框架结构的关键连接节点做法做出了详细规定。从受力的角度而言,该指南建议将构件连接节点设置在受力(尤其是弯矩)较小的部位。因此,框架柱、梁一般均在其反弯点处断开预制,节点与梁、柱整体预制,构件形式常见的有 L 形、T 形、十字形、H 形等,预制构件划分示意如图 1-18 所示。预制柱之间采用钢筋套筒灌浆连接,预制梁之间采用现浇混凝土连接,在现浇区域内梁钢筋采用机械连接、搭接连接、对接焊接或焊接钢板螺栓连接等。

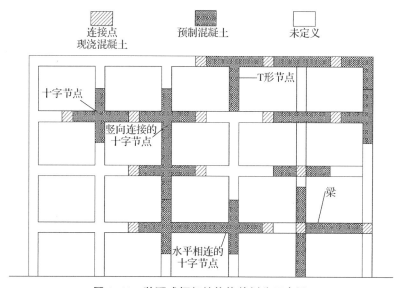

图 1-18 装配式框架结构构件划分示意图

考虑到上述的异形构件不便于预制、运输及安装,所以该指南同样也允许采用直线形预制构件。节点可与框架梁整体预制,在节点区部位预埋孔道,预制柱竖向钢筋穿越后,通过套筒灌浆与上层预制柱连接,即形成节点区预制式钢筋贯通连接,如图 1-19(a)所示;节点区亦可采用现浇混凝土形式,主要为预制梁底筋锚固连接,为了提高预制梁的临时安装与固定的便利性,可在预制柱顶端增设预制牛腿,如图 1-19(b)所示。

实际上,美国物质技术基础较好,商品经济发达,装配式混凝土预制构件安装和混凝土现场浇筑一般由不同公司分别承包。因此,为了提高生产效率,降低造价,美国的装配式混凝土结构偏向于全预制体系推广应用。由于其国情的影响,美国装配式混凝土框架结构主要用于车库、商场等公共建筑,往往采用大型预制应力构件,主要通过搁置式的方式形成装配式混凝土框架的梁柱连接。在大型单层装配式混凝土框架结构屋面层,预制混凝土梁搁置于预制混凝土柱顶端,往往利用销栓筋或者螺栓形成铰接连接,如图 1-20

所示。在楼面层,往往通过预制梁下部搁置、上部焊接钢板的方式形成预制梁搁置抗弯连接,如图 1-21 所示。

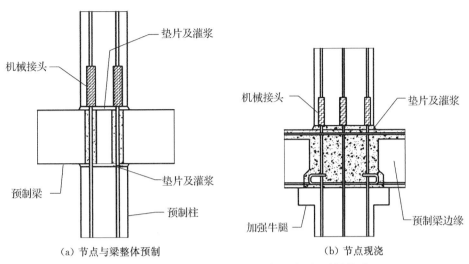

(a) 节点与梁整体预制   (b) 节点现浇

图 1-19 美国推荐的直线形预制框架柱、梁连接构造

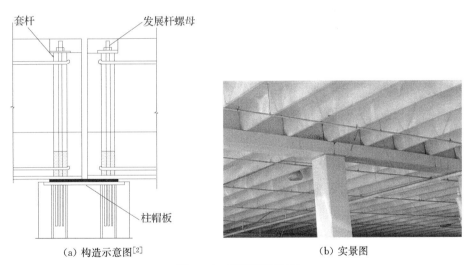

(a) 构造示意图[2]   (b) 实景图

图 1-20 柱顶搁置连接

20 世纪 90 年代,美国与日本联合开展的预制抗震结构体系(Precast Seismic Structural Systems,PRESSS)研发项目,进行了多种装配式混凝土梁柱预应力连接的研究,包括装配式混凝土框架整体结构的试验研究,最终形成并推荐了四种采用预应力筋的装配式混凝土框架梁柱连接,如图 1-22 所示。其中,后张有阻尼的装配式混凝土连接方式在名为 Paramount 的 39 层公寓大厦的外围框架中得到了应用,产生了较为广泛的影响,如图 1-23 所示。

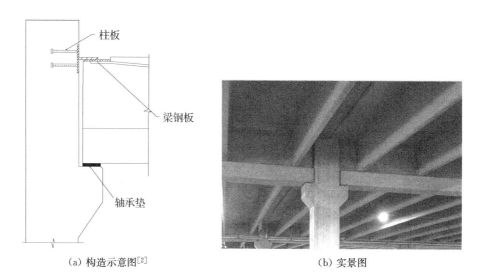

（a）构造示意图[2]　　　　　　　（b）实景图

图 1-21　搁置抗弯连接

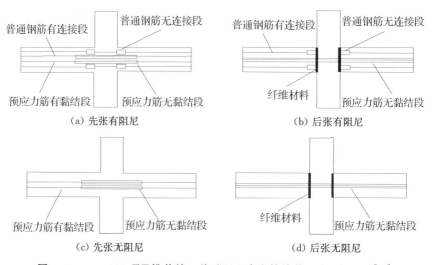

（a）先张有阻尼　　　　　　　　　　（b）后张有阻尼

（c）先张无阻尼　　　　　　　　　　（d）后张无阻尼

图 1-22　PRESSS 项目推荐的四种采用预应力筋的装配式梁柱连接[3-4]

（a）建设中　　　　　　　　　　　（b）建成后

图 1-23　Paramount 大楼[5]

1.3.2　日本

20 世纪 50 年代起,日本开始大力推进装配式建筑的发展,首先发展了壁式结构(即我国剪力墙结构)的技术和应用。70 年代后,装配式框架结构的施工工法被开发实施,并逐渐从多层向高层、超高层的应用发展。日本的装配式混凝土结构工程一般根据项目时期、地点、建筑物特点,具体进行梁、柱、楼板等各部位的工法选择,预制件形式也多为半预制化,留出现浇部位以利于建筑的整体性,且由于建筑规模大,单项目中就有相当数量的预制构件,可在分类归纳后进行工厂化生产,但大的项目之间并无共通的标准。日本的装配式混凝土技术完全遵循"等同现浇"理念,其对混凝土预制化工法的定义为"将钢筋混凝土结构分割并制成预制件的技术",预制构件之间的连接往往采用湿连接的形式,形成直接传力连接。

在装配式混凝土框架梁柱连接方面,存在着节点区现浇与节点区预制并用的局面。节点区现浇时,根据连接部位的不同,中节点往往采用钢筋贯通连接,端节点采用预制梁底筋锚固连接,亦可均采用预制梁底筋锚固连接,锚固的底筋往往在端部加工螺纹后拧上扩大的螺母作为扩大头,增强锚固能力。(如图 1-24)

(a) 钢筋贯通连接　　　　　　　　　　　　　　(b) 预制梁底筋锚固连接

图 1-24　日本装配式混凝土梁柱节点区现浇连接施工

来源:https://www.konoike.co.jp/et/archive/detail/000154.html

日本建筑企业及建筑工人在技术、技艺上往往精益求精,因此预制构件的加工精度较高,在其他国家往往较难推广的节点区预制的装配式混凝土框架梁柱连接,在日本使用程度却相对较高。除节点区与梁柱预制为同一整体的十字形构件外,将节点区仅与柱或梁预制为一体,可形成一字形构件,更有利于预制构件的加工和运输。无论节点区与柱预制为一体还是与梁预制为一体,该种形式的连接方式实质上均属于节点区预制式钢筋贯通连接,如图 1-25 所示。当节点区与梁预制为一体时,节点区留设竖向孔道,构件自上而下吊装,使得预制柱钢筋穿过节点区孔道,再向孔道中灌浆,实现梁柱整体连接,现场吊装较为方便;但预制梁之间仍然需要通过灌浆套筒连接钢筋,再在连接区搭设模板,现浇混凝土,形成梁—梁连接之后,结构才能形成整体,施工步骤略烦琐。当节点区与柱预制为一体时,节点区留设水平方向的孔道,预制梁水平向吊装就位,其纵向受力钢筋穿过节点区,孔道灌浆完成后,框架部分即形成整体,施工快捷,步骤相对较少,但由于预制梁需要水平向吊装,因此吊装的技术难度相对较高。

（a）节点区与梁一体   （b）节点区与柱一体

图 1-25　日本装配式混凝土梁柱节点区预制连接施工

来源:https://www.obayashi.co.jp/news/detail/news_20140616_1.html

在预应力连接方面,日本企业开发并应用了所谓"压着工法",利用牛腿实现梁端抗剪,并作为临时施工支撑,通过预应力筋将预制梁与预制柱压接为一体,如图 1-26 所示。与整体现浇相比,这种连接方式存在地震作用后,参与变形小、恢复性能好等优点,但一般而言耗能能力不足。

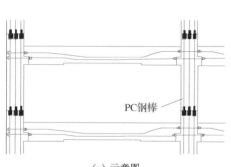

PC钢棒

（a）示意图   （b）实景图

图 1-26　日本装配式混凝土梁柱预应力连接

来源:https://www.konoike.co.jp/et/archive/detail/000705.html

1.3.3　新西兰

新西兰的混凝土结构研究开展较早也相对较为成熟,在预制混凝土方面的技术也较为先进,新西兰学者对目前广泛采用的混凝土结构的相关理论做了许多奠基性工作。新西兰的装配式混凝土结构基本上是基于等同现浇的原理进行设计和建造的,对于装配式混凝土框架结构梁柱连接,新西兰的相关设计指南从预制梁与结构柱的关系出发,推荐了三种等同现浇的基本形式,分别为预制梁位于柱间、预制梁通过柱、十字或 T 字构件,如

图 1-27 所示。对于预制梁位于柱间的梁柱连接,主要为预制梁底筋锚固连接,预制梁伸出的底筋往往形成弯钩,增加在节点区的锚固能力;预制梁通过柱的装配式混凝土梁柱连接与日本的节点区与梁一体的连接特点类似,均为节点区预制式钢筋贯通连接;十字或 T 字形构件的连接区域主要为柱-柱连接和梁-梁连接,柱-柱连接主要采用灌浆套筒的连接方式,而梁-梁连接的方式有多种,如套筒连接、环扣搭接连接、预埋钢构件连接等。

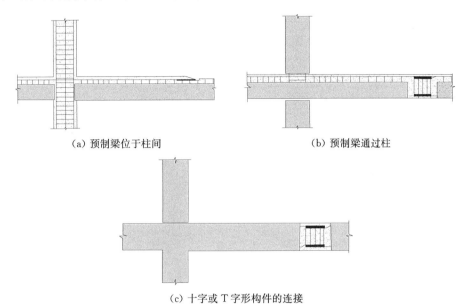

（a）预制梁位于柱间　　　　　　　（b）预制梁通过柱

（c）十字或 T 字形构件的连接

图 1-27　新西兰关于装配式混凝土梁柱连接的分类[6]

新西兰还存在一种利用预制预应力梁壳体与预制柱连接的形式,如图 1-28 所示。预应力梁壳体作为现浇梁的模板,在其中绑扎钢筋,钢筋深入节点核心区进行锚固,待现场混凝土浇筑并硬化后形成完整连接。该连接从受力上仍然属于预制梁锚固连接。

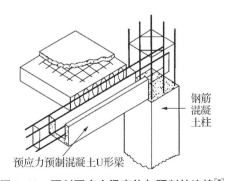

钢筋混凝土柱

预应力预制混凝土U形梁

图 1-28　预制预应力梁壳体与预制柱连接[7]

新西兰还采用了美日联合研究项目 PRESSS 所推荐的预应力连接建设了一些建筑如医院等。近年来,在 PRESSS 连接节点的基础上,新西兰学者通过设置屈曲约束耗能棒等耗能器件,提高预应力连接的耗能能力,并进行了一定的工程应用,取得了较好的效果。

1.3.4 欧洲

装配式混凝土技术起源于欧洲,历史悠久。二战后的欧洲由于战争等因素导致住房紧缺,装配式建筑由于其标准化、快速建造等特点,在欧洲得到了高速的发展。因此,欧洲在装配式混凝土技术方面发展极为成熟,各种预制构件的生产建造以及相关的配件制造都较为完善。

在装配式混凝土框架梁柱连接方面,法国发展出了世构体系,即附加钢筋搭接连接。在该技术体系中,预制柱层间连接节点处增设交叉钢筋,并与纵筋焊接,以保证运输、施工阶段的刚度要求。该体系后被引入中国,得到了较大范围的应用。

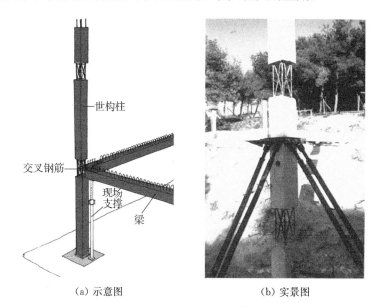

(a)示意图　　　　　　　　(b)实景图

图 1-29　世构体系[8]

考虑到运输、安装以及受力性能等因素的综合影响,利用钢部件形成梁柱连接的应用在欧洲也较为普遍。如图 1-30 所示,将短钢梁预埋于预制柱中作为暗牛腿,梁上部受力部件可采用钢筋锚固的形式,亦可采用角钢连接,后者传力较弱,属于铰接。

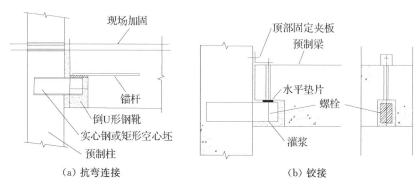

(a)抗弯连接　　　　　　　　(b)铰接

图 1-30　欧洲典型的型钢暗牛腿连接示意图[9]

由于欧洲预制混凝土相关的配件制造比较发达,且欧洲大部分地区不需要抗震,对于地震荷载作用下的耗能需求不大,利用相关配件形成装配式混凝土梁柱连接已有一定的应用。如图 1-31 所示,通过螺栓可实现预制梁上、下受力筋的传力。近年来,欧洲多国针对装配式混凝土连接的力学性能,联合开展了 Safecast Project 项目的研究,对一种通过新型螺栓连接器形成的装配式梁柱连接开展了相关研究[10],取得了较好的效果。

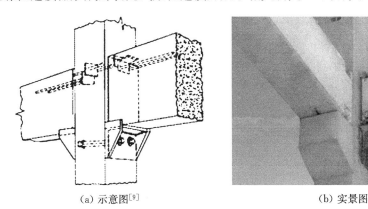

（a）示意图[9]   （b）实景图

图 1-31 欧洲典型的装配式梁柱螺栓连接

来源：https://d76yt12idvq5b.cloudfront.net/file/dl/i/hbvjjw/2eq5a7B

O38rX9dzQws6Qg/BECOPeikkoGroup002TMAWeb.pdf

1.4 我国装配式混凝土梁柱连接发展历程

从 20 世纪 50 年代开始,我国在住宅建设中推行标准化、工业化和机械化,大力研究和发展装配式混凝土建筑和预制混凝土构配件,推动了中国建筑工业化的起步和发展,形成了多种装配式混凝土建筑体系,其中装配式混凝土多层框架建筑体系成为当时的一种典型代表。20 世纪 70 年代,我国引进了南斯拉夫 IMS 体系,为装配式预应力板柱结构,预制板和预制柱为基本构件,在板与柱接触面间灌入砂浆,形成平接接头,在楼板与楼板间的明槽中设置直线或折线预应力筋,整体施加双向预应力,形成整体空间结构。该结构虽不涉及梁柱连接,但作为一种优秀的装配式预应力混凝土板柱结构,在技术上促进了我国后期装配式混凝土框架结构的发展。20 世纪 80 年代后期到 90 年代,由于多种复杂原因共同作用,装配式混凝土结构发展处于半停滞状态,预制混凝土框架结构也没有实质性的发展。近年来,随着建筑产业现代化的推动,我国装配式混凝土结构迎来了新的发展机遇,预制混凝土框架结构也逐渐获得了重视。

1998 年,南京大地建设集团从法国 PPB 国际公司引进了一种预制预应力混凝土装配整体式框架结构体系,简称"世构体系"。该体系的特点是采用先张法预制预应力混凝土叠合梁、板,梁端预留键槽,钢筋混凝土柱可采用现浇或预制形式,现场安装时,通过在梁柱连接区附加 U 形钢筋搭接,再后浇混凝土将梁、板、柱及节点连成整体,是典型的附加钢筋搭接连接。自引进以来,已经应用于许多建筑工程中,包括南京金盛国际家居广场、南京审计学院国际学术交流中心、红太阳家居广场迈皋桥店、仙林国际汽配城一期工程等。2013 年整体完工的南京万科上坊保障房项目 6-05 栋建筑高度 45 m，采用了预制装配整体式钢筋混凝土框架加钢支撑结构体系，施工阶段现场如图 1-32 所示。其中，预制混凝土框架技术是在世构体系技术基础上的升级，梁为梁端带键槽的普通预制混凝土梁，梁底筋不伸入框架柱内，仍然通过现场在键槽内加设 U 形附加钢筋搭接来实现节点连接区梁下部钢筋的连接。

（a）结构施工　　　　　　　　　　　　　　（b）节点施工

图 1-32　南京万科上坊保障房项目 6-05 栋结构施工

万科集团较早开始了工业化住宅建造技术的探索和试点实践，是最早推行住宅工业化的房地产企业之一，先后向我国香港地区及日本学习。万科集团在预制混凝土框架方面主要借鉴了日本装配式混凝土框架结构体系，最大的特点是框架节点区整体预制，预制梁、柱构件运到施工现场后，采用套筒进行梁与梁、柱与柱之间的钢筋连接，然后用后浇混凝土浇筑接头形成整体框架。2004 年底，万科总部启动了万科深圳建筑研究中心实验基地 1# 工业化生产实验楼的试验项目，采用了日本节点整体预制的 PC 体系，如图 1-33 所示。2012 年，万科在沈阳建设完成了春河里项目 17 号楼，建筑高度 51.6 m，引进了日本 PCa 技术，是中国首家框架式 PCa 建筑物。

（a）实验楼正面　　　　　　　　　　　　　　（b）预制梁、柱拼装

图 1-33　万科深圳建筑研究中心实验基地 1# 工业化生产实验楼的结构施工[11]

2012 年，在江苏宜兴沈北花园安置小区一期 17# 楼工程中，采用了一种预埋钢构件

的装配式梁柱连接,如图 1-34 所示。该节点连接区的预制梁纵向受力钢筋仍然通过套筒方式进行连接,预埋钢构件仅在施工过程中起到临时固定的作用,用以减少临时支撑的数量,提高建造效率。

(a) 结构施工　　　　　　　　　　　　　　　(b) 节点施工

图 1-34　宜兴氿北花园安置小区一期 17♯楼结构施工

龙信集团在南通海门建造的老年公寓项目,地上建筑面积约为 16 000 m²,地下建筑面积约为 2 000 m²,地下 2 层,地上 25 层。采用了预制框架-现浇剪力墙结构,结构总高度达 82.6 m,是目前同类结构中最高的建筑,如图 1-35 所示。该结构框架部分采用预制叠合混凝土形式,在工厂生产预制柱、预制叠合梁和钢筋桁架叠合底板,在现场浇筑叠合层部分,同时少量现浇部分剪力墙单元,提高结构整体刚度和抗震性能。装配式混凝土梁柱连接为锚固与搭接混合连接,兼顾了结构抗震性能和施工便利性,取得了较好的应用效果。

(a) 老年公寓实景图　　　　　　　　　　　　(b) 老年公寓结构施工阶段

图 1-35　龙信集团海门老年公寓

2015 年 7 月,中建八局施工完成了长春一汽技术中心乘用车所全装配式立体预制停车楼项目,建筑面积 78 834.64 m²,建筑高度 24 m,是我国首个全预制装配式停车楼,施工阶段如图 1-36 所示。该结构采用了全装配式钢筋混凝土剪力墙-梁柱结构体系。梁柱框架部分采用装配式大跨双 T 板形式,双 T 板搁置于预制柱牛腿之上,再通过焊接和螺栓连接实现干式连接,是一种典型的预制梁搁置抗弯连接。

图 1-36　长春一汽技术中心预制停车楼倒退阶梯式吊装施工全景图

2018 年,中建集团将研发多年的 PPEFF 体系应用于武汉同心花苑幼儿园项目,创造了十天完成结构施工的纪录。该结构体系通过后张预应力将预制梁柱压接为一体,预应力筋在连接区域为无粘结,在跨中为局部有粘结,预制梁上部保留了现浇混凝土叠合层,并在梁柱连接区域设置了普通钢筋,增强节点的耗能能力。该连接形式为典型的无粘结预应力压接与普通钢筋受力混合连接,并且属于非等同现浇类连接节点,代表了我国在非等同现浇类装配式梁柱连接上走出了重要的一步。

（a）结构施工

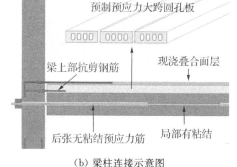

（b）梁柱连接示意图

图 1-37　武汉同心花苑幼儿园项目施工

来源:https://mp.weixin.qq.com/s/9gI5PaIrhT0rtGN0t15ivg

我国台湾地区从 20 世纪 70 年代开始便大力推动房屋建筑工业化。1985 年,台湾润泰集团引进 Partex 全套预制生产技术及干混砂浆生产线,结合日本建筑抗震技术及自主开发的钢筋加工技术,形成了具有特色的"润泰体系"预制混凝土框架结构。该体系的特点是节点区和预制梁上部叠合现浇,采用大截面预制柱,柱箍筋为多螺箍形式,柱纵向钢筋布置在四个柱角位置,梁底纵向钢筋相互交叉错开,锚入节点核心区。"润泰体系"在台湾已经得到了大量应用,代表性工程如蓝海红树林超高层住宅,地下 3 层,地上 38 层,建筑高度达 133.2 m,采用了隔震+预制的技术。上海城建集团通过与台湾润泰集团全面合作,引进和应用"润泰体系",根据大陆的实际情况进行了本土化研发和改进,并在上海大型居住社区浦江基地四期 A 块、五期经济适用房项目的 4 栋 18 层和 1 栋 14 层的高层住宅中应用了该技术,施工现场如图 1-38 所示。

(a) 施工阶段远景   (b) 预制柱安装到位

图 1-38   浦江基地装配式混凝土结构项目

我国香港地区较早发展了装配式建筑的应用,多集中于内浇外挂体系,即外墙预制、内部结构现浇。2007 年,香港理工大学专上学院红磡湾校区全预制装配式教学大楼竣工,如图 1-39 所示。该项目由其士(建筑)有限公司总承建,深圳海龙建筑制品有限公司提供预制构件。大楼占地面积约 4 386 m² (建筑面积),总面积 26 300 m²,裙楼为 5 层,建筑楼层为 19 层。该项目采用全预制的建筑施工方法建造,被称为香港第一座全预制大楼,所采用的预制构件有预制梁、预制柱、预制楼板、预制楼梯、预制外墙、预制女儿墙等,共 3 695 件预制构件,总方量为 4 268.9 m³。

图 1-39   香港理工大学专上学院红磡湾校区教学大楼

该项目预制柱采用 C80 高强混凝土,保证对结构强度的需求,预制柱受力钢筋采用 T45 粗钢筋,上下预制柱之间在后浇节点区通过搭接形式进行连接,吊装时,通过自主设计的爬升梯来简化预制柱的安装并保证安装垂直度。采用这种方式的连接柱主要有两方面因素:预制柱受力筋为 T45 粗钢筋,搭接长度长,使用套筒不方便,且钢筋套筒对预制柱内钢筋位置精度要求高,增加预制难度的同时增加了构件报废率;节点部位采用钢筋绑扎方式使得节点连接区域的现场安装工艺简便易行。预制梁下部纵筋伸出,在梁柱节点后浇区进行锚固。

本章参考文献

[1] American Concrete Institute (ACI). Guide to Emulating Cast-in-Place Detailing for Seismic Design of Precast Concrete Structures：ACI 550. 1R-09[S]. Farmington Hills，2009.

[2] PCI Connection Details Committee. PCI connections manual for precast and prestressed concrete construction，1st edition[M]. Chicago，IL：Precast/Prestressed Concrete Institute,2008.

[3] Priestley M J N. Overview of press research program[J]. PCI Journal，1991,36(4)：50-57.

[4] Stanton J F,Nakaki S D. Design guidelines for precast concrete seismic structural systems [R]. Washington：University of Washington,2002.

[5] EngIekrk R E. Design-construction of the paramount：a 39-story precast prestressed concrete apartment building[J]. PCI Journal,2002,47(4):56-71.

[6] Bull D K. Guidelines for the use of structural precast concrete in buildings[M]. Canterbury：Centre for Advanced Engineering,University of Canterbury,2000.

[7] Pampanin S. Towards the "Ultimate Earthquake-Proof" building：development of an integrated low-damage system[M]. Perspectives on European Earthquake Engineering and Seismology Cham：Springer,2015.

[8] 吕志涛,张晋. 法国预制预应力混凝土建筑技术综述[J]. 建筑结构,2013,43(19):1-4.

[9] Elliott K S,Jolly C K. Multi-storey precast concrete framed structures[M]. Oxford,UK：John Wiley & Sons,Ltd,2013.

[10] Bournas D A,Negro P,Molina F J. Pseudo dynamic tests on a full-scale 3-storey precast concrete building：Behavior of the mechanical connections and floor diaphragms[J]. Engineering Structures,2013,57:609-627.

[11] 楚先锋.万科"标准化"走住宅产业化之路[J]. 城市开发,2007(18):32-33.

第2章

装配式混凝土结构钢筋连接技术

预制构件主要受力筋的可靠连接是保证装配式混凝土结构具有良好抗震性能的关键,也是装配式混凝土结构能否推广应用的关键。目前,国内外预制装配结构中的钢筋连接主要有两种方式:一种为钢筋浆锚搭接连接,是指在预制混凝土构件中采用特殊工艺制成的孔道内插入需搭接的钢筋,并灌注水泥基灌浆料实现钢筋连接的方式;另一种为钢筋套筒灌浆连接,是指在预制混凝土构件内预埋的金属套筒中插入钢筋并灌注水泥基灌浆料实现钢筋对接连接的方式。后者属于对接连接,需采用专门的灌浆套筒,连接成本较高,多用于较大直径及塑性铰区的纵筋连接。钢筋浆锚搭接连接由于构件制作简单,不需要采用专门套筒,连接费用较低,在墙板结构中应用较广泛。

2.1 钢筋浆锚搭接连接技术要求

典型的钢筋浆锚搭接连接如图 2-1 所示,在上层预制构件底部或下层预制构件顶部预留孔道,下层或上层预制构件的纵筋插入对应的孔道内,随后浇筑高强无收缩灌浆料,从而实现在构件内的搭接连接。当连接钢筋接头面积百分率为 100% 时,中、美两国规范[1-2]规定最小搭接长度分别为锚固长度的 1.6 倍和 1.3 倍,且不小于 300 mm。当钢筋直径较大时,极易造成钢筋搭接长度较大,进而造成材料浪费及运输、施工困难。因此,我国《装配式混凝土结构技术规程》(JGJ 1—2014)[3]中规定:"直径大于 20 mm 的钢筋不宜采用浆锚搭接连接,直接承受动力荷载构件的纵向钢筋不应采用浆锚搭接连接。"

为验证浆锚搭接连接的可靠性,国内外众多学者开展了浆锚搭接连接构件的抗震性能研究[4-8],结果均表明,在具有足够搭接长度及合理螺旋箍筋构造的情况下,装配式竖向构件具有与现浇构件相当的抗震性能。但目前国内对于钢筋浆锚搭接连接极限搭接长度的计算方法尚没有统一的认识[3]。同时,随着浆锚搭接连接的构造差异,最小搭接长度的试验结果及计算方法也存在差异。

众多学者的研究表明,横向约束可延迟和限制劈裂裂缝的开展,阻止劈裂破坏,从而提高钢筋的粘结性能,减小钢筋锚固长度,钢筋粘结破坏模式也将从劈裂破坏向拔出破坏转变[9-15]。Einea 等[16]考虑混凝土强度、钢筋直径、搭接长度等参数,对钢筋连接接头抗拉强度和搭接长度的计算方法进行了试验研究,结果表明,接头抗拉承载力随着搭接长度的增大呈线性增长,随着混凝土强度的提高呈非线性增长;Hassan 等[17]制作了 20 个梁式试件,对大直径高强钢筋搭接接头强度进行了试验研究,结果表明,横向钢筋对大直径钢筋搭接接头连接性能的影响大于普通规格直径的钢筋接头;Hosseini 等[18]研究了螺旋箍筋的直径和间距对钢筋搭接接头粘结强度的影响,结果表明,减小螺旋箍筋内径可大幅提高钢筋的粘结强度。

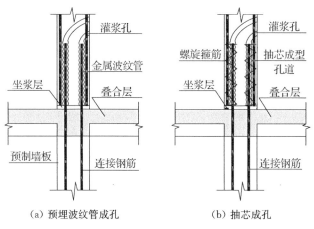

（a）预埋波纹管成孔　　　　　　　（b）抽芯成孔

图 2-1　钢筋浆锚搭接连接

在总结前人研究的基础上,针对金属波纹管成孔钢筋浆锚搭接连接,为提高接头的结构性能,减小钢筋搭接长度,课题组提出在钢筋搭接区域预埋螺旋箍筋的方法提高钢筋的粘结性能,并进行了试验研究。

2.1.1　试验概况

在总结前人研究的基础上,课题组提出在钢筋搭接区域预埋螺旋箍筋的方法提高钢筋的粘结性能,减小钢筋搭接长度。考虑混凝土强度、钢筋直径、钢筋搭接长度、螺旋箍筋直径和间距等参数,制作了 30 组共 90 个接头试件,通过单向拉伸试验对钢筋的粘结强度和搭接长度进行研究。

1) 试件尺寸及构造

试件尺寸及构造如图 2-2 所示。试件截面尺寸为 120 mm×150 mm,波纹管内径为 40 mm。为避免应力集中,浆锚钢筋两端各设置 25 mm 长的无粘结段。连接钢筋为 16 mm 时,螺旋箍筋直径 D_s 为 65 mm;连接钢筋为 18 mm 时,D_s 为 70 mm。以 C30-16-0.8-6-75 为例说明试件名称的含义,"C30"表示试件制作采用的混凝土强度等级为 C30,"16"表示搭接钢筋的公称直径为 16 mm,"6"表示试件采用的螺旋箍筋公称直径为 6 mm,"75"表示试件采用的螺旋箍筋螺距为 75 mm,"0.8"表示试件搭接长度($l_{l,exp}$)与钢筋基本锚固长度(l_{aE})的比值,l_{aE} 按式(2-1)计算。

$$l_{aE} = \zeta_{aE} \zeta_a \alpha \frac{f_{by}}{f_t} d_b \approx 30 d_b \qquad (2-1)$$

式中:d_b——钢筋公称直径;

$\quad\zeta_{aE}$——抗震锚固长度修正系数,此处 $\zeta_{aE}=1.05$;

$\quad\zeta_a$——锚固长度修正系数,此处 $\zeta_a=1.00$;

$\quad\alpha$——锚固钢筋的外形系数,此处 $\alpha=0.14$;

$\quad f_{by}$——连接钢筋的抗拉强度设计值,此处 $f_{by}=360$ MPa;

$\quad f_t$——混凝土抗拉强度设计值,此处 $f_t=1.71$ MPa。

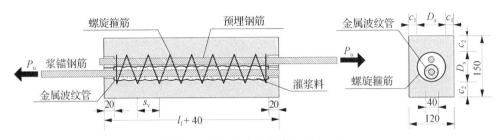

图 2-2 试件尺寸及构造(单位:mm)

2) 试验装置

由于搭接接头试件为偏心试件,传统的力学试验机会使试件偏心受力,进而影响试验精度,为此专门设计了反力架及试验加载装置。反力架为由四根直径 45 mm 的螺杆和三面 16 mm 厚钢板组成的槽形结构[图 2-3(a)],用于放置试验构件。为减小试件与槽形结构间的摩擦力,槽内放置聚四氟乙烯板。反力架两端各有一块开有偏心孔洞的 40 mm 厚钢板,可在精轧螺纹钢上滑动并可用螺母固定,为张拉千斤顶提供反力支撑。拉拔试验采用两台穿心式千斤顶进行加载,最大张拉力均为 300 kN,试验前在万能试验机上对其进行标定,通过油泵压力表的压力值和力传感器确定试验拉力,试验加载装置如图 2-3(b)所示。

(a) 反力架

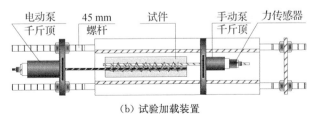

(b) 试验加载装置

图 2-3 试验装置

3) 材料性能

试件采用 C40 商品混凝土制作,28 天立方体抗压强度标准值和轴心抗压强度标准值分别为 40.0 MPa 和 26.8 MPa。与试件同时制作、同条件养护的 100 mm×100 mm× 300 mm 棱柱体试块的抗压强度实测值为 27.2 MPa。金属波纹管内灌入的灌浆料为高强无收缩灌浆料,水料比为 0.13,实测平均抗压强度和抗折强度分别为 80.5 MPa 和 11.1 MPa。

试件连接钢筋采用 HRB400 钢筋,屈服强度标准值和抗拉强度强度标准值分别为 400 MPa 和 540 MPa,实测力学性能见表 2-1。

表 2-1　钢筋力学性能

公称直径 d_b (mm)	实测屈服强度 (MPa)	实测抗拉强度 (MPa)	断后伸长率 (%)	弹性模量 (MPa)
16	430	603	25.3	2.0×10^5
18	425	615	24.9	2.0×10^5

2.1.2　主要试验结果

1) 破坏形态

试件共出现了两种破坏形态,钢筋拉断破坏和钢筋拔出破坏,钢筋拉断破坏是希望出现的破坏形式。以试件 C40-18-1.0-6-75 为例说明试件的破坏过程:试件加载至约 60 kN 时,首先在混凝土块体中部出现第一条横向裂缝;当荷载增加至约 100 kN 时,混凝土块体端部出现两条裂缝;当荷载增加至约 107 kN 时,连接钢筋屈服,随后越来越多的裂缝出现在混凝土块体角部;当荷载增加至约 156 kN 时,连接钢筋被拉断或被拔出,角部混凝土剥落,如图 2-4(a)所示。对于连接钢筋直径为 18 mm,破坏模式为钢筋拔出的试件,混凝土块体除了出现横向劈裂裂缝外,同时存在纵向裂缝,如图 2-4(b)所示。

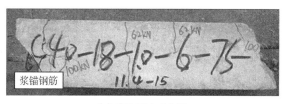

(a) C40-18-1.0-6-75

(b) C40-18-0.8-4-50

(c) C40-18-1.2-6-100

图 2-4　试件破坏形态

需要指出的是,粘结破坏试件均是由于预埋钢筋被拔出,而不是浆锚钢筋。这一现象主要是出于以下两个原因:① 金属波纹管内的灌浆料抗压强度远大于混凝土抗压强度;② 金属波纹管对填充灌浆料有很好的约束作用。因此,钢筋浆锚搭接连接接头的抗拉强度取决于预埋钢筋与混凝土间的粘结强度,金属波纹管、灌浆料和浆锚钢筋可视为一个整体。由于保护层厚度相对较小,因而造成浆锚钢筋一侧出现了更多的劈裂裂缝。

表 2-2 列出了所有试件的试验结果。除了试件 C40-18-0.8-6-100 外,所有接头试件的抗拉强度均超过了连接钢筋屈服强度标准值的 1.25 倍,并且大部分情况下接头抗拉强度不小于钢筋屈服强度标准值的 1.5 倍。当连接钢筋直径从 16 mm 增大至 18 mm 时,拔出破坏试件的数量占比从 33.3% 增大至 73.3%,螺旋箍筋的约束作用越来越明显。当螺旋箍筋构造为 d6@50 时,对于 16 mm 和 18 mm 的钢筋接头试件,所有接头均发生钢筋拉断破坏的最小锚固长度分别为 $24d_b$ 和 $30d_b$,d_b 为钢筋公称直径。当螺旋箍筋构造为 d4@75 时,上述最小锚固长度增大为 $36d_b$ 或大于 $36d_b$。

表 2-2　主要试验结果

试件	f_u (MPa)	均值 (MPa)	$\dfrac{f_u}{f_{byk}}$	破坏模式*	试件	f_u (MPa)	均值 (MPa)	$\dfrac{f_u}{f_{byk}}$	破坏模式*
C40-16-0.8-6-100	543.1	548.1	1.36	BP	C40-16-1.0-6-75	599.1	601.5	1.50	BF
	543.5		1.36	BP		600.6		1.50	BP
	557.8		1.39	BP		604.7		1.51	BF
C40-16-0.8-6-75	600.1	598.1	1.50	BF	C40-16-1.0-6-50	613.0	606.7	1.53	BF
	598.5		1.50	BP		608.9		1.52	BF
	595.8		1.49	BP		598.1		1.50	BF
C40-16-0.8-6-50	604.3	604.3	1.51	BF	C40-16-1.0-4-75	599.6	590.7	1.50	BF
	610.6		1.53	BF		591.2		1.48	BP
	598.0		1.50	BF		581.3		1.45	BP
C40-16-0.8-4-75	579.3	579.3	1.45	BF	C40-16-1.0-4-50	603.3	603.4	1.51	BF
	582.5		1.46	BP		598.1		1.50	BP
	576.1		1.44	BP		608.7		1.52	BF
C40-16-0.8-4-50	602.3	598.0	1.51	BF	C40-16-1.2-6-100	604.8	606.0	1.51	BF
	593.6		1.48	BP		609.1		1.52	BF
	598.1		1.50	BF		604.1		1.51	BF
C40-16-1.0-6-100	576.3	572.5	1.44	BP	C40-16-1.2-6-75	611.8	607.7	1.53	BF
	560.4		1.40	BP		603.6		1.51	BF
	580.7		1.45	BP		607.7		1.52	BF

续表 2-2

试件	f_u (MPa)	均值 (MPa)	f_u/f_{byk}	破坏模式*	试件	f_u (MPa)	均值 (MPa)	f_u/f_{byk}	破坏模式*
C40-16-1.2-6-50	598.0	601.2	1.50	BF	C40-18-1.0-6-75	619.9	613.9	1.55	BF
	605.0		1.51	BF		607.5		1.52	BP
	600.5		1.50	BF		614.2		1.54	BP
C40-16-1.2-4-75	598.3	602.2	1.50	BF	C40-18-1.0-6-50	614.6	614.5	1.54	BF
	607.1		1.52	BF		618.7		1.55	BF
	601.1		1.50	BF		610.3		1.53	BF
C40-16-1.2-4-50	598.0	600.6	1.50	BF	C40-18-1.0-4-75	570.1	584.7	1.43	BP
	603.6		1.51	BF		580.9		1.45	BP
	600.3		1.50	BF		603.1		1.51	BP
C40-18-0.8-6-100	509.8	495.7	1.27	BP	C40-18-1.0-4-50	589.4	593.4	1.47	BP
	495.4		1.24	BP		598.0		1.50	BP
	481.8		1.20	BP		592.8		1.48	BP
C40-18-0.8-6-75	561.9	575.8	1.40	BP	C40-18-1.2-6-100	601.5	592.0	1.50	BP
	598.0		1.50	BP		594.3		1.49	BP
	567.6		1.42	BP		580.2		1.45	BP
C40-18-0.8-6-50	613.1	604.0	1.53	BF	C40-18-1.2-6-75	620.5	617.7	1.55	BF
	601.9		1.50	BP		615.7		1.54	BF
	598.1		1.50	BP		616.9		1.54	BP
C40-18-0.8-4-75	518.2	520.6	1.30	BP	C40-18-1.2-6-50	619.2	620.5	1.55	BF
	523.1		1.31	BP		625.5		1.56	BF
	520.6		1.30	BP		616.8		1.54	BF
C40-18-0.8-4-50	543.5	544.7	1.36	BP	C40-18-1.2-4-75	588.3	594.4	1.47	BP
	535.7		1.34	BP		593.1		1.48	BP
	555.0		1.39	BP		601.9		1.50	BP
C40-18-1.0-6-100	582.9	573.5	1.46	BP	C40-18-1.2-4-50	608.1	615.6	1.52	BF
	559.2		1.40	BP		618.1		1.55	BF
	578.4		1.45	BP		620.7		1.55	BP

注:* BF 表示钢筋拉断破坏;BP 表示钢筋拔出破坏。

2) 接头抗拉强度

图 2-5、图 2-6 分别为接头抗拉强度、钢筋平均粘结强度与搭接长度的关系曲线。钢筋平均粘结强度按式(2-2)计算。考虑到当钢筋拉断时,接头的抗拉强度取决于钢筋的

抗拉强度,不能反映搭接长度的影响,因此图 2-5、图 2-6 仅考虑粘结破坏试件。从图 2-5 可以看出,接头的抗拉强度随着搭接长度的增加呈非线性增长。搭接长度从 $0.8l_{aE}$ 增加至 $1.0l_{aE}$ 时,抗拉强度增加明显,平均增加了 10.9%。而当搭接长度从 $1.0l_{aE}$ 增加至 $1.2l_{aE}$ 时,抗拉强度仅增加了 2.3%。

$$\tau_b = P_{u,exp}/(\pi d_b l_1) = 0.25 f_u d_b/l_1 \tag{2-2}$$

式中:τ_b——钢筋平均粘结强度;

$\quad\quad P_{u,exp}$——极限拉力试验值;

$\quad\quad d_b$——搭接钢筋公称直径;

$\quad\quad f_u$——接头抗拉强度;

$\quad\quad l_1$——钢筋搭接长度;

$\quad\quad l_{aE}$——钢筋基本锚固长度。

与抗拉强度的变化规律不同,搭接长度从 $0.8l_{aE}$ 增加至 $1.0l_{aE}$ 时,粘结强度平均降低了 24.3%,如图 2-6 所示。随着钢筋锚固长度的增加,钢筋与混凝土之间存在更大的机械咬合力,因此抗拉强度提高。但由于钢筋锚固段粘结应力不均匀分布,粘结长度越大越不均匀[13-14]。同时,搭接长度越大,钢筋粘结段的初始裂缝越多[15],因此粘结强度越低。

此外,图 2-5 同时表明了螺旋箍筋构造对接头抗拉强度的影响。螺旋箍筋构造为 d6@75 的接头试件抗拉强度最高,构造为 d4@50、d4@75 和 d6@100 的接头抗拉强度依次降低。图 2-7 更直观地表明了螺旋箍筋构造的影响。图中 ρ_{sv} 为体积配箍率,按公式 (2-3)计算[2,12]。从图中可以看出,随着体积配箍率的增加,粘结强度总体呈增长趋势,并且连接钢筋直径越大,搭接长度越小,体积配箍率的影响越明显。以连接钢筋直径为 18 mm、搭接长度为 $0.8l_{aE}$ 试件为例,体积配箍率从 0.96%(d4@75)增大至 3.23%(d6@50)时,接头抗拉强度从 520.6 MPa 增大至 604.0 MPa。

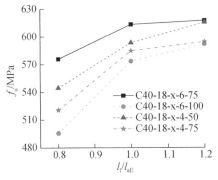

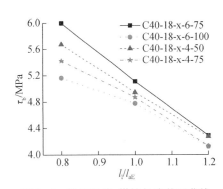

图 2-5　抗拉强度-搭接长度关系曲线　　　　图 2-6　粘结强度-搭接长度关系曲线

需要注意的是,各条曲线均存在一个明显的下凹点,对应的螺旋箍筋构造均为 d6@100。这一结果表明,对于钢筋浆锚搭接连接接头,箍筋螺距宜小于 100 mm。同时,对比 d4@50 和 d6@75 接头试件可见,尽管体积配箍率增加了 45%,但接头抗拉强度并没有明显增加。对于 18 mm 的钢筋接头试件,平均仅增加了 3.1%,对于 16 mm 的钢筋接头试件反而略有下降。这些结果表明，与增大螺旋箍筋直径相比，减小螺旋箍筋螺距似乎能取得更好的约束效果。下节将对螺旋箍筋的影响做进一步分析。

$$\rho_{sv} = (0.25\pi d_{sb}^2 \cdot \pi D_s)/(0.25\pi D_s^2 \cdot s_v) = \pi d_{sb}^2/(D_s s_v) \tag{2-3}$$

式中：ρ_{sv}——体积配箍率；

d_{sb}——螺旋箍筋公称直径；

D_s——螺旋箍筋直径；

s_v——螺旋箍筋螺距。

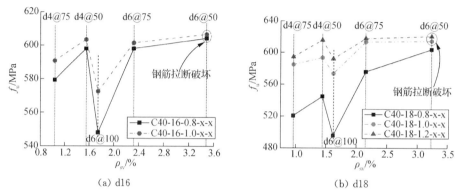

图 2-7　抗拉强度-体积配箍率关系曲线

2.1.3　约束机理

螺旋箍筋的约束机理模型可用图 2-8 表示。考虑到所有的粘结破坏试件均为预埋钢筋被拔出，因此模型中忽略浆锚钢筋、填充灌浆料和金属波纹管间的相互作用，将三者看作一个整体。

接头在拉力作用下，钢筋横肋与混凝土间相互作用产生切向应力 τ_1 和法向应力 σ_1，如图 2-8(a)所示。同理，波纹管变形肋与混凝土间相互作用产生切向应力 τ_2 和法向应力 σ_2。法向应力使混凝土产生径向劈裂裂缝和膨胀变形，在螺旋箍筋的约束作用下使螺旋箍筋产生拉应力，如图 2-8(b)所示。根据轴向应力和环向应力力学平衡，可推出式(2-4)~式(2-7)。

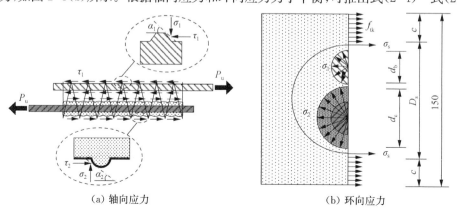

图 2-8　螺旋箍筋的约束机理模型

$$P_u = 0.25 f_u \pi d_b^2 = \pi \tau_1 d_b l_1 \tag{2-4}$$

$$f_{tk} c s_v + 0.5 \pi \sigma_s d_{sb}^2 = (\sigma_1 d_b + \sigma_2 d_c) s_v \tag{2-5}$$

$$\tau_1 d_b = \tau_2 d_c \tag{2-6}$$

$$\tau_1 = \sigma_1 \tan\alpha_1 ; \tau_2 = \sigma_2 \tan\alpha_2 \tag{2-7}$$

式中:d_c——波纹管直径;

$\quad s_v$——螺旋箍筋螺距;

$\quad c$——最小保护层厚度(c_1 或 c_2);

$\quad d_{sb}$——螺旋箍筋直径。

随着荷载的增加,钢筋横肋前端的混凝土被压碎并堆积在横肋表面,试件破坏时可假定钢筋横肋和波纹管变形肋处的倾角 $\alpha_1 = \alpha_2 = 45°$[19]。据此,可推出预埋钢筋的粘结应力 τ_1 计算公式:

$$\tau_1 = \frac{P_u}{\pi d_b l_1} = \frac{f_u d_b}{4 l_1} = \frac{f_{tk} c s_v + 0.5 \pi \sigma_s d_{sb}^2}{d_b s_v \left(\dfrac{1}{\tan\alpha_1} + \dfrac{1}{\tan\alpha_2} \right)} = \frac{f_{tk} c s_v + 0.5 \pi \sigma_s d_{sb}^2}{2 d_b s_v} \tag{2-8}$$

式中:P_u——极限拉力;

$\quad f_{tk}$——混凝土抗拉强度标准值;

$\quad f_u$——接头抗拉强度;

$\quad \sigma_s$——螺旋箍筋拉应力。

将钢筋粘结强度实测值代入式(2-8),可得到螺旋箍筋的拉应力,计算结果见表 2-3。由表可见,所有的螺旋箍筋拉应力均小于其屈服强度 300 MPa。

当搭接长度增加时,可见螺旋箍筋拉应力显著减小。以试件 C40-18-x-4-75 为例,当搭接长度从 $0.8 l_{aE}$ 增大至 $1.2 l_{aE}$ 时,螺旋箍筋拉应力减小了 61.6%,从 226.0 MPa 减小至 86.8 MPa。同时,对于连接钢筋直径为 18 mm 的接头试件,对比 d6@100 和 d4@50 试件可见,体积配箍率从 1.62% 减小至 1.44%,螺旋箍筋拉应力和接头平均抗拉强度分别提高了 35.1% 和 5.4%。这一结果表明,螺旋箍筋构造为 d4@50 时,箍筋的约束更有效。综上所述,随着搭接长度的增加,箍筋的约束作用在降低;在体积配箍率相差不大的情况下,较小的螺旋箍钢筋直径和螺距可取得更好的约束效果,材料利用率更高。

表 2-3 螺旋箍筋拉应力计算结果

试件名称	$l_{1,exp}$ (mm)	D_s (mm)	c (mm)	ρ_{sv} (%)	破坏模式*	f_u (MPa)	τ_b (MPa)	σ_s (MPa)
C40-16-0.8-6-100	384	65	28	1.74	BP(3)	548.1	5.71	90.6
C40-16-0.8-6-75	384	65	28	2.32	BP(2)	598.1	6.23	90.1
C40-16-0.8-4-75	384	65	28	1.03	BP(2)	579.3	6.03	184.0
C40-16-0.8-4-50	384	65	28	1.55	BP(1)	598.0	6.23	135.0

试件名称	$l_{\mathrm{l,exp}}$ (mm)	D_{s} (mm)	c (mm)	ρ_{sv} (%)	破坏模式*	f_{u} (MPa)	τ_{b} (MPa)	σ_{s} (MPa)
C40-16-1.0-6-100	480	65	28	1.74	BP(3)	572.5	4.77	37.5
C40-16-1.0-6-75	480	65	28	2.32	BP(1)	601.5	5.01	38.4
C40-16-1.0-4-75	480	65	28	1.03	BP(2)	590.7	4.92	77.8
C40-16-1.0-4-50	480	65	28	1.55	BP(1)	603.4	5.03	58.6
C40-18-0.8-6-100	432	70	25	1.62	BP(3)	495.7	5.16	117.4
C40-18-0.8-6-75	432	70	25	2.15	BP(3)	575.8	6.00	127.9
C40-18-0.8-6-50	432	70	25	3.23	BP(2)	612.3	6.38	97.4
C40-18-0.8-4-75	432	70	25	0.96	BP(3)	520.6	5.42	226.0
C40-18-0.8-4-50	432	70	25	1.44	BP(3)	544.7	5.67	168.6
C40-18-1.0-6-100	540	70	25	1.62	BP(3)	573.5	4.78	92.9
C40-18-1.0-6-75	540	70	25	2.15	BP(2)	613.4	5.11	85.6
C40-18-1.0-4-75	540	70	25	0.96	BP(3)	584.7	4.87	166.8
C40-18-1.0-4-50	540	70	25	1.44	BP(3)	593.4	4.95	116.4
C40-18-1.2-6-100	648	70	25	1.62	BP(3)	594.0	4.13	51.3
C40-18-1.2-6-75	648	70	25	2.15	BP(1)	617.7	4.29	46.3
C40-18-1.2-4-75	648	70	25	0.96	BP(3)	594.4	4.13	86.8
C40-18-1.2-4-50	648	70	25	1.44	BP(1)	615.6	4.28	68.4

注:* BP(n)表示有 n 个试件出现钢筋拔出破坏。

2.1.4 设计方法及建议

根据美国规范 ACI 318-14[2],钢筋的锚固长度可按式(2-9)计算。

$$l_{\mathrm{d}} = \left[\frac{f_{\mathrm{s}}}{1.1\sqrt{f_{\mathrm{c}}'}\left(\dfrac{c+K_{\mathrm{tr}}}{d_{\mathrm{b}}}\right)} \right] d_{\mathrm{b}} \tag{2-9}$$

式中:K_{tr}——横向钢筋影响系数,$K_{\mathrm{tr}}=40A_{\mathrm{tr}}/ns_{\mathrm{v}}$;

A_{tr}——一个螺距内的横向钢筋截面面积;

n——劈裂平面内的钢筋数量;

s_{v}——螺旋箍筋螺距;

f_{c}'——混凝土抗压强度标准值;

f_{s}——钢筋抗拉强度标准值;

$(c+K_{\mathrm{tr}})/d_{\mathrm{b}}$ 不大于 2.5。

然而,对于装配式混凝土结构,为了便于施工,主筋通常在塑性铰区搭接。为确保钢筋屈服,从而保证结构有足够的位移延性,美国 ACI 550.1R[20]要求钢筋应力达到钢筋屈服强度标准值的 1.5 倍。此外,由于钢筋通常在同一位置搭接,搭接长度应取钢筋锚固长度的 1.3 倍[2]。考虑以上因素,钢筋搭接长度可按式(2-10)计算。

$$l_{l,cal} = \varphi \left[\frac{1.95 f_{byk}}{1.1 \sqrt{f_c'} \left(\dfrac{c+K_{tr}}{d_b} \right)} \right] d_b \qquad (2-10)$$

式中:f_{byk}——钢筋屈服强度标准值;

  φ——折减系数。

需要注意的是,根据本书试验结果,$(c+K_{tr})/d_b$ 的上限取 2.5 偏于保守。例如,尽管 $(c+K_{tr})/d_b$ 均大于 2.5,相较于 d4@50 接头试件,采用 d6@50 的箍筋构造仍可明显提高接头的抗拉强度。因此,根据本书研究结果及相关文献[7,17-18],建议$(c+K_{tr})/d_b$ 的上限值取 4.0。

折减系数 φ 的取值可根据试验结果,通过数据分析得到。通过图 2-9 所示流程可获

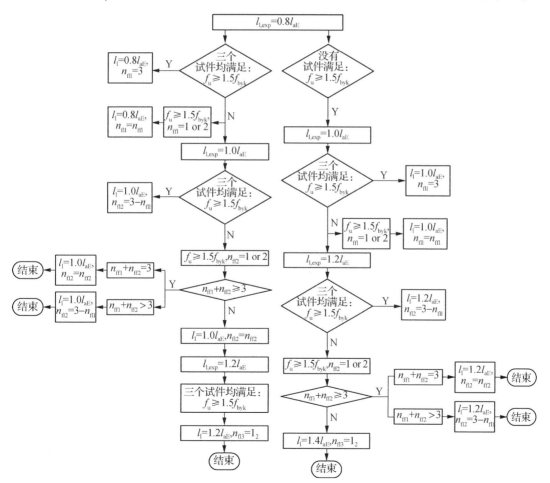

图 2-9 最小搭接长度和频数选择流程

得接头的最小搭接长度和频数。将搭接长度代入式(2-10)可推出折减系数 φ 的合理取值。φ 的分布情况如图 2-10 所示，假定其服从正态分布，平均值为 0.645，标准差为 0.073，具有 95% 保证率的推定值为 0.76。将 φ 的推定值代入式(2-10)，可推出最小搭接长度的计算公式(2-11)。

$$l_{l,cal} = \left\lceil \frac{1.35 f_{byk}}{\sqrt{f_c'}\left(\dfrac{c+K_{tr}}{d_b}\right)} \right\rceil d_b \qquad (2-11)$$

式中：$(c+K_{tr})/d_b$ 不大于 4.0。最小搭接长度计算结果见表 2-4。最小搭接长度试验值 $l_{l,exp}$ 的确定原则为：三个同规格接头试件的抗拉强度均不小于钢筋屈服强度标准值的 1.5 倍。由表 2-4 可见，除试件 C40-16-x-6-75 外，其余试件的 $l_{l,cal}/l_{l,exp}$ 值均大于 1.0，预测结果良好并具有一定的安全储备。对于试件 C40-16-0.8-6-75，只有一个试件的抗拉强度略低于钢筋屈服强度标准值的 1.5 倍，详见表 2-2。这表明，实际所需的最小搭接长度可能略大于 384 mm($0.8l_{aE}$)，而小于 480 mm($1.0l_{aE}$)。因此，预测得到的最小搭接长度 $l_{l,cal}$ 应该更接近于实际值或略大于实际值。

表 2-4　最小搭接长度对比

试件	$A_{sb}(mm^2)$	$K_{tr}(mm)$	$(c+K_{tr})/d_b$	$l_{l,exp}(mm)$	$l_{l,cal}(mm)$	$l_{l,cal}/l_{l,exp}$
C40-16-x-6-50	56.5	22.62	4.00	384	414	1.08
C40-16-x-6-75	56.5	15.08	3.60	480	460	0.96
C40-16-x-4-50	25.1	10.05	2.98	480	557	1.16
C40-16-x-4-75	25.1	6.70	2.56	576	648	1.13
C40-18-x-6-50	56.5	22.62	3.90	432	478	1.11
C40-18-x-6-75	56.5	15.08	3.06	540	608	1.13
C40-18-x-4-50	25.1	10.05	2.51	648	744	1.15
C40-18-x-4-75	25.1	6.70	2.13	756	874	1.16

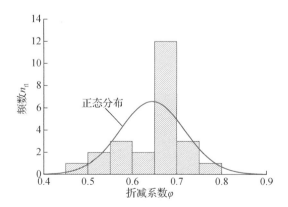

图 2-10　折减系数分布

此外,考虑到螺旋箍筋市场价格较低,可采用$(c+K_{tr})/d_b$的上限 4.0 确定螺旋箍筋构造和配筋率。此时,式(2-11)可进一步简化为式(2-12)。

$$l_{1,cal}=\left(\frac{0.34f_{byk}}{\sqrt{f_c}}\right)d_b \tag{2-12}$$

需要说明的是,上述公式的推导是基于本小节 16 mm 和 18 mm 的钢筋接头试验结果,对于其他直径的钢筋尚需进一步试验验证。同时,对于接头的抗震性能和疲劳性能也需要进一步的循环荷载试验和竖向构件低周反复试验验证。

2.2　钢筋套筒灌浆连接技术

钢筋套筒灌浆连接的工艺原理如图 2-11 所示。上层竖向构件在工程预制时,其钢筋下端安装灌浆套筒,并与模板固定,引出灌浆孔和出浆孔;下层竖向构件上部钢筋预留一段长度,现场装配时将其伸入上层构件预埋灌浆套筒内;从套筒下部灌浆孔注入灌浆料,待灌浆料从出浆孔溢出时停止灌浆,灌浆料结硬后即完成装配。

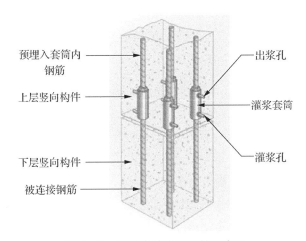

图 2-11　钢筋套筒灌浆连接示意图

灌浆套筒根据结构形式可分为全灌浆套筒和半灌浆套筒,其中半灌浆套筒又可按非灌浆一端的机械连接方式分为直接滚轧直螺纹半灌浆套筒、剥肋滚轧直螺纹半灌浆套筒和镦粗直螺纹半灌浆套筒。灌浆套筒根据加工工艺可分为球墨铸铁铸造成型套筒和机械加工成型套筒。

2.2.1　新型灌浆套筒——GDPS 套筒加工工艺

针对钢筋套筒灌浆连接在研究应用过程中存在的问题,课题组在总结国内外现有套筒的基础上,提出了一种新型变形灌浆钢套筒——GDPS(Grouted Deformed Pipe Splice)套筒,如图 2-12 所示。该套筒利用低合金无缝钢管通过三轴滚轮滚压工艺冷加工而成,如图 2-13 所示。

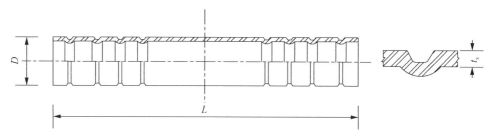

图 2-12　GDPS 套筒构造

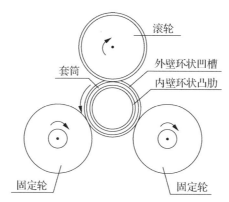

图 2-13　GDPS 套筒加工工艺原理

GDPS 套筒为全灌浆套筒,与已有的套筒产品相比具有以下特点:

(1) 套筒采用无缝钢管锯截,在钢管外表面通过三轴液压滚轮沿径向无切削滚压一次性加工成型,加工工艺简单,材料利用率高,通过专用数控车床可实现批量化生产,有望大幅降低灌浆套筒的制作成本;

(2) 与现有套筒产品均为光滑外壁不同,GDPS 套筒外壁设置多道环状倒梯形凹槽,可提高套筒与周围预制构件混凝土的粘结强度;

(3) 套筒内壁设置多道凸环肋,凸环肋与外壁凹槽通过冷滚压一次成型,可大幅提高套筒与内部填充灌浆料的粘结强度;

(4) 将凸环肋集中布置在套筒两端,在有效提高套筒与灌浆料的机械咬合作用,避免出现套筒-灌浆料滑移破坏的同时,也避免了在套筒受力最大部位因滚压对套筒承载力造成削弱。

课题组通过对 GDPS 套筒灌浆连接接头的研究,深入揭示钢筋套筒灌浆连接接头的工作机理,提炼其理论分析模型,建立适用的设计方法,为 GDPS 套筒的设计、制作及工程应用提供理论支撑与技术指导。

2.2.2　钢筋套筒灌浆连接工作机理

1) GDPS 灌浆套筒应变变化及分布规律

套筒表面的应变可直观反映套筒的约束应力分布及约束作用大小,因此首先在本节介绍了 GDPS 套筒灌浆连接接头试件在轴向拉伸及反复拉压荷载作用下套筒表面的轴向及环向应变分布规律。

（1）单向拉伸试件套筒表面轴向应变

为研究 GDPS 套筒的约束机理，在套筒表面密集粘贴了环向和轴向应变片，图 2-14 为荷载-套筒轴向应变关系曲线。从图中可见，套筒中部（无肋段）轴向应变为拉应变，套筒变形段凸肋间的轴向应变主要为压应变。除试件 SM-SD-G2-D22-1 由于套筒中部区域屈服，应变呈非线性增长外，其余轴向应变基本呈线性增长。在加载后期（钢筋屈服后），试件 SM-SC-G2-D16-3、SM-SD-G2-D22-1 及 SM-SD-G2-D25-1 变形段应变曲线分别在 95 kN、180 kN 和 240 kN 左右时出现转折，应变增速减缓，并有向拉应变转换的趋势。

表 2-5 为 SM-SC-G2-D16、SM-SD-G2-D22 及 SM-SD-G2-D25 系列试件套筒光滑段和变形段与灌浆料的平均粘结应力计算结果。$\tau_{s,1}$ 为套筒光滑段与灌浆料的平均粘结应力（MPa），按式（2-13）近似计算：

$$P_{s,1} = \tau_{s,1} \cdot \pi d_b \cdot 0.5L_1 = (\sigma_{s,mid} - \sigma_{s,1}) \cdot A_s = (\varepsilon_{s,mid} - \varepsilon_{s,1}) \cdot E_s \cdot A_s \quad (2-13)$$

式中：$P_{s,1}$——套筒光滑段粘结力；

$\sigma_{s,mid}$——套筒中部拉应力；

$\varepsilon_{s,mid}$——套筒中部拉应变；

E_s——套筒弹性模量；

$\varepsilon_{s,1}$——套筒光滑段端部的轴向应变实测值；

A_s——套筒截面面积（mm²）；

d_b——钢筋直径（mm）；

L_1——套筒光滑段长度（mm）。

$\tau_{s,2}$ 为套筒变形段与灌浆料的平均粘结应力（MPa），按式（2-14）计算。τ_s 为套筒全长与灌浆料的平均粘结应力（MPa），按式（2-15）计算。

$$\tau_{s,2} = \frac{P_{s,2}}{\pi(D-2t_s) \cdot (L_2-L_3)} = \frac{P_u - P_{s,1}}{\pi(D-2t_s) \cdot (L_2-L_3)} \quad (2-14)$$

$$\tau_s = \frac{P_u}{\pi(D-2t_s) \cdot (0.5L-L_3)} \quad (2-15)$$

式中：L、L_2 和 L_3——套筒长度、套筒变形段长度和端部密封塞厚度；

t_s——套筒壁厚；

$P_{s,2}$——套筒变形段粘结力；

P_u——破坏荷载；

D——套筒外径。

试件破坏时，套筒光滑段与灌浆料的粘结应力主要为摩擦力；对于套筒变形段，粘结应力主要包括摩擦力和机械咬合力。根据计算结果，套筒光滑段的平均粘结应力仅略小于变形段，套筒光滑段的粘结力 $P_{s,1}$ 约为试件破坏荷载 P_u 的 40%，可以推断出套筒变形段与灌浆料的机械咬合力尚未达到峰值,粘结强度仍有较大富余。

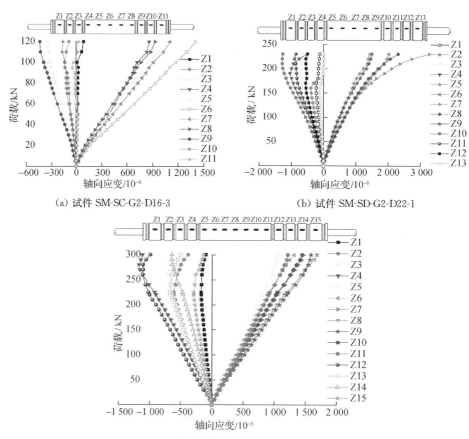

(a) 试件 SM-SC-G2-D16-3

(b) 试件 SM-SD-G2-D22-1

(c) 试件 SM-SD-G2-D25-1

图 2-14　荷载-套筒轴向应变关系曲线

表 2-5　套筒-灌浆料平均粘结应力

试件名称	$\tau_{s,1}$(MPa)	$P_{s,1}$(kN)	$\tau_{s,2}$(MPa)	$P_{s,2}$(kN)	τ_{s}(MPa)	$\alpha = P_{s,1}/P_{u}$
SM-SC-G2-D16	8.70	47.8	9.28	72.1	9.04	0.399
SM-SD-G2-D22	10.59	96.8	11.61	142.0	11.17	0.405
SM-SD-G2-D25	9.12	114.9	12.88	184.5	11.12	0.384

（2）单向拉伸试件套筒表面环向应变

图 2-15 为荷载-套筒环向应变关系曲线,套筒两端变形段和中部光滑段的环向应变均为压应变,其应变绝对值小于同位置处的轴向应变。从图 2-15(a)可以看出,试件 SM-SC-G2-D16-3 在荷载小于 95 kN 时,环向应变基本呈线性增长;在荷载为 95 kN 左右时,除套筒中部应变(H6)外,其余部位应变的测量值随荷载增加的速度逐渐减缓,套筒变形段的压应变逐渐减小;试件 SM-SC-G2-D16-3 破坏时,H1 处应变测量结果变为拉应变,表明在加载后期,随着灌浆料劈裂变形的增大,套筒端部的约束作用逐渐显现。

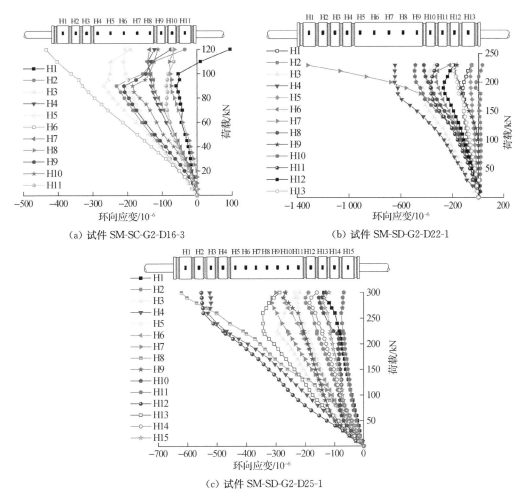

（a）试件 SM-SC-G2-D16-3　　　　　（b）试件 SM-SD-G2-D22-1

（c）试件 SM-SD-G2-D25-1

图 2-15　荷载-套筒环向应变关系曲线

从图 2-15（b）（c）可以看出，试件 SM-SD-G2-D22-1 和 SM-SD-G2-D25-1 分别在 180 kN 和 240 kN 时，荷载-套筒环向应变关系曲线出现与试件 SM-SC-G2-D16-3 等类似的转折，在之前应变基本呈线性增长。试件 SM-SD-G2-D22-1 由于套筒中部受拉屈服，受泊松效应影响，中部环向应变（H8）呈非线性增长。

2）GDPS 套筒约束机理

钢筋套筒灌浆连接是一种对接连接方式，通过不同材料间的相互粘结将荷载从一端钢筋传递到另一端钢筋。在拉力作用下，由于钢筋"锥楔"作用产生的灌浆料径向膨胀变形受到套筒的约束，使灌浆料处于有效侧向约束状态，减少并延缓了灌浆料的劈裂，钢筋的粘结强度显著提高[9-15]。Robins 和 Standish[9]研究发现：当外部约束应力超过混凝土抗压强度的 1/3 时，混凝土咬合齿发生剪切破坏，试件发生拔出破坏，过高的约束应力并不会提高拉伸试件的破坏荷载。Navaratnarajah 和 Speare[10]也发现类似的规律，但不同破坏模式的临界约束应力略有不同。Nagatomo 和 Kaku[12]研究发现：当钢筋保护层厚度大于 2.5 倍钢筋直径时，粘结强度随着约束应力的提高基本保持不变。

在拉力作用下,灌浆料因钢筋"锥楔"作用产生的径向位移受到套筒的约束,在灌浆料内部产生径向压应力,环向产生拉应力,当环向拉应力超过灌浆料的抗拉强度时,即在钢筋-灌浆料界面处出现劈裂裂缝。同时,灌浆料的径向位移及劈裂膨胀在灌浆料和套筒界面处产生约束应力 f_n,在灌浆料内部产生径向压应力 σ_g,在套筒环向产生拉应力 σ_s,如图2-16所示。

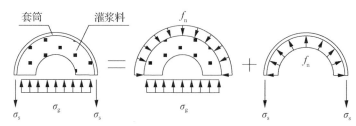

图 2-16 灌浆套筒约束示意图

尽管钢筋套筒灌浆连接均是利用套筒的约束作用提高钢筋的粘结强度,但套筒内腔结构的不同会影响套筒的约束效果及约束机理,对应的套筒应变分布规律也有显著差异。为证明该点,对 Einea 等[15]、Ling 等[21] 及本小节试验用的灌浆套筒应变分布进行了对比。如图2-17所示套筒采用无缝钢管制作,套筒两端各焊接一个止推钢环,套筒内壁为光滑面;如图2-18所示为锥形套筒,套筒内壁为倾斜光滑面。

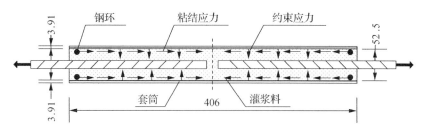

图 2-17 Einea 等[15]试验用全灌浆套筒(单位:mm)

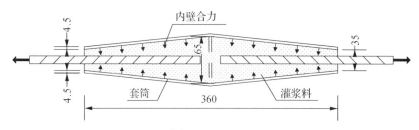

图 2-18 Ling 等[21]试验用全灌浆套筒(单位:mm)

Einea 等[15]的试验结果表明,由于套筒内壁光滑,灌浆料与套筒之间的粘结力主要为两者之间的化学粘着力及摩擦力,灌浆料受到套筒及端部钢环的共同约束。由于灌浆料的劈裂膨胀变形,套筒环向应变为拉应变,轴向因泊松效应影响为压应变,且应变绝对值远小于环向应变。在加载后期,部分应变片的应变曲线存在转折,应变特性有从拉应变向压应变转变或从压应变向拉应变转变的趋势。对于该类型套筒,由于套筒端部钢环对灌浆料的止推作用较小及灌浆料的应力吸收特性,套筒对灌浆料的约束相对滞后。

Ling 等[21]的试验结果表明,由于套筒内壁为光滑倾斜面,筒壁上合力的水平分量阻止灌浆料的滑移,径向分量可对填充灌浆料产生约束。套筒轴向应变始终为拉应变,在加载前期套筒环向因泊松效应影响为压应变,在加载中期随着灌浆料的劈裂变形,逐渐转变为拉应变。对于该类型套筒,由于从加载开始,套筒与灌浆料相互作用的径向分力即对灌浆料产生约束,其约束作用具有主动性。

由于套筒内腔结构的不同,对比 Einea 等、Ling 等及本小节 GDPS 灌浆套筒的应变特性及变化可发现显著差异。对于 GDPS 套筒,其内腔结构可分为三段,即两端变形段和中部光滑段。套筒应变测量结果表明:光滑段轴向应变为拉应变,变形段主要为压应变,在中部第一道环肋处轴向应变发生突变;套筒环向全长主要表现为压应变。造成这一独特应变规律的原因如下:

(1) 与其他套筒不同,GDPS 套筒在两端布设有多道环状凹槽和凸肋,在拉力作用下套筒与灌浆料的相互作用造成套筒内壁环肋处存在较大的挤压力,如图 2-19(a)所示。造成凹槽间的筒壁处于局部径向弯曲状态,套筒轴向应力沿径向不均匀分布,外表面受压,内表面受拉,如图 2-19(b)所示,本小节测得的应变为外表面应变。将在下一节的数值模拟中对该推断予以证明。

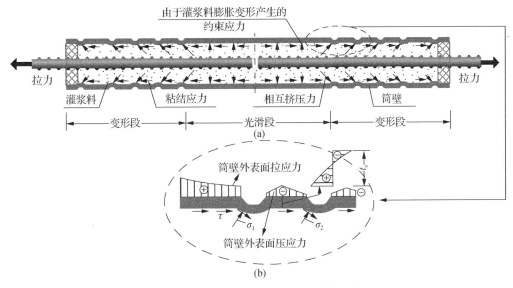

图 2-19 GDPS 套筒内壁与灌浆料的相互作用

(2) 套筒变形段环肋与灌浆料的挤压作用在阻止灌浆料跟随钢筋滑移的同时,其径向分力对灌浆料产生约束,并且该约束在加载初期即随着套筒与灌浆料的相互作用而出现,承担了套筒变形段灌浆料的大部分膨胀变形,从而造成凹槽间的筒壁环向应变始终以压应变为主,未出现 Einea 及 Ling 等试验中测得的较大环向拉应变。

(3) 对于套筒光滑段,在拉力荷载作用下,套筒的桥连作用使套筒中部产生轴向拉应变,该结果与 Ling 等试验用套筒的轴向应变测试结果一致。

(4) 试件破坏过程及形态表明，灌浆料的劈裂首先在套筒端部出现，从钢筋加载端向自由端(套筒中部)逐渐出现和延伸，因此光滑段内的灌浆料劈裂膨胀相对较小。根据弹性力学理论(式 2-16)，当套筒因灌浆料劈裂膨胀造成的环向拉应变小于因泊松效应(套筒在拉力作用下沿轴向伸长)产生的环向压应变时，最终的应变为压应变。

$$\varepsilon_\theta = \frac{1}{E_s}\left[\sigma_\theta - \nu_s \cdot \sigma_r - \nu_s \cdot \sigma_z\right] \qquad (2\text{-}16)$$

式中：ε_θ——环向应变；

$\quad\quad \sigma_\theta$——环向应力；

$\quad\quad \sigma_r$——径向应力；

$\quad\quad \sigma_z$——轴向应力；

$\quad\quad \nu_s$——泊松比。

综上所述，套筒光滑段的约束作用与 Einea 等试验采用的光滑套筒类似，约束相对滞后，应变的大小取决于灌浆料膨胀变形的大小。若将 GDPS 套筒环肋数量减少至两端各一道，则形成类似于 Einea 等采用的套筒，此时灌浆料将会产生显著的劈裂膨胀变形，钢筋滑移量增加；套筒变形段的约束则与 Ling 等试验采用的锥形套筒类似，在加载初期即随着灌浆料与套筒间的相对滑移而出现，类似于主动约束。因此，可以推断套筒环肋的数量对 GDPS 套筒的约束效果有重要影响，进而影响连接钢筋的粘结性能。同时需要指出的是，由于套筒中部拉应力较大，环肋数量过多或套筒变形段过长时，过大的轴向拉应力容易导致套筒在中部第一道环肋处断裂。

3) 数值模拟

(1) 模型建立

为进一步研究 GDPS 套筒灌浆连接接头的传力机理及套筒的应变分布规律，采用 ANSYS 软件对试件 SM-SD-G2-D25-1 建立 1/2 模型。采用实体单元 SOLID187 模拟钢筋和套筒，SOLID65 模拟灌浆料，接触单元 TARGE170 和 CONTA174 模拟钢筋和灌浆料以及灌浆料和套筒之间的粘结。

套筒材料模型为根据材料性能试验数据确定的双线性随动硬化模型，弹性模量取 2.06×10^5 MPa，屈服强度取试验值 405 MPa；钢筋采用三折线各向同性硬化材料模型，初始屈服应变、屈服平台长度及极限应变分别取 0.002、0.008 和 0.07，对应的屈服应力取 455 MPa，极限应力取 625 MPa；灌浆料采用多线性各向同性硬化材料模型，其受压应力-应变关系按式(2-17)和式(2-18)[22-23]确定，灌浆料弹性模量根据试验结果取 2.5×10^4 MPa，灌浆料破坏准则采用 William-Warnke 五参数准则。

$$\sigma = E_g\varepsilon \Big/ \left[1 + \left(\frac{\varepsilon}{\varepsilon_0}\right)^2\right] \quad (\varepsilon \leqslant 0.005\ 5) \qquad (2\text{-}17)$$

$$\varepsilon_0 = 2f_g/E_g \qquad (2\text{-}18)$$

式中：σ——压应力；

ε——压应变；

E_{g}——灌浆料弹性模量；

f_{g}——灌浆料抗压强度；

ε_0——灌浆料抗压强度对应的应变。

（2）有限元分析与试验结果对比

图 2-20 为试件 SM-SD-G2-D25-1 荷载-位移曲线试验结果与有限元分析结果对比，从图中可见两者变化趋势基本吻合。由于钢筋本构关系中未考虑下降段，因此有限元分析得到的荷载-位移曲线不含下降段，但连接接头的屈服荷载、极限荷载及刚度等主要特征可以通过数值模拟获得。

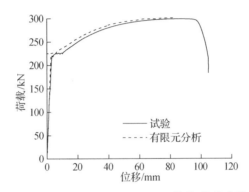

**图 2-20   试件 SM-SD-G2-D25-1 荷载-位移曲线
试验结果与有限元分析结果对比**

图 2-21 为试件 SM-SD-G2-D25-1 破坏时的轴向应力分布云图，从图中可见套筒的轴向应力分布规律与试验结果类似：套筒中部光滑段应力为拉应力，并从中间向两侧减小；套筒两端变形段主要为压应力，并且中部第 1、2 道凹槽间的压应力最大，向套筒端部逐渐减小。此外，分析发现在套筒凹槽处存在明显的应力集中现象。

以上对比结果表明，该有限元模型能够反映试件的受力特征，可用来研究接头的传力机理。GDPS 套筒特有的加工工艺及内腔结构使得其应变分布规律与 Einea 等[15]、Ling 等[21] 及 Henin 等[24] 的试验结果有显著差异，具有独特性。由于应变分布规律反映了套筒的约束机理，因此有必要对其进行深入研究。

相比于其他套筒，GDPS 套筒的最大特点在于其端部通过冷滚压工艺成型的多道外壁环状凹槽及滚压过程中自动形成的内壁凸环肋。凸环肋在提高灌浆料与套筒的机械咬合，避免出现套筒-灌浆料粘结破坏的同时，其与灌浆料间的接触压力也造成环肋间的筒壁处于局部径向弯曲状态。图 2-21（c）为套筒变形段轴向应力分布，图中凹槽间的筒壁应力呈非均匀分布，峰值位于凹槽间筒壁中部偏内侧位置。图 2-21（d）为套筒剖面轴向应力分布，剖切位置位于套筒中部第 1、2 道凹槽中间，图中可见筒壁外表面为压应力，内表面为拉应力，且拉应力数值大于压应力，合力为拉应力。

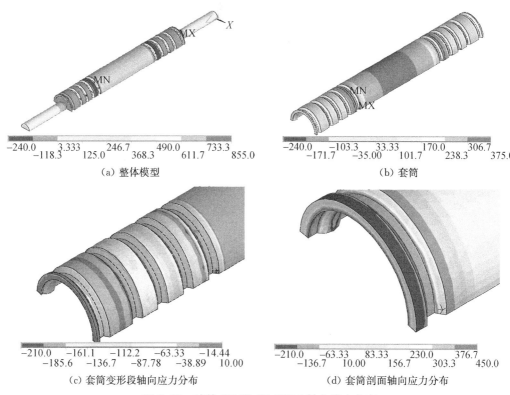

(a) 整体模型　　　　　　　　　　　(b) 套筒

(c) 套筒变形段轴向应力分布　　　　(d) 套筒剖面轴向应力分布

图 2-21　试件 SM-SD-G2-D25-1 轴向应力分布

套筒内壁与灌浆料界面的接触压力如图 2-22 所示,可见在凸环肋处存在明显的挤压力,其轴力可阻止灌浆料随钢筋产生滑移,其径向分力则对灌浆料产生径向约束,这一约束在加载初期随着套筒与灌浆料间滑移的出现即产生,有效地限制了灌浆料的膨胀变形。图 2-23 为套筒环肋中部节点与灌浆料间凸环肋处的接触压力变化规律。在加载初期,套筒端部肋 5 处的接触压力最大,然后逐肋向套筒中部减小。但随着荷载的增大,套筒端部环肋处接触压力逐渐进入下降段(肋 4 和肋 5),而套筒中部环肋处的接触压力则持续增长(肋 1、肋 2 和肋 3),试件破坏时最大接触压力位于肋 1 处。这一变化规律表明,随着灌浆料与套筒之间滑移的发展,灌浆料与套筒首先在套筒端部发生粘结破坏,与试验结果吻合。

4) 套筒约束作用理论推导

钢筋套筒灌浆连接接头的破坏形式包括钢筋拉断破坏、套筒拉断破坏、钢筋-灌浆料粘结滑移破坏、套筒-灌浆料粘结滑移破坏,其中钢筋拉断破坏是接头理想的破坏形式。通过合理的套筒截面设计及内壁环肋布置可避免接头出现套筒断裂和套筒-灌浆料粘结破坏,因此确定连接钢筋的粘结强度,避免出现钢筋粘结破坏是灌浆套筒设计的关键。本节将根据试验结果,对套筒的约束作用及 GDPS 套筒灌浆连接中钢筋的粘结承载力计算公式进行推导。

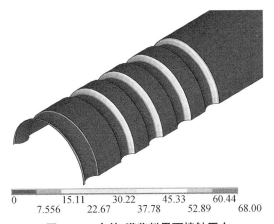

图 2-22　套筒-灌浆料界面接触压力

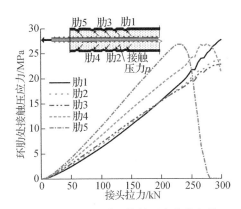

图 2-23　凸环肋处接触压力变化规律

在拉力作用下,由于钢筋的"锥楔"作用,灌浆料产生径向位移,在套筒的约束下浆体硬化过程中产生的初始约束应力增大,环向预压应力 σ_0^θ 减小。随着荷载的增加,σ_0^θ 逐渐转变为拉应力,当应力超过灌浆料的抗拉强度时,即在钢筋-灌浆料界面处出现劈裂裂缝。裂缝出现后,灌浆料开裂区域环向拉应力减小为 0,未开裂区域发生应力重分布,环向拉应力增大,裂缝向套筒-灌浆料界面延伸,灌浆料传力路径发生转变。当灌浆料完全劈裂后,钢筋-灌浆料界面压力 p_b 通过被裂缝分割的灌浆料小柱传递到套筒-灌浆料界面。

根据试验结果,套筒应变与套筒内腔结构对应,在套筒变形段和光滑段表现出不同的分布规律。因此,套筒变形段的约束机理及约束作用也不同于光滑段。

(1) 套筒变形段约束应力

试验结果及数值模拟结果表明,套筒变形段环肋间筒壁轴向及环向应变均为压应变,这主要是由于变形段凸环肋与灌浆料的相互作用造成的。在凸环肋处,环肋与灌浆料之间挤压力的轴向分力阻止灌浆料跟随钢筋滑移,径向分力则约束灌浆料因钢筋"锥楔"作用产生膨胀变形。根据试件剖开后的破坏状况可见,灌浆料在套筒变形段存在明显的劈裂膨胀,而套筒环肋间的环向应变却始终为压应变,这一结果表明环肋处挤压力的径向分力对灌浆料的约束作用非常明显。因此,此处对套筒变形段的约束仅考虑凸环肋处的径向分力,忽略环肋间筒壁对灌浆料的径向约束。

根据套筒内腔结构,套筒与灌浆料的粘结承载力可分为光滑段和变形段两部分,光滑段和变形段的粘结力 $P_{s,1}$ 和 $P_{s,2}$ 分别为:

$$P_{s,1} = \alpha \cdot P_u \qquad (2\text{-}19)$$

$$P_{s,2} = (1-\alpha) \cdot P_u \qquad (2\text{-}20)$$

α 由试验结果确定(表 2-5),试件破坏时,套筒变形段的粘结力 $P_{s,2}$ 主要为摩擦力 $P_{s,f}$ 和机械咬合力 $P_{s,zi}$,则

$$P_{s,2} = P_{s,f} + \sum_{i=1}^{n} P_{s,zi} = \mu \cdot p_{s,2r} \cdot \pi \cdot (D_{s,in} - h_r) \cdot (L_2 - L_3) + \sum_{i=1}^{n} k_i \cdot P_{s,ri}$$

$$(2\text{-}21)$$

$$\sum_{i=1}^{n} P_{s,ri} = \pi \cdot (D_{s,in} - h_r) \cdot (L_2 - L_3) \cdot p_{s,2r} \qquad (2-22)$$

式中：$D_{s,in}$——套筒加工用钢管内径；

$\quad L_2$——套筒变形段长度(mm)；

$\quad L_3$——橡胶塞厚度；

$\quad P_{s,zi}$ 和 $P_{s,ri}$——套筒变形段凸环肋上挤压力的轴向分力和径向分力(kN)；

$\quad k_i$——两者的比值。试件破坏时，灌浆料与套筒之间粘结良好，未见灌浆料压碎现象。因此，假定钢筋拔出破坏时，套筒环肋周边灌浆料处于弹性状态，未出现受压破坏，则各环肋处的 k_i 相等，并可由环肋形状确定；

$\quad p_{s,2r}$——凸环肋处径向分力产生的平均约束应力(MPa)；

$\quad n$——套筒一端变形段的凸环肋的数量；

$\quad h_r$——内壁凸环肋净高(mm)；

$\quad \mu$——摩擦系数。

联立式(2-21)和(2-22)可推出：

$$P_{s,2} = \pi \cdot (D_{s,in} - h_r) \cdot (L_2 - L_3) \cdot (\mu + k) \cdot p_{s,2r} \qquad (2-23)$$

联立式(2-20)和(2-23)可推出：

$$p_{s,2r} = \frac{(1-\alpha) \cdot P_u}{\pi \cdot (D_{s,in} - h_r) \cdot (L_2 - L_3) \cdot (\mu + k)} \qquad (2-24)$$

试件破坏时纵向劈裂裂缝已延伸至变形段末端，因此钢筋-灌浆料界面压力 $p_{b,2r}$ 已全部传递到套筒-灌浆料界面[25]，$p_{b,2r}$ 可按下式计算：

$$p_{b,2r} = p_{s,2r} \cdot \frac{D_{s,in} - h_r}{d_b} = \frac{(1-\alpha) \cdot P_u}{\pi \cdot d_b \cdot (L_2 - L_3) \cdot (\mu + k)} \qquad (2-25)$$

根据上述公式，粘结破坏试件 SM-SD-G2-D22-2 和 SM-SD-G2-D25-2 在套筒-灌浆料界面处的约束应力分别为 11.65 MPa 和 13.01 MPa，在钢筋-灌浆料界面处的约束应力分别为 20.38 MPa 和 23.14 MPa。

(2) 套筒光滑段约束应力

对于套筒光滑段，套筒对灌浆料的约束应力可根据试验结果按式(2-26)[26]计算：

$$p_{s,1r} = \frac{2E_{s\theta}}{1 - \nu_{s\theta} \cdot \nu_{sz}} (\varepsilon_{s\theta} + \nu_{sz} \cdot \varepsilon_{sz}) \frac{t_s}{D_{s,in}} \qquad (2-26)$$

式中：$E_{s\theta}$——套筒环向弹性模量；

$\quad \nu_{s\theta}$——套筒环向泊松比；

$\quad \nu_{sz}$——套筒轴向泊松比；

$\quad \varepsilon_{s\theta}$——套筒环向应变；

$\quad \varepsilon_{sz}$——套筒轴向应变。

此处假定套筒为各向同性材料,则 $E_{s\theta}=206\,000$ MPa,$\nu_{s\theta}=\nu_{sz}=0.3$,$\varepsilon_{s\theta}$ 和 ε_{sz} 按实测值。计算结果如图 2-24 所示:套筒光滑段约束应力呈"M"形,中部约束应力最小,向两端逐渐增大,到达峰值后再逐渐减小。试件 SM-SD-G2-D25-2 光滑段平均约束应力为 4.23 MPa,试件 SM-SD-G2-D22-2 为 6.64 MPa。由于试件 SM-SD-G2-D22-2 在粘结破坏时,套筒中部已屈服,该点的约束应力计算值失真,计算平均值时未考虑该点,因此其实际平均约束应力应小于 6.64 MPa。

对比上述结果可见,套筒光滑段的约束应力小于变形段,试件 SM-SD-G2-D22-2 和 SM-SD-G2-D25-2 光滑段约束应力值分别为变形段的 57.0%(实际值更小)和 32.5%。这一结果表明变形段灌浆料产生了更大的膨胀变形,与剖切后观察到的破坏状况一致。由于约束应力显著影响钢筋的粘结性能,因而可以推断钢筋在变形段的粘结应力也不同于光滑段,进而可推断,套筒变形段的长度即凸环肋的数量及间距对钢筋的粘结性能有重要影响。

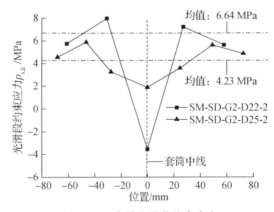

图 2-24　套筒光滑段约束应力

2.2.3　钢筋 GDPS 套筒灌浆连接参数分析

GDPS 灌浆套筒的工作机理研究表明,套筒内腔结构(包括内壁环肋数量、环肋高度、环肋间距)、钢管规格、填充灌浆料的物理力学特性及钢筋锚固长度对钢筋连接的结构性能有重要影响。为此,课题组设计了 91 组 GDPS 套筒灌浆连接接头试件及 4 组光圆套筒灌浆连接接头试件,并进行了单向拉伸试验。通过对比不同参数试件的强度和变形,对钢筋套筒灌浆连接接头的结构性能进行参数化分析。

1)试验概述

(1)试件设计

采用灌浆套筒、高强水泥基灌浆料及 HRB400 钢筋制作了 91 组 GDPS 套筒灌浆连接接头试件及 4 组光圆套筒灌浆连接接头试件,如图 2-25 所示。试件参数包括套筒尺寸、环肋数量、环肋内壁凸起高度、环肋间距、钢筋直径及锚固长度、灌浆料强度及膨胀率。以试件 G345-a20-h2-GB-5d-d18 为例,试件名称中的字母表示如下:第一组为套筒类别,分别为 S、G 及 G* 三类套筒,其中 G 和 G* 类套筒为 GDPS 套筒,S 为光圆套筒,第一个数字为环肋数量(0、1、2、3、4),后面的数字表示套筒外径(38、42、45);第二组表示环肋间距,符号 a 的含义见图 2-25,取值包括 0、20、25、30、35;第三组表示环肋内壁凸起高度 h_r(图 2-25),取值包括 0.5、1.0、1.5、2.0;第四组表示灌浆料类别,分为 A、B、C 三类,带"*"灌浆料龄期为 7 天;第五组表示钢筋锚固长度,d 为钢筋公称直径;第六组表示连接钢筋直径。

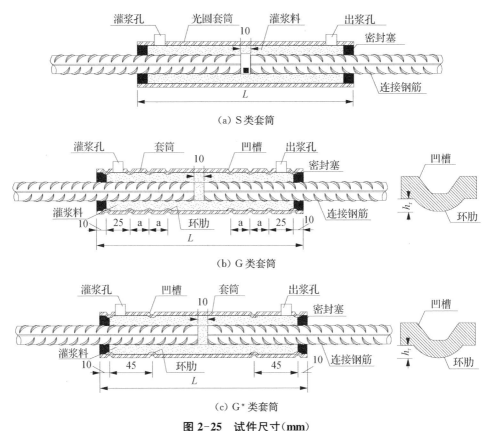

(a) S 类套筒

(b) G 类套筒

(c) G* 类套筒

图 2-25　试件尺寸(mm)

　　试件加工制作如图 2-26 所示。试件加工前采用丙酮将钢筋表面及套筒内表面油污清除干净,灌浆前先将连接钢筋插入套筒,并将套筒、连接钢筋固定在木枋上,然后采用手工灌浆枪从套筒下部灌浆孔灌浆,灌浆料从上部出浆孔流出时即为灌满。浇筑灌浆料后,将试件及灌浆料试块放在试验室养护 28 天。

　　(2) 材料性能

　　套筒加工用无缝钢管及连接钢筋的材料性能见表 2-6 和 2-7。与接头试件同时浇筑并同条件养护灌浆料试块(40 mm×40 mm×160 mm),这些试块测定的强度如表 2-8 所示,图 2-27 为灌浆料在室内密封条件和水养条件下的体积变形曲线。

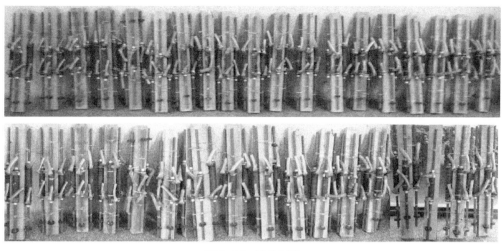

图 2-26　试件制作

表 2-6　无缝钢管的材料性能

外径×壁厚 $D_{s,out}$(mm)×t_s(mm)	牌号	弹性模量 E_s（MPa）	屈服应力 f_{sy}（MPa）	极限应力 f_{su}（MPa）	伸长率（%）
38×3.0	Q345B	2.06×10⁵	360	495	20.5
42×3.5	Q345B	2.06×10⁵	356	505	21.5
45×4.0	Q345B	2.06×10⁵	352	510	21.5

表 2-7　连接钢筋的材料性能

直径（mm）	牌号	屈服应力 f_{by}（MPa）	极限应力 f_{bu}（MPa）	伸长率（%）	弹性模量 E_b（MPa）
16	HRB400	445	596	25.3	2.0×10⁵
18	HRB400	449	605	22.7	2.0×10⁵
20	HRB400	451	615	22.1	2.0×10⁵

表 2-8　灌浆料的材料性能

类别	水料比	抗压强度（MPa）		抗折强度（MPa）		流动度（mm）	
		7 天	28 天	7 天	28 天	初始	30 min
A 类	0.13	69.0	85.3	11.5	13.4	310	300
B 类	0.13	81.4	91.8	11.9	14.6	305	290
C 类	0.19	51.7	67.5	8.2	9.4	385	350

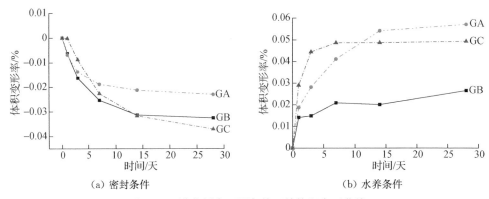

图 2-27　灌浆料在不同条件下的体积变形曲线

（3）结构性能关键指标

表 2-9 为 GDPS 套筒接头试件的关键性能指标。钢筋-灌浆料粘结强度按式（2-27）计算，套筒-灌浆料粘结强度按式（2-28）计算。

$$\tau_b = P_{u,exp} / (\pi \cdot d_b \cdot l_b) \tag{2-27}$$

$$\tau_s = P_{u,exp} / [\pi \cdot D_{s,in} \cdot (0.5L - L_1)] \tag{2-28}$$

式中：τ_b——钢筋-灌浆料粘结强度；

　　　$P_{u,exp}$——接头试件承载力；

　　　d_b——钢筋公称直径；

　　　l_b——钢筋锚固长度；

　　　τ_s——套筒-灌浆料粘结强度；

　　　$D_{s,in}$——套筒内径；

　　　L_1——套筒端部密封塞厚度；

　　　L——套筒总长度。

表 2-9　主要试验结果

试件名称	极限荷载 $P_{u,exp}$(kN)	粘结强度 τ_{max}(MPa)	$\dfrac{f_u}{f_{byk}}$	$\dfrac{f_u}{f_{buk}}$	破坏模式
S045-GA*-4d-d18	41.6	3.98	0.41	0.30	套筒-灌浆料粘结破坏
S045-GB*-4d-d18	45.0	4.30	0.44	0.33	套筒-灌浆料粘结破坏
S042-GB*-4d-d18	45.2	4.32	0.44	0.33	套筒-灌浆料粘结破坏
S045-GC*-4d-d18	41.1	3.93	0.40	0.30	套筒-灌浆料粘结破坏
G345-a20-h0.5-GB*-3.5d-d20	137.3	31.22	1.09	0.81	钢筋拔出破坏
G245-a0-h0.5-GB*-3.5d-d20	126.2	28.69	1.00	0.74	钢筋拔出破坏
G145-a0-h0.5-GB*-3.5d-d20	125.0	28.42	0.99	0.74	钢筋拔出破坏
G345-a20-h1.5-GB*-3.5d-d20	153.1	34.81	1.22	0.90	钢筋拔出破坏

试件名称	极限荷载 $P_{u,exp}$(kN)	粘结强度 τ_{max}(MPa)	$\dfrac{f_u}{f_{byk}}$	$\dfrac{f_u}{f_{buk}}$	破坏模式
G245-a0-h1.5-GB*-3.5d-d20	156.3	35.54	1.24	0.92	钢筋拔出破坏
G145-a0-h1.5-GB*-3.5d-d20	141.4	32.15	1.13	0.83	钢筋拔出破坏
G*245-a0-h0.5-GB*-3.5d-d20	90.2	20.51	0.72	0.53	钢筋拔出破坏
G*245-a0-h1.5-GB*-3.5d-d20	130.4	29.65	1.28	0.95	钢筋拔出破坏
G345-a20-h0.5-GA*-4d-d18	124.3	30.53	1.22	0.90	钢筋拔出破坏
G345-a20-h0.5-GB*-4d-d18	119.3	29.30	1.17	0.87	钢筋拔出破坏
G245-a0-h0.5-GA*-4d-d18	114.9	28.22	1.13	0.84	钢筋拔出破坏
G245-a0-h0.5-GB*-4d-d18	110.9	27.24	1.09	0.81	钢筋拔出破坏
G145-a0-h0.5-GA*-4d-d18	111.6	27.41	1.10	0.81	钢筋拔出破坏
G145-a0-h0.5-GB*-4d-d18	111.0	27.26	1.09	0.81	钢筋拔出破坏
G345-a20-h1.5-GA*-4d-d18	136.3	33.48	1.34	0.99	钢筋拔出破坏
G345-a20-h1.5-GB*-4d-d18	133.4	32.76	1.31	0.97	钢筋拔出破坏
G245-a0-h1.5-GB*-4d-d18	134.7	33.08	1.32	0.98	钢筋拔出破坏
G145-a0-h1.5-GA*-4d-d18	121.5	29.84	1.19	0.88	钢筋拔出破坏
G145-a0-h1.5-GB*-4d-d18	116.5	28.61	1.14	0.85	钢筋拔出破坏
G*245-a0-h0.5-GA*-4d-d18	92.11	22.62	0.90	0.67	钢筋拔出破坏
G*245-a0-h0.5-GB*-4d-d18	82.8	20.34	0.81	0.60	钢筋拔出破坏
G*245-a0-h1.5-GA*-4d-d18	107.4	26.37	1.05	0.78	钢筋拔出破坏
G*245-a0-h1.5-GB*-4d-d18	107.3	26.35	1.05	0.78	钢筋拔出破坏
G245-a0-h1.5-GB*-4d-d16	114.7	35.65	1.43	1.06	钢筋拔出破坏
G345-a20-h2-GA-4d-d18	125.3	30.77	1.23	0.91	钢筋拔出破坏
G342-a20-h2-GA-4d-d18	138.2	33.94	1.36	1.01	钢筋拔出破坏
G345-a20-h2-GB-4d-d18	124.5	30.58	1.22	0.91	钢筋拔出破坏
G345-a20-h2-GC-4d-d18	108.3	26.60	1.06	0.79	钢筋拔出破坏
G342-a20-h2-GB-4d-d18	135.0	33.16	1.33	0.98	钢筋拔出破坏
G342-a20-h2-GB-4d-d16	99.8	31.02	1.24	0.92	钢筋拔出破坏
G242-a0-h2-GB-4d-d16	104.7	32.55	1.30	0.96	钢筋拔出破坏
G345-a20-h2-GB-4d-d16	105.2	32.70	1.31	0.97	钢筋拔出破坏
G338-a20-h2-GB-4d-d16	105.0	32.64	1.31	0.97	钢筋拔出破坏
G445-a20-h1-GA-5d-d18	144.9	25.74	1.80	1.33	钢筋拉断破坏

续表 2-9

试件名称	极限荷载 $P_{u,exp}$ (kN)	粘结强度 τ_{max} (MPa)	$\dfrac{f_u}{f_{byk}}$	$\dfrac{f_u}{f_{buk}}$	破坏模式
G145-a0-h2-GA-5d-d18	140.2	27.55	1.38	1.02	钢筋拔出破坏
G445-a20-h2-GA-5d-d18	145.0	28.49	1.42	1.06	钢筋拔出破坏
G342-a20-h2-GA-5d-d16	114.6	28.50	1.42	1.06	钢筋拔出破坏
G345-a20-h2-GB-5d-d18	139.8	27.47	1.37	1.02	钢筋拔出破坏
G445-a20-h2-GB-5d-d18	140.2	27.55	1.38	1.02	钢筋拔出破坏
G145-a0-h2-GB-5d-d18	137.9	27.10	1.35	1.00	钢筋拔出破坏
G245-a0-h2-GB-5d-d18	139.8	27.47	1.37	1.02	钢筋拔出破坏
G245-a0-h1-GB-5d-d18	138.6	27.23	1.36	1.01	钢筋拔出破坏
G245-a0-h1.5-GB-5d-d18	140.1	27.53	1.38	1.02	钢筋拔出破坏
G345-a20-h1-GB-5d-d18	142.5	28.00	1.40	1.04	钢筋拔出破坏
G345-a20-h1.5-GB-5d-d18	147.7	29.02	1.45	1.07	钢筋拔出破坏
G445-a20-h1-GB-5d-d18	145.1	28.51	1.43	1.06	钢筋拔出破坏
G445-a20-h1.5-GB-5d-d18	144.6	28.41	1.42	1.05	钢筋拔出破坏
G345-a35-h2-GB-5d-d18	143.7	28.24	1.41	1.05	钢筋拔出破坏
G145-a0-h2-GC-5d-d18	110.2	21.65	1.08	0.80	钢筋拔出破坏
G445-a20-h2-GC-5d-d18	128.9	25.33	1.27	0.94	钢筋拔出破坏
G142-a0-h2-GB-5d-d18	136.7	26.86	1.34	0.99	钢筋拔出破坏
G242-a0-h2-GB-5d-d18	140.0	27.51	1.38	1.02	钢筋拔出破坏
G342-a20-h2-GB-5d-d18	143.7	28.24	1.41	1.05	钢筋拉断破坏
G442-a20-h2-GB-5d-d18	143.1	28.12	1.41	1.04	钢筋拉断破坏
G242-a0-h2-GB-5d-d16	119.9	29.82	1.49	1.10	钢筋拔出破坏
G342-a20-h1-GB-5d-d16	118.5	29.47	1.47	1.09	钢筋拔出破坏
G342-a20-h1.5-GB-5d-d16	115.2	28.65	1.43	1.06	钢筋拔出破坏
G342-a30-h2-GB-5d-d16	119.0	29.59	1.48	1.10	钢筋拉断破坏
G245-a0-h2-GB-5d-d16	119.7	29.77	1.49	1.10	钢筋拉断破坏
G345-a20-h2-GB-5d-d16	119.2	29.64	1.48	1.10	钢筋拔出破坏
G238-a0-h2-GB-5d-d16	116.5	28.97	1.45	1.07	钢筋拔出破坏
G338-a20-h2-GB-5d-d16	116.8	28.65	1.43	1.06	钢筋拔出破坏
G342-a20-h2-GC-5d-d16	96.6	24.02	1.20	0.89	钢筋拔出破坏
G445-a20-h1.0-GC-5d-d18	127.7	25.09	1.25	0.93	钢筋拔出破坏

试件名称	极限荷载 $P_{u,exp}$ (kN)	粘结强度 τ_{max} (MPa)	$\dfrac{f_u}{f_{byk}}$	$\dfrac{f_u}{f_{buk}}$	破坏模式
G342-a20-h2-GA-6d-d16	119.4	21.21	1.48	1.10	钢筋拉断破坏
G442-a20-h2-GA-6d-d16	119.8	21.28	1.49	1.10	钢筋拉断破坏
G345-a20-h2-GB-6d-d18	144.8	23.70	1.42	1.05	钢筋拉断破坏
G445-a20-h2-GB-6d-d18	149.9	24.54	1.47	1.09	钢筋拉断破坏
G445-a25-h2-GB-6d-d18	142.8	23.39	1.40	1.04	钢筋拉断破坏
G445-a30-h2-GB-6d-d18	144.3	23.62	1.42	1.05	钢筋拉断破坏
G345-a20-h2-GC-6d-d18	130.8	21.42	1.29	0.95	钢筋拔出破坏
G445-a20-h2-GC-6d-d18	140.3	22.97	1.38	1.02	钢筋拔出破坏
G342-a20-h2-GB-6d-d18	144.8	23.71	1.42	1.05	钢筋拉断破坏
G442-a20-h2-GB-6d-d18	141.9	23.23	1.39	1.03	钢筋拉断破坏
G342-a20-h2-GB-6d-d16	121.0	25.08	1.50	1.11	钢筋拉断破坏
G442-a20-h2-GB-6d-d16	121.1	25.10	1.51	1.12	钢筋拉断破坏
G342-a20-h2-GC-6d-d16	111.9	23.19	1.39	1.03	钢筋拔出破坏
G442-a20-h2-GC-6d-d16	105.1	21.78	1.31	0.97	钢筋拔出破坏
G345-a20-h2-GB-7d-d18	143.2	20.10	1.41	1.04	钢筋拉断破坏
G445-a20-h2-GB-7d-d18	144.3	20.25	1.42	1.05	钢筋拉断破坏
G445-a20-h1.5-GB-7d-d18	144.9	20.34	1.42	1.05	钢筋拉断破坏
G445-a35-h2-GB-7d-d18	144.5	20.28	1.42	1.05	钢筋拉断破坏
G442-a20-h2-GB-7d-d18	142.3	19.97	1.40	1.04	钢筋拉断破坏
G342-a20-h2-GB-7d-d16	119.5	21.23	1.49	1.10	钢筋拉断破坏
G242-a0-h2-GB-7d-d16	120.6	21.42	1.50	1.11	钢筋拉断破坏
G442-a20-h1.5-GB-7d-d16	121.5	21.58	1.51	1.12	钢筋拉断破坏
G442-a30-h2-GB-7d-d16	119.3	21.19	1.48	1.10	钢筋拉断破坏

由表 2-9 中可见,采用 A、B 类灌浆料的 GDPS 套筒连接接头试件,当锚固长度不小于 6 倍钢筋公称直径时,均为钢筋拉断破坏,接头抗拉强度满足 AASHTO[27-28] 中的 FMC(Full-mechanical Connection)接头,ACI 318—2011[2] 中的 Type2 类接头及 JGJ 107—2016[29] I 类接头强度要求。锚固长度为 5 倍钢筋公称直径的接头试件既有钢筋拔出破坏也有钢筋拉断破坏。

光圆套筒试件均发生套筒-灌浆料粘结破坏,而 GDPS 套筒试件未出现此类破坏形式,表明套筒内壁凸环肋与灌浆料的机械咬合显著提高了套筒-灌浆料间的粘结强度。

2) 参数分析

(1) 环肋数量及间距对接头粘结性能的影响

图 2-28 为 GDPS 套筒灌浆连接接头承载力与套筒内壁环肋数量的关系曲线,横坐标为套筒一侧环肋数量。对于钢筋锚固长度为 3.5d 和 4d 的试件,环肋数量从一道增加至三道时,接头抗拉强度提高 4.77%～14.24%;环肋数量从二道增加至三道时,接头抗拉强度既有提高也有降低,变化幅度为-4.68%～8.18%。对于钢筋锚固长度为 5d 的试件,环肋数量从一道增加至四道时,采用 A 类灌浆料(87.3 MPa)的接头抗拉强度提高 3.45%,B 类灌浆料(91.8 MPa)接头提高 0.86%,C 类灌浆料(70.8 MPa)接头提高 17%;环肋数量从二道增加至四道时,接头抗拉强度提高 0.29%～4.84%。综上可见,当灌浆料强度较高,钢筋锚固长度达到 5d,环肋不少于 2 道时,环肋数量的变化对接头抗拉强度的影响较小,强度变化幅度在 5% 以内。

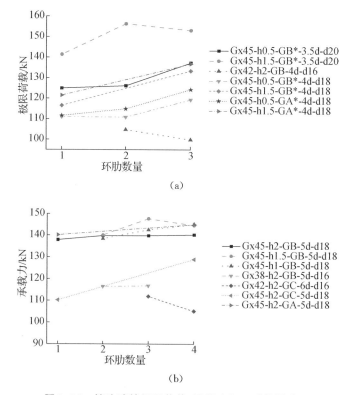

图 2-28　接头试件极限荷载、承载力与环肋数量关系

同时,从图 2-28 中可见,一道环肋套筒接头试件的抗拉承载力最小,随着环肋数量的增加,接头强度提高,但部分试件随着套筒环肋数量的增加,接头强度略有降低。这类试件所用的套筒,其内壁环肋高度不小于 1.5 mm,变形段长度与 1/2 套筒长度的比值大于 0.56,由于环肋数量过多,最内侧环肋过于靠近套筒中部,增加了钢筋弹性段套筒与灌浆料的机械咬合作用,造成接头抗拉强度降低[19-20]。通过对比 G 类套筒试件和 G* 套筒试件可以更加明显地发现这一问题,如图 2-29 所示。图中试件的套筒每侧均为 2 道环肋,

当环肋间距从 25 mm 增大至 45 mm 时,变形段长度与 1/2 套筒长度的比值从 0.39 增大至 0.61,接头强度则降低了 16.6%～28.5%,环肋的位置对套筒灌浆连接承载力的影响非常显著。

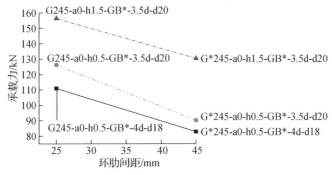

图 2-29   接头试件承载力与环肋间距关系

图 2-30 为不同环肋数量的 GDPS 套筒接头试件的荷载-位移曲线对比,变形为试验机夹具间的位移。为便于对比,横坐标采用了不同的比例。钢筋屈服前,两根连接钢筋的平均滑移 s_{ave} 可按式(2-29)计算。由于对比试件的钢筋类别及长度相同,即 δ_e 相等,因此不同试件的变形差(Δu_{mea})实际为滑移差(Δs_{ave})的两倍,$\Delta u_{mea} = 2\Delta s_{ave}$,属于不可恢复变形或残余变形,对接头的正常使用有很大影响。

$$s_{ave} = 0.5(u_{mea} - 2\delta_e) \qquad (2-29)$$

式中:u_{mea}——疲劳机夹具间的位移;

　　　δ_e——钢筋锚固段外的弹性伸长变形。

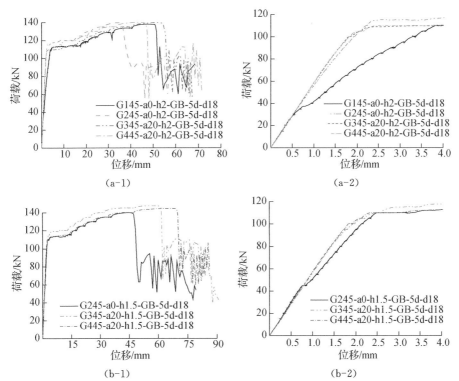

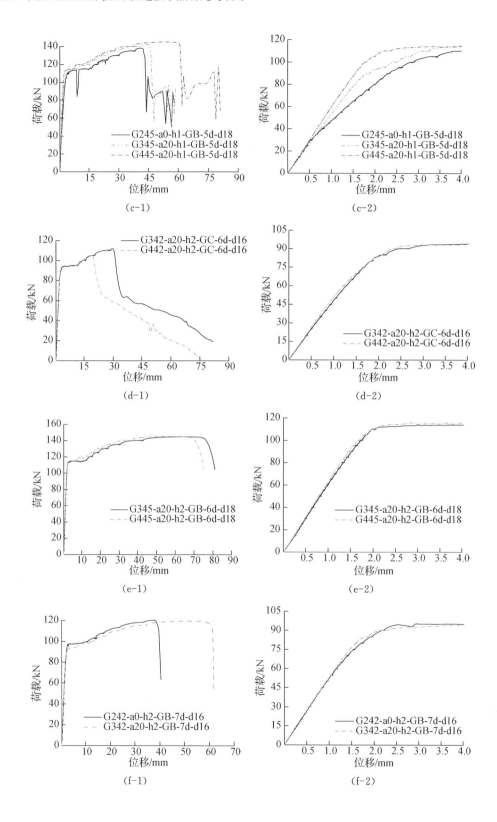

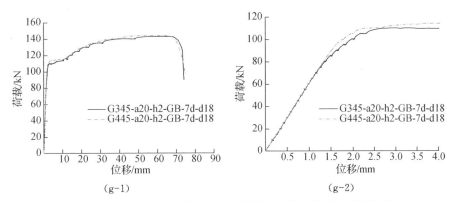

(g-1)   (g-2)

图 2-30   不同环肋数量的 GDPS 套筒接头试件荷载-变形曲线对比

由图 2-30 可见,尽管套筒仅靠一道肋即避免了套筒-灌浆料粘结破坏模式,但一端仅一道或两道肋的接头试件在荷载较小时即产生了较大的非弹性变形,无法满足接头正常使用的极限状态要求。

环肋数量越多,荷载-变形曲线初始上升段的斜率越大,变形越小。但随着环肋数量的增加,GDPS 套筒灌浆连接接头的变形逐渐接近,如图 2-30(a)(b)(c)所示。同时,通过图 2-30(a)(b)(c)的相互对比可见,环肋高度较小时[图 2-30(c)],环肋数量的变化对接头的变形影响更大。由图 2-30(d)~(g)可见,当钢筋锚固长度较大,套筒环肋高度较高时,环肋数量的变化对变形的影响很小。钢筋应力不大于 $0.6f_{\text{byk}}$ 时,钢筋锚固长度为 7d 的接头试件位移基本相等。

图 2-31 为环肋数量相同但间距不同的 GDPS 套筒接头试件的荷载-变形曲线对比。对于如图 2-31(a)所示试件,随着环肋间距的增大,变形段长度与 1/2 套筒长度的比值从 0.51 增大至 0.65,尽管承载力没有降低反而提高 2.80%,但在荷载超过 50 kN 后变形明显增多;对于如图 2-31(b)所示试件,随着环肋间距的增大,变形段长度与 1/2 套筒长度的比值从 0.52 增大至 0.76,尽管钢筋锚固长度较大,但仍可看出间距增大后,荷载较大时(超过 85 kN)的变形增大。

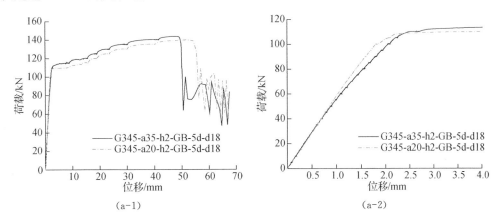

(a-1)   (a-2)

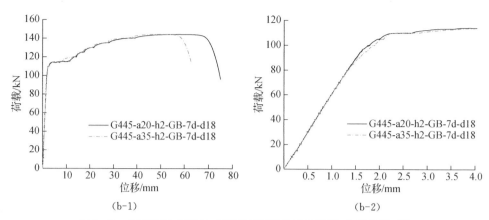

(b-1)   (b-2)

图 2-31 不同环肋间距的 GDPS 套筒接头试件荷载-变形曲线对比

为进一步说明环肋数量及间距的变化对接头变形的影响,表 2-10 列出了不同环肋数量、间距的 GDPS 套筒接头试件在不同钢筋应力下的变形差值。总体而言,随着环肋数量的增加,接头残余变形逐渐减小。但当环肋高度为 2 mm 时,三道肋套筒连接试件和四道肋套筒连接试件间的变形差很小。因此,为确保接头的变形性能,套筒环肋至少应设置三道,并宜均匀布置在钢筋非弹性段内。

表 2-10 不同环肋数量、间距的 GDPS 套筒接头试件变形差值

试件名称	钢筋应力(MPa)	Δ_{2-1}(mm)	Δ_{3-2}(mm)	Δ_{4-3}(mm)	Δ_{35-20}(mm)
Gx45-h2-GB-5d-d18	$0.6f_{byk}$	−0.49	−0.06	0.01	
	f_{byk}	−1.37	−0.12	0.02	
Gx45-h1-GB-5d-d18	$0.6f_{byk}$		−0.23	−0.13	
	f_{byk}		−0.45	−0.68	
Gx42-h2-GC-6d-d16	$0.6f_{byk}$			−0.06	
	f_{byk}			−0.02	
Gx42-h2-GB-6d-d18	$0.6f_{byk}$			−0.03	
	f_{byk}			−0.05	
Gx45-h2-GB-6d-d18	$0.6f_{byk}$			−0.03	
	f_{byk}			−0.07	
Gx42-h2-GB-7d-d16	$0.6f_{byk}$		0		
	f_{byk}		−0.12		
Gx45-h2-GB-7d-d18	$0.6f_{byk}$			0	
	f_{byk}			−0.22	
G345-ax-h2-GB-5d-d18	$0.6f_{byk}$				0.06
	f_{byk}				0.21

试件名称	钢筋应力(MPa)	Δ_{2-1}(mm)	Δ_{3-2}(mm)	Δ_{4-3}(mm)	Δ_{35-20}(mm)
G445-ax-h2-GB-7d-d18	$0.6f_{byk}$				0
	f_{byk}				0.09

注：Δ_{2-1}、Δ_{3-2}、Δ_{4-3} 分别表示 2 道环肋和 1 道环肋、3 道环肋和 2 道环肋、4 道环肋和 3 道环肋套筒试件的变形差值；Δ_{35-20} 表示环肋间距为 35 mm 和 20 mm 的套筒试件的变形差值。

（2）环肋内壁凸起高度对接头粘结性能的影响

图 2-32 为接头试件承载力与套筒环肋高度的关系曲线。除 G445-a20-hx-GB-5d-d18 系列试件外，环肋高度从 0.5 mm 增加至 1.5 mm 时，接头强度随之增加。其中，钢筋锚固长度为 3.5d 的 G 类套筒接头试件，承载力增幅在 13.1%～23.8% 之间，G^* 类套筒接头试件增幅为 44.5%；钢筋锚固长度为 4d 的 G 类套筒接头试件，承载力增幅在 4.9%～14.7% 之间，G^* 类套筒接头试件最大增幅为 29.5%；钢筋锚固长度为 5d 的 G 套筒接头试件，承载力增幅在 1.2%～3.6% 之间。可见，接头承载力的增加幅度随钢筋锚固长度的增加明显减少。

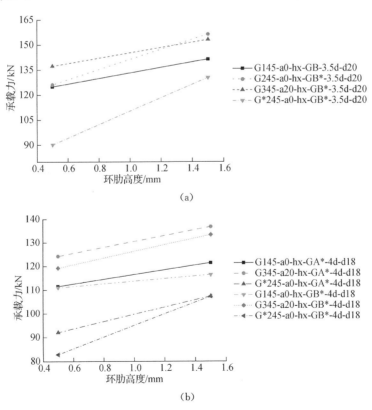

(a)

(b)

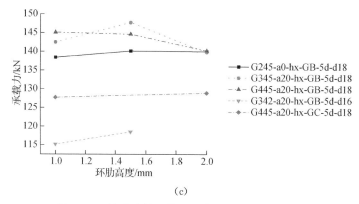

(c)

图 2-32 接头试件承载力与套筒环肋高度的关系

套筒环肋内壁凸起高度从 1.5 mm 增加至 2.0 mm 时,G345-a20-hx-GB-5d-d18 和 G445-a20-hx-GB-5d-d18 系列试件接头承载力降低,降幅分别为 5.3% 和 3.0%,而且 G445-a20-hx-GB-5d-d18 系列试件在环肋高度从 1.0 mm 增至 1.5 mm 时,接头承载力已略有降低。究其原因,与环肋数量的变化对接头强度的影响类似,环肋高度的过度增大增强了钢筋弹性段套筒与灌浆料的机械咬合作用,抵消了环肋高度增加对接头的有利影响,造成接头强度降低。

图 2-33 为不同环肋高度的 GDPS 套筒接头试件的荷载-位移曲线,可以看出随着环肋高度的增加,曲线在上升段的斜率增大,也即接头的刚度增大,位移减小。对比图 2-33 (a)(b)(c)可以发现,随着环肋数量的增加,环肋高度对接头变形性能的影响逐渐降低。同时,由图 2-33(c)(d)(e)(f)可见,环肋数量为 4 道时,环肋高度的增加对变形的影响较小。为进一步说明环肋高度的变化对接头变形的影响,表 2-11 列出了不同环肋内壁凸起高度的 GDPS 套筒接头试件在不同钢筋应力下的变形差值。通过图 2-33 及表 2-11 可见,从变形角度考虑,当环肋数量较多时,环肋内壁凸起高度可取较小值,当环肋数量较少时则应取较大值。

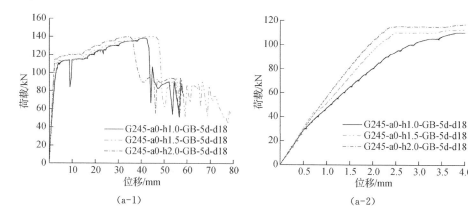

(a-1)   (a-2)

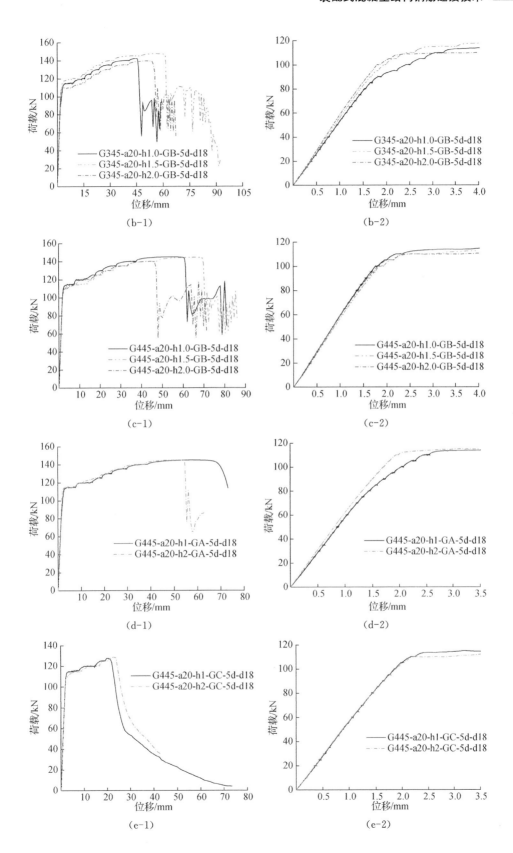

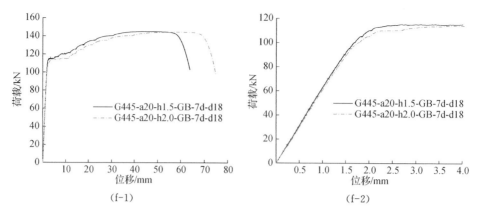

图 2-33 不同环肋高度的 GDPS 套筒接头试件荷载-位移曲线对比

表 2-11 不同环肋内壁凸起高度的 GDPS 套筒接头试件变形差值

试件名称	钢筋应力（MPa）	$\Delta_{1.5-1}$（mm）	$\Delta_{2-1.5}$（mm）	Δ_{2-1}（mm）
G245-a0-hx-GB-5d-d18	$0.6f_{byk}$	−0.16	−0.13	−0.30
	f_{byk}	−0.68	−0.21	−0.89
G345-a20-hx-GB-5d-d18	$0.6f_{byk}$	−0.06	−0.05	−0.11
	f_{byk}	−0.49	−0.15	−0.64
G445-a20-hx-GB-5d-d18	$0.6f_{byk}$	0.04	−0.04	0
	f_{byk}	−0.03	0.08	0.05
G445-a20-hx-GA-5d-d18	$0.6f_{byk}$			−0.07
	f_{byk}			−0.34
G445-a20-hx-GC-5d-d18	$0.6f_{byk}$			−0.01
	f_{byk}			0.02
G445-a20-hx-GB-7d-d18	$0.6f_{byk}$		0.03	
	f_{byk}		0.08	

注：Δ 为试件的变形差值，下标为套筒环肋高度。举例说明：Δ_{2-1} 即为套筒环肋高度 2 mm 的接头试件与 1 mm 试件的变形差值。

综上所述，套筒内腔结构对钢筋套筒灌浆连接接头的强度和变形均有显著影响。当环肋均位于钢筋非弹性段时，环肋高度及数量的增加会提高接头的强度并减小接头残余变形，钢筋锚固长度越小，内腔结构的变化对接头性能的影响越大。原因如下：

① 灌浆料的劈裂是从钢筋加载端（套筒端部）开始，在钢筋非弹性段开展最为充分，该区段的套筒内壁环肋对灌浆料形成的主动约束可以延缓并减小灌浆料的劈裂，从而减小接头在荷载初始上升段的残余变形。但由于钢筋拔出破坏时的承载力取决于灌浆料的抗剪承载力，因此当灌浆料强度较高，钢筋锚固长度较大时，约束作用的增大对灌浆料咬合齿抗剪强度的提高影响有限，环肋数量的变化对接头的抗拉承载力影响较小。

② 当套筒环肋数量减少，环肋凸起高度减小时，灌浆料和套筒间会产生更大的滑移，

从而造成接头刚度降低,残余变形增大。

③ 在钢筋弹性段增加套筒与灌浆料的机械咬合作用,会削弱套筒灌浆连接接头的结构性能,接头承载力减小,变形增大。

根据本小节试验结果,环肋宜均匀布置在钢筋非弹性段,数量越多,套筒的结构性能越好。为减小接头残余变形,环肋数量至少应 3 道,环肋高度根据接头性能要求及加工工艺要求可设置为 1.5~2.0 mm。

(3) 钢筋锚固长度对接头性能的影响

图 2-34 为接头承载力及钢筋粘结强度随钢筋锚固长度变化的情况,钢筋粘结强度按式(2-27)计算。随钢筋锚固长度的增加(从 4d 增加至 5d),钢筋承载力提高 9.7%~14.5%,粘结强度则降低 8.4%~12.2%。这是由于随着锚固长度的增加,钢筋与灌浆料间有更大的机械咬合作用,灌浆料咬合齿剪切面积增加,造成承载力提高。然而,由于粘结应力沿锚固长度非均匀分布,锚固长度越大分布越不均匀,造成钢筋粘结强度随锚固长度的增加而降低。

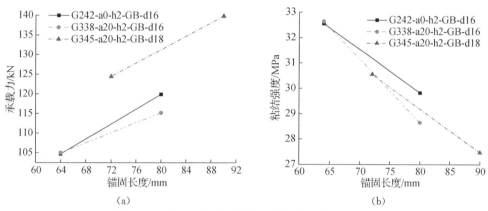

图 2-34　接头承载力及粘结强度与锚固长度的关系

图 2-35 为不同钢筋锚固长度接头试件的荷载-位移曲线对比。从图中可见,随锚固长度的增加,荷载-位移曲线初始上升段的斜率增大,即连接刚度增大,变形减小,结构性能更好。为进一步说明钢筋锚固长度对接头变形的影响,表 2-12 列出了不同钢筋锚固长度的 GDPS 套筒连接试件在不同钢筋应力下的变形差值。

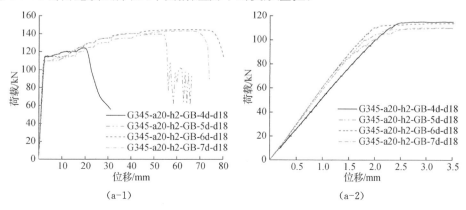

（a-1）　　　　　　　　　　　（a-2）

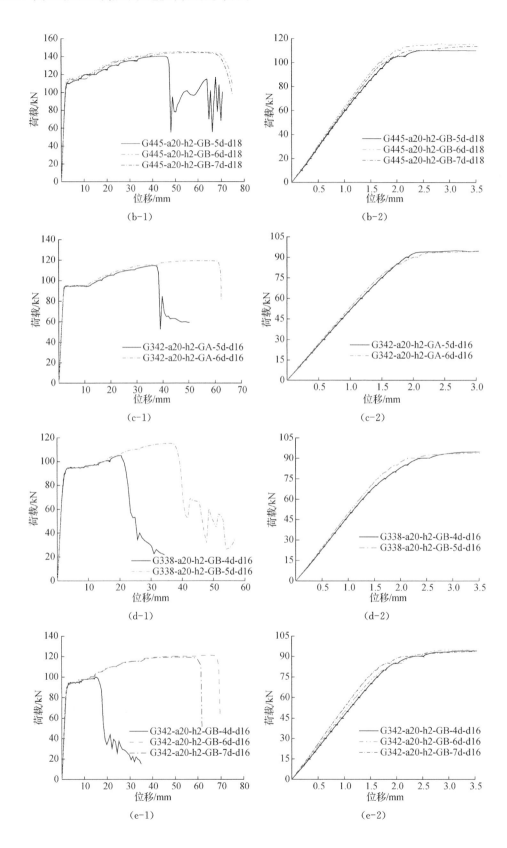

(b-1)

(b-2)

(c-1)

(c-2)

(d-1)

(d-2)

(e-1)

(e-2)

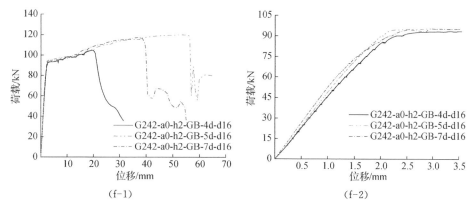

图 2-35　不同钢筋锚固长度接头试件的荷载-位移曲线对比

表 2-12　不同钢筋锚固长度的 GDPS 套筒连接试件的变形差值

试件名称	钢筋应力（MPa）	Δ_{7-6} (mm)	Δ_{6-5} (mm)	Δ_{5-4} (mm)	Δ_{6-4} (mm)	Δ_{7-5} (mm)
G345-a20-h2-GB-xd-d18	$0.6f_{byk}$	−0.01	−0.03	−0.13	−0.17	−0.04
	0.17	f_{byk}	0.23	−0.07	−0.21	−0.28
G445-a20-h2-GB-xd-d18	$0.6f_{byk}$	0.03	−0.06			−0.03
	−0.05	f_{byk}	0.1	−0.15		
G342-a20-h2-GA-xd-d16	$0.6f_{byk}$		−0.04			
	f_{byk}		−0.04			
G338-a20-h2-GB-xd-d16	$0.6f_{byk}$			−0.05		
	f_{byk}			−0.18		
G342-a20-h2-GB-xd-d16	$0.6f_{byk}$	−0.05			−0.06	
	f_{byk}	−0.14			−0.04	
G242-a0-h2-GB-xd-d16	$0.6f_{byk}$			−0.07		−0.07
	f_{byk}			−0.14		0.00

注：Δ 为试件的变形差值，下标为钢筋锚固长度。举例说明：Δ_{7-6} 即为钢筋锚固长度为 7d 的接头试件与 6d 试件的变形差值。

（4）灌浆料性能对接头性能的影响

图 2-36(a)反映了灌浆料抗压强度对接头承载力的影响，灌浆料抗压强度从 67.5 MPa（C 类）增加至 91.8 MPa(B 类)时，一道和三道肋套筒试件抗拉承载力分别增加了 27.0% 和 16.0%，四道肋套筒试件增加了 8.8% 和 13.6%，接头承载力随灌浆料强度的提高显著增加。这是由于试件均为钢筋拔出破坏，接头强度取决于钢筋变形肋咬合齿的抗剪强度，因此灌浆料强度越高，咬合齿的抗剪承载力越高，接头承载力越高。

同时可见，随着环肋数量的增加接头承载力增幅减小，并且当灌浆料抗压强度为 70.8 MPa 时，四道肋试件 G445-a20-h2-GC-5d-d18 的抗拉承载力为一道肋试件 G145-a0-h2-GC-5d-d18 的 1.17 倍，但当抗压强度提高至 91.8 MPa 时，两者的抗拉承载力几乎相等。这表明,当灌浆料强度较小时,套筒环肋对接头抗拉强度的影响更大,环肋处对灌浆料的主动约束提高了钢筋的粘结强度,但当灌浆料强度较高时,环肋处的主动约束对钢筋粘结强度的提高幅度减小。

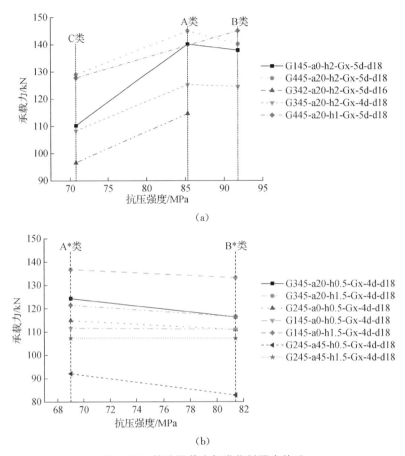

图 2-36 接头承载力与灌浆料强度关系

由图 2-36(a)可知,A 类灌浆料试件抗压强度为 85.3 MPa,B 类为 91.8 MPa,但 B类灌浆料试件的承载力反而略有降低(降幅 0.1%～3.3%)。图 2-36(b)也可发现这一规律,A* 类灌浆料试件抗压强度为 69.0 MPa,B* 类灌浆料试件为 81.4 MPa,而 B* 类灌浆料试件承载力较 A* 类灌浆料试件降低了 0.12%～10.09%。这是由于尽管 A 及 A* 类灌浆料的强度相对较低,但其在密封条件和水养条件下的膨胀率均大于 B 类灌浆料(图 2-36),因而会在钢筋-灌浆料界面产生更大的接触压力,进而提高钢筋的摩擦力,这在一定程度上弥补了灌浆料强度略低造成的钢筋粘结承载力下降。可以推断,对于相同强度的灌浆料,膨胀率较大的灌浆料接头试件抗拉强度更高。

图 2-37 为不同灌浆料类别的接头试件的荷载-位移曲线。通过 A、B 类灌浆料试件与 C 类灌浆料试件的对比发现,强度等级高的灌浆料试件,由于咬合齿的强度及弹性模量提高,曲线在钢筋屈服前的斜率更大,位移更小,即接头刚度更大,变形性能更好。

通过 A 类和 B 类灌浆料试件的对比可见,除 G145-a0-h2-Gx-5d-d18 系列试件[图 2-37

(b-1)和(b-2)]因套筒每端仅一道肋而变形较大外,其余系列的 A 类和 B 类灌浆料试件在钢筋屈服前的变形均较为接近。A 类灌浆料试件由于养护阶段在钢筋-灌浆料界面及套筒-灌浆料界面产生了更大的接触压力,提高了钢筋-灌浆料-套筒相互间的粘结刚度,因而变形略小。

为进一步说明灌浆料对接头变形的影响,表 2-13 列出了采用不同灌浆料类别的 GDPS 套筒连接试件在不同钢筋应力下的变形差值。通过对比图 2-37(b)和(c)、(e)和(f)及(h)和(i)及表 2-13 可知,与接头抗拉承载力类似,随着环肋数量的增加,灌浆料性能对接头刚度的影响降低。

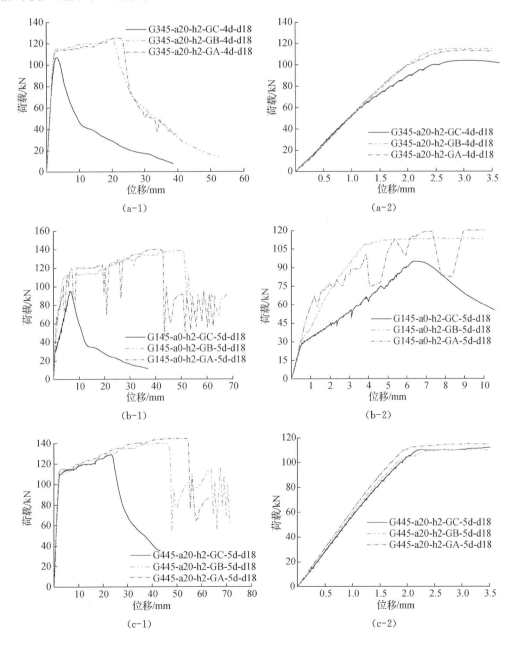

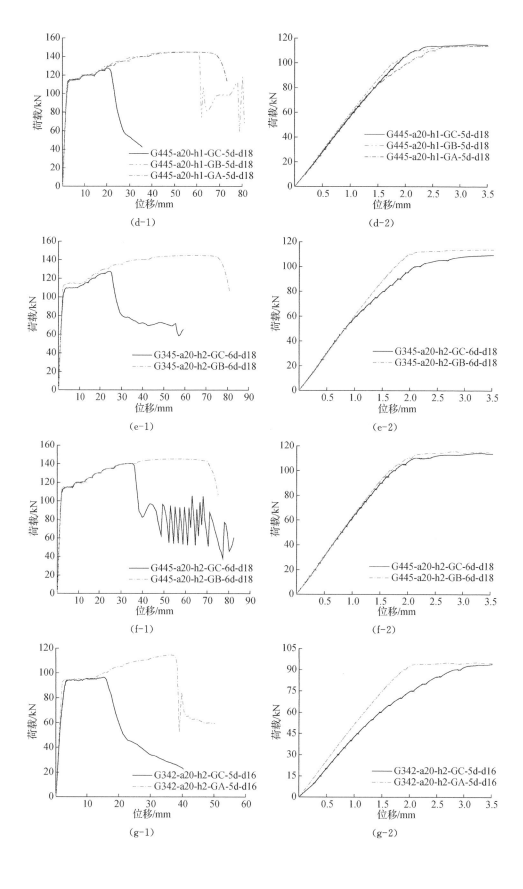

（d-1）　　　　　　　　　　（d-2）

（e-1）　　　　　　　　　　（e-2）

（f-1）　　　　　　　　　　（f-2）

（g-1）　　　　　　　　　　（g-2）

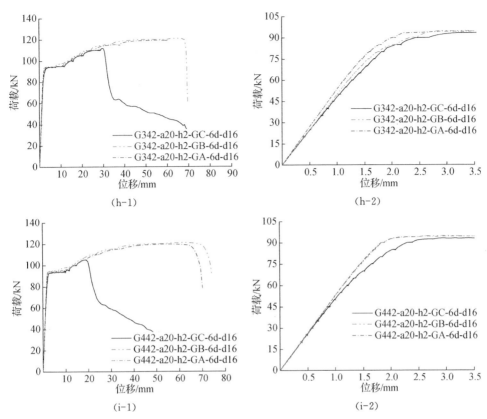

图 2-37　不同灌浆料类别的接头试件荷载-位移曲线对比

表 2-13　不同灌浆料类别的 GDPS 套筒连接试件的变形差值

试件名称	钢筋应力(MPa)	Δ_{A-B}(mm)	Δ_{B-C}(mm)	Δ_{A-C}(mm)
G345-a20-h2-Gx-4d-d18	$0.6f_{byk}$	−0.03	0.00	−0.03
	−0.45	f_{byk}	−0.01	−0.43
G145-a0-h2-Gx-5d-d18	$0.6f_{byk}$	−0.58	−1.95	−2.53
	−2.27	$0.9f_{byk}$	0.71	−2.98
G445-a20-h2-Gx-5d-d18	$0.6f_{byk}$	−0.05	−0.04	−0.08
	−0.18	f_{byk}	−0.11	−0.07
G445-a20-h1-Gx-5d-d18	$0.6f_{byk}$	0.03	−0.05	−0.02
	0.18	f_{byk}	0.28	−0.10
G345-a20-h2-Gx-6d-d18	$0.6f_{byk}$	—	−0.04	—
	—	f_{byk}	—	−0.36
G445-a20-h2-Gx-6d-d18	$0.6f_{byk}$	—	−0.01	—
	—	f_{byk}	—	−0.08

试件名称	钢筋应力(MPa)	Δ_{A-B}(mm)	Δ_{B-C}(mm)	Δ_{A-C}(mm)
G342-a20-h2-Gx-5d-d16	$0.6f_{byk}$	—		-0.21
	-0.62	f_{byk}	—	
G342-a20-h2-Gx-6d-d16	$0.6f_{byk}$	-0.07	-0.05	-0.11
	-0.24	f_{byk}	-0.15	-0.08
G442-a20-h2-Gx-6d-d16	$0.6f_{byk}$	0.00	-0.04	-0.05
	-0.26	f_{byk}	-0.01	-0.24

注：Δ 为试件的变形差值，下标为灌浆料类别。举例说明：Δ_{A-B} 即为 A 类灌浆料试件与 B 类灌浆料试件的变形差值。

（5）套筒加工用钢管规格对接头性能的影响

图 2-38 反映了套筒加工用钢管规格对接头承载力的影响。对于每端一道或二道环肋的套筒连接试件[图 2-38(a)]，当钢管规格从 42 mm×3.5 mm 改为 45 mm×4 mm 时，G1x-a0-h2-GB-5d-d18 系列试件承载力略有提高（增幅 2.4%），G2x-a0-h2-GB-5d-d18 系列试件承载力基本不变；当钢管规格从 38 mm×3 mm 改为 42 mm×3.5 mm 时，G2x-a0-h2-GB-5d-d16 系列试件承载力略有提高（增幅 3.0%）。

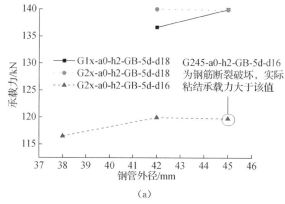

（a）

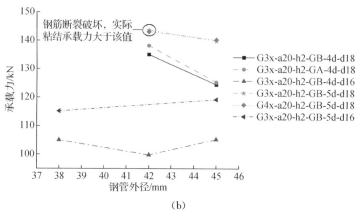

（b）

图 2-38 接头承载力与钢管规格关系

与一、二道肋 GDPS 套筒试件承载力变化趋势相反,对于三、四道肋套筒试件[图 2-38 (b)],当钢管规格从 42 mm×3.5 mm 改为 45 mm×4 mm 时,d18 钢筋接头试件承载力均降低,其中锚固长度 4d 的试件约从 137 kN 降低到 125 kN,降幅 9% 左右;对于 d16 钢筋接头试件,当钢管规格从 38 mm×3 mm 改为 42 mm×3.5 mm 时,G3x-a20-h2-GB-4d-d16 系列试件承载力从 105.0 kN 下降为 99.8 kN,降幅为 5%,而当钢管规格从 38 mm×3 mm 改为 45 mm×4 mm 时,承载力则基本持平或略有提高。

综上所述,钢管规格对钢筋连接接头的承载力有一定影响,主要原因是钢管规格的变化造成了钢管径厚比及灌浆料浆体厚度的变化(表 2-14),而这两个参数影响套筒对灌浆料的约束效应。钢管径厚比 R_s 及浆体厚度 t_g 分别按式(2-30)、(2-31)计算。

$$R_s = D_{s,\text{out}}/t_s \tag{2-30}$$

$$t_g = (D_{s,\text{out}} - 2t_s - d_b)/2 \tag{2-31}$$

式中:$D_{s,\text{out}}$——套筒加工用钢管外径(mm);

t_s——套筒加工用钢管壁厚(mm)。

由图 2-38(a)可见,当环肋数量较少时(一、二道),钢管径厚比越小,浆体厚度越厚,接头承载力越高,一道肋试件表现更为明显。由图 2-38(b)可见,当环肋数量较多时(三、四道),浆体厚度越薄,接头承载力越高。

接头试件在拉力作用下,钢筋的"锥楔"作用会造成灌浆料劈裂,并且钢筋非弹性段的劈裂膨胀变形更大[21]。当环肋数量较少时,套筒对灌浆料的约束主要为被动约束,浆体越厚,套筒径厚比越小,灌浆料的劈裂变形越明显,套筒的径向刚度越大,对灌浆料的约束作用越强,因而接头承载力越高。当环肋数量较多时,套筒对钢筋非弹性段灌浆料的约束主要来自环肋处的主动约束,该约束受钢管径厚比的影响很小,主要取决于环肋尺寸及钢筋承受的荷载大小。当浆体厚度减小时,套筒对灌浆料劈裂变形的敏感性增强[4],约束更加有效。但当套筒径厚比足够小,即套筒径向刚度足够大时,例如试件 G345-a20-h2-GB-4d-d16 和 G345-a20-h2-GB-5d-d16,尽管浆体厚度较大,其承载力仍能与采用 38 mm×3 mm 的套筒接头试件相当或略高,但显然这些套筒接头试件的经济性较差。根据本小节试验结果,对公称直径 16 mm 和 18 mm 的连接钢筋,浆体厚度取 8 mm 和 8.5 mm 时接头承载力与套筒用钢量的比值更高,性价比也更高。

表 2-14 钢管径厚比及浆体厚度

连接钢筋直径 d_b(mm)	钢管规格(外径 mm×壁厚 mm)	钢管径厚比 R_s	浆体厚度 t_g(mm)
16	38×3.0	12.67	8.0
	42×3.5	12.00	9.5
	45×4.0	11.25	10.5
18	42×3.5	12.00	8.5
	45×4.0	11.25	9.5

图 2-39 为不同钢管规格的 GDPS 套筒接头试件的荷载-位移曲线对比。由图(a)(b)(c)(d)(f)(h)可见,与接头承载力类似,承载力高的试件在钢筋屈服前的曲线斜率更大,变形更小,性能更好。尽管图(e)(g)中,接头试件变形性能的优劣与承载力的高低并不完全一致,但钢筋屈服前接头的变形差异较小,尤其是钢筋应力较小时。表 2-15 列出了不同钢管规格的 GDPS 套筒接头试件的变形差值。

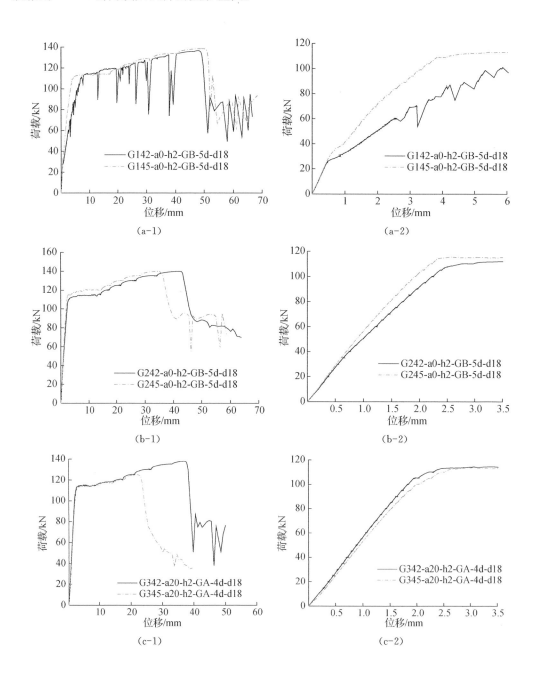

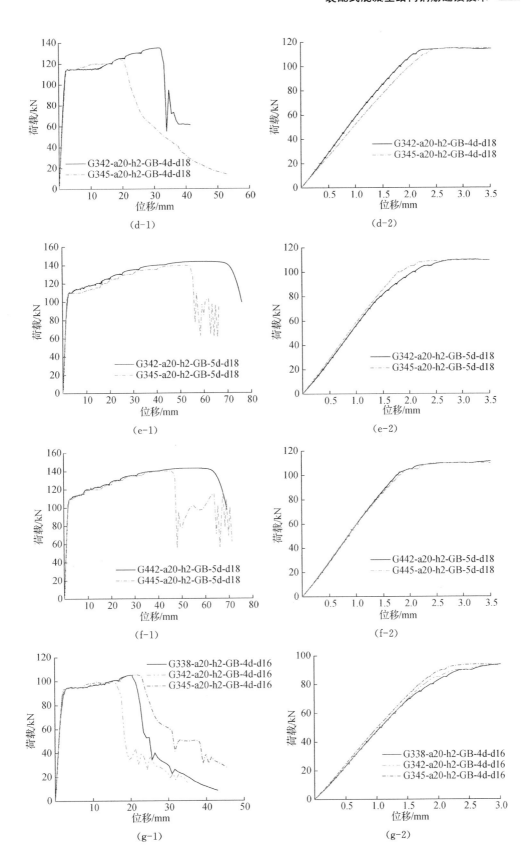

（d-1）

（d-2）

（e-1）

（e-2）

（f-1）

（f-2）

（g-1）

（g-2）

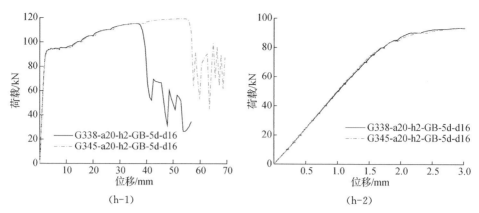

图 2-39　不同钢管规格的 GDPS 套筒接头试件荷载-位移曲线对比

表 2-15　不同钢管规格的 GDPS 套筒接头试件的变形差值

试件名称	钢筋应力(MPa)	Δ_{42-38}(mm)	Δ_{45-42}(mm)	Δ_{45-38}(mm)
G1x-a0-h2-GB-5d-d18	$0.6f_{byk}$		−0.90	
	f_{byk}		−2.41	
G2x-a0-h2-GB-5d-d18	$0.6f_{byk}$		−0.15	
	f_{byk}		−0.31	
G3x-a20-h2-GA-4d-d18	$0.6f_{byk}$		0.07	
	f_{byk}		0.16	
G3x-a20-h2-GB-4d-d18	$0.6f_{byk}$		0.12	
	f_{byk}		0.18	
G3x-a20-h2-GB-5d-d18	$0.6f_{byk}$		−0.04	
	f_{byk}		−0.20	
G4x-a20-h2-GB-5d-d18	$0.6f_{byk}$		0.00	
	f_{byk}		0.05	
G3x-a20-h2-GB-4d-d16	$0.6f_{byk}$	0.00	−0.05	−0.05
	f_{byk}	−0.10	−0.07	−0.17
G3x-a20-h2-GB-5d-d16	$0.6f_{byk}$			−0.01
	f_{byk}			−0.02

2.2.4　设计方法

1）非弹性段长度计算

GDPS 套筒内腔结构对接头结构性能的影响分析表明,套筒环肋应均匀布置在钢筋非弹性段内,否则会削弱接头的结构性能,因此合理确定非弹性段长度成为 GDPS 套筒设计的关键。

Sayadi 等[30-31]同样发现在钢筋锚固段的弹性段增加套筒与灌浆料的机械咬合作用

会降低接头的抗拉强度,并按 Sezen 和 Moehle[32] 推荐的公式(2-32)~(2-35)对弹性段和非弹性段长度进行了计算。

$$l_e = f_{bu} \cdot d_b / 4\tau_e \tag{2-32}$$

$$l_{ue} = (f_{bu} - f_{by}) \cdot d_b / 4\tau_{ue} \tag{2-33}$$

$$\tau_e = 1.0 \sqrt{f_g} \tag{2-34}$$

$$\tau_{ue} = 0.5 \sqrt{f_g} \tag{2-35}$$

式中:f_{bu}——钢筋抗拉强度(MPa);

f_{by}——钢筋屈服强度(MPa);

f_g——灌浆料抗压强度(MPa);

ε_{by}——钢筋屈服应变;

τ_e——钢筋弹性段均布粘结应力(MPa);

τ_{ue}——钢筋非弹性段均布粘结应力(MPa);

l_e——弹性段长度(mm);

l_{ue}——非弹性段长度(mm)。

除 Sezen 和 Moehle[32] 推荐的钢筋粘结应力计算公式外,其余学者也根据试验结果推出了钢筋混凝土构件中钢筋锚固弹性段的平均粘结应力计算公式:$\tau_e = 0.54 \sqrt{f_c}$[33],$\tau_e = 0.86 \sqrt{f_c}$[34],f_c 为混凝土抗压强度(MPa)。但是,根据本小节试验结果,按文献 32~34 推荐公式计算的非弹性段长度过大。以 B 类灌浆料试件为例,直径 16 mm、18 mm 和 20 mm 的连接钢筋接头,其非弹性段长度分别为 126 mm、147 mm 和 170 mm,已经达到或超过了 8 倍钢筋公称直径,也即在该计算长度内增加环肋数量或增大环肋间距不会造成钢筋粘结承载力降低,与试验结果不符。造成这一结果的原因为:

(1) 按式(2-32)~(2-35)计算的弹性段和非弹性长度取决于钢筋的抗拉强度和屈服强度,然而本章发生钢筋拔出破坏的接头试件中,连接钢筋在拉力作用下并未达到其抗拉强度,从而造成非弹性段长度计算值过大。

(2) Sezen 和 Moehle[32] 推荐的公式适用于梁柱节点中的钢筋锚固在混凝土中的情况,与灌浆套筒连接中的钢筋锚固情况并不完全一致。

为此,本小节根据试验结果,对 Sezen 和 Moehle 推荐的模型进行了修正,如图 2-40 所示。钢筋粘结应力仍假定在钢筋弹性段和非弹性段均匀分布,但粘结应力采用了不同的计算方法。

对于采用 1 道肋,肋高 0.5 mm 的 GDPS 套筒,钢筋锚固长度为 3.5 倍或 4 倍钢筋公称直径的接头试件,套筒环肋对接头的性能影响较小,并且连接钢筋尚未屈服即被拔出,粘结应力分布相对更均匀,可近似模拟钢筋弹性段在套筒灌浆连接接头中的粘结状态。因此采用此类试件的试验结果对套筒灌浆连接中的钢筋弹性段平均粘结应力进行推导,$\tau_e = \tau_b = P_u / (\pi \cdot d_b \cdot l_b)$,结果如表 2-16 所示。可见,钢筋平均粘结应力 τ_e 与 $\sqrt{f_g}$ 的比值在 3.15～3.30 之间。由于 A 类和 A* 类、B 和 B* 类灌浆料配比相同,仅龄期不同,因此此处统一对 A 类灌浆料 τ_e 取 3.30 $\sqrt{f_g}$,B 类灌浆料 τ_e 取 3.17 $\sqrt{f_g}$ (系数取平均值)。

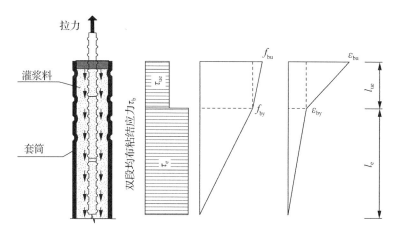

图 2-40 双段均布粘结应力模型

表 2-16 不同钢筋锚固长度试件的变形差值

试件名称	灌浆料抗压强度 f_g(MPa)	钢筋粘结应力 τ_e(MPa)	$\tau_e/\sqrt{f_g}$
G145-a0-h0.5-GA*-4d-d18	69.0	27.41	3.30
G145-a0-h0.5-GB*-4d-d18	81.4	28.70	3.18
G145-a0-h0.5-GB*-3.5d-d20	81.4	28.43	3.15

钢筋断裂破坏试件的破坏形态表明,在钢筋非弹性段,钢筋从套筒端部逐肋向内部发生了粘结滑移,钢筋横肋背面与灌浆料拉脱(间隙逐肋向内减小),肋前灌浆料被局部压碎[35],因此该段的粘结强度主要来自摩擦力,类似于残余粘结强度。根据 CEB-FIP Model Code 1990[36]中的建议,约束混凝土条件下钢筋残余粘结强度可取极限粘结强度的 40%。因此,钢筋非弹性段粘结应力 τ_{ue} 取 $0.4\tau_e$。钢筋非弹性段长度 l_{ue} 按式(2-33)计算,弹性段长度 l_e 计算公式修正为:

$$l_e = (0.25 f_{bu} \cdot d_b - \tau_{ue} \cdot l_{ue}) / \tau_e \qquad (2-36)$$

以 B 类灌浆料试件为例,当套筒按钢筋断裂破坏设计时,钢筋非弹性段长度的计算值见表 2-17。由表可见,若按本小节套筒环肋的设计规律,对于 d16、d18 钢筋连接接头,钢筋非弹性段长度边界位于第三道肋附近;对于公称直径为 20 mm 的钢筋连接接头试件,钢筋非弹性段长度边界位于第四道肋附近,与试验结果基本吻合。同时需要说明的是,当接头为钢筋拔出破坏时,非弹性段长度小于表中数值,并且拔出荷载越小钢筋非弹性段长度越小,当钢筋未屈服时,非弹性段长度为 0。这也是图 2-31 中所示的 2 道肋 GDPS 套筒接头试件,当环肋间距从 25 mm 增加至 45 mm 时,接头承载力显著下降的原因。

表 2-17　钢筋粘结应力和非弹性段长度计算结果

d_b (mm)	f_g (MPa)	f_{by} (MPa)	f_{bu} (MPa)	τ_e (MPa)	τ_{ue} (MPa)	l_e (mm)	l_{ue} (mm)
16	91.8	451	621	30.37	12.15	59	56
18	91.8	425	567	30.37	12.15	63	53
20	91.8	451	610	30.37	12.15	74	

2）GDPS 套筒灌浆连接设计方法

（1）套筒截面尺寸的基本要求

行业标准 JG/T 398—2019[37] 及 JGJ 355—2015[38] 规定钢筋套筒灌浆连接应按 JGJ 107—2016[29] 进行型式检验。JGJ 107—2016 规定：Ⅰ级接头应断于钢筋或接头抗拉强度不小于 1.1 倍钢筋抗拉强度标准值。JGJ 355—2015 则对套筒灌浆连接提出了更高的强度要求：接头应断于钢筋或接头抗拉强度不小于 1.15 倍钢筋抗拉强度标准值。若不考虑套筒凹槽处的应力集中，套筒受力最大处位于套筒中部，忽略灌浆料的抗拉强度，则套筒截面应满足式（2-37）的要求：

$$f_{syk} \times A_s \geqslant 1.15 \times f_{buk} \times A_b \qquad (2-37)$$

式中：A_s——套筒中部截面面积（mm²）；

　　　f_{buk}——钢筋抗拉强度标准值（MPa）；

　　　A_b——钢筋公称截面面积（mm²）；

　　　f_{syk}——为避免套筒产生过大的塑性变形，宜取套筒屈服强度标准值。

同时，套筒尺寸还应满足现场安装的要求，JG/T 398—2019 及 JGJ 355—2015 规定，对于公称直径 12～25 mm 的连接钢筋，锚固段环形突起部分的内径最小尺寸与钢筋公称直径的差值不宜小于 10 mm。根据试验结果，当 GDPS 套筒两端设置较多的环肋时，套筒内径在满足现场安装要求的基础上宜取较小值，灌浆料浆体厚度可取 8～9 mm。

（2）套筒内腔构造

GDPS 套筒灌浆连接接头试件的参数化分析表明，套筒环肋的数量、间距及内壁凸起高度均对连接的结构性能（承载力和变形）有影响，因此应合理布置套筒环肋。可按以下原则进行设计：

① 环肋应尽可能布置在钢筋锚固段的非弹性段，非弹性段长度计算方法见式（2-33）；

② 为满足变形要求，环肋数量不应小于三道，环肋间距根据 GDPS 套筒滚压工艺要求可取 20 mm 左右，连接钢筋直径越大，抗拉强度越高，则需设置更多的环肋；

③ 环肋内壁凸起高度根据受力要求及滚压工艺要求宜取 1.5～2.5 mm，环肋数量较多时取较小值，环肋数量较少时取较大值。同时，连接钢筋直径越大，强度等级越高，环肋高度应适当提高。

（3）灌浆料性能

JGJ 355—2015 对灌浆料的强度要求有明确规定：钢筋连接用套筒灌浆料 28 天抗压

强度不应小于 85 MPa;型式检验试验时,灌浆料抗压强度不应小于 80 MPa,且不应大于 95 MPa。

根据本章 GDPS 套筒灌浆连接参数试验研究结果,灌浆料强度越高,接头的抗拉承载力越高。但在规范对灌浆料强度限定的基础上,可通过适当提高灌浆料的膨胀率来提高接头的结构性能。

(4) 钢筋锚固长度

JGJ 355—2015 考虑我国钢筋的外形尺寸及工程实际情况,提出了灌浆连接端用于钢筋锚固的深度不宜小于插入钢筋公称直径 8 倍的要求。而根据本章试验结果,对于尺寸及构造合理的灌浆套筒,当灌浆料强度满足 80~95 MPa 时,钢筋锚固深度满足 6 倍钢筋公称直径时接头即发生钢筋断裂破坏,满足 7 倍钢筋公称直径时接头变形即满足规范要求。因此,JGJ 355—2015 规定的钢筋锚固长度有较大的安全储备。为节约钢材,在加强施工现场管理,确保现场灌浆质量及钢筋规定插入深度的前提下,钢筋锚固长度可适当减小。

(5) 钢筋套筒灌浆连接粘结承载力计算

根据本章试验结果,当套筒环肋按本小节提出的构造要求合理布置时,环肋数量及高度的变化对接头承载力的影响很小,承载力差值基本在 5% 以内。因此,本书套筒灌浆连接接头承载力计算中不考虑套筒内腔结构的影响,而是作为构造要求对 GDPS 套筒加以控制。

同时,GDPS 套筒灌浆连接的参数分析表明,对接头承载力有影响的参数包括钢筋直径 d_b(mm)、套筒径厚比 R_s、灌浆料浆体厚度 t_g(mm)、钢筋锚固长度 l_b(mm)及灌浆料强度 f_g(MPa)。因此,考虑以上参数,根据发生拔出破坏的接头试件的承载力试验值,采用多元非线性回归方法对接头粘结承载力计算公式进行推导。由于每端仅设置一道环肋或每端设置两道环肋,内壁凸起高度小于 1.0 mm 的 GDPS 套筒明显不满足构造要求,回归分析中不考虑此类套筒的接头试件。最终 GDPS 套筒灌浆连接接头承载力回归公式如下:

$$P_{u,cal} = 2.6d_b^{1.5} - 9.3R_s - 5.3t_g + 2.0\left(\frac{l_b}{d_b}\right)^{1.95} + 0.65f_g \tag{2-38}$$

式中:$P_{u,cal}$——套筒灌浆连接粘结承载力计算值(kN);

R_s——套筒径厚比;

t_g——灌浆料浆体厚度(mm)。

可以看出,接头粘结承载力随着钢筋直径、锚固长度及灌浆料强度的增大而增大,随着套筒径厚比及灌浆料浆体厚度的增加而减小,与试验结果吻合。

表 2-18 为接头承载力试验值与计算值的对比结果,可见试验值与计算值的比值 R_r 接近于 1.0,R_r 均值为 0.994,标准偏差为 0.072,两者吻合良好。因此,在合理布置套筒内腔环肋的基础上,采用式(2-38)可对套筒灌浆连接接头的承载力进行预测,该公式形

式简单,便于工程应用。但由于该公式的推出是基于小直径钢筋套筒灌浆连接接头的拉拔试验结果,对于大直径钢筋套筒灌浆连接接头,由于钢筋外形尺寸等的显著变化,因而尚需在该公式的基础上对系数进行修正。

表 2-18 接头承载力计算值与试验值对比结果

构件名称	d_b (mm)	R_s	t_g (mm)	$\dfrac{l_b}{d_b}$	f_g (MPa)	$P_{u,cal}$ (kN)	$P_{u,exp}$ (kN)	R_r
G345-a20-h2-GB-4d-d18	18	11.25	9.5	4	91.8	133.1	124.5	0.94
G345-a20-h2-GB-5d-d18	18	11.25	9.5	5	91.8	149.4	139.8	0.94
G445-a20-h2-GB-5d-d18	18	11.25	9.5	5	91.8	149.4	140.2	0.94
G345-a20-h1-GB-5d-d18	18	11.25	9.5	5	91.8	149.4	142.5	0.95
G345-a20-h1.5-GB-5d-d18	18	11.25	9.5	5	91.8	149.4	147.7	0.99
G445-a20-h1-GB-5d-d18	18	11.25	9.5	5	91.8	149.4	145.1	0.97
G445-a20-h1.5-GB-5d-d18	18	11.25	9.5	5	91.8	149.4	144.6	0.97
G345-a35-h2-GB-5d-d18	18	11.25	9.5	5	91.8	149.4	143.7	0.96
G345-a20-h2-GC-4d-d18	18	11.25	9.5	4	70.8	119.5	107.3	0.90
G445-a20-h2-GC-5d-d18	18	11.25	9.5	5	70.8	135.7	128.9	0.95
G345-a20-h2-GC-6d-d18	18	11.25	9.5	6	70.8	155.4	130.8	0.84
G445-a20-h2-GC-6d-d18	18	11.25	9.5	6	70.8	155.4	140.3	0.90
G445-a20-h2-GA-5d-d18	18	11.25	9.5	5	85.3	145.2	145	1.00
G342-a20-h2-GB-4d-d18	18	12	8.5	4	91.8	131.4	135	1.03
G342-a20-h2-GB-5d-d18	18	12	8.5	5	91.8	147.7	143.7	0.97
G342-a20-h2-GB-4d-d16	16	12	9.5	4	91.8	94.0	99.8	1.06
G342-a20-h2-GA-5d-d16	16	12	9.5	5	85.3	106.0	114.6	1.08
G342-a20-h1-GB-5d-d16	16	12	9.5	5	91.8	110.3	118.5	1.07
G342-a20-h1.5-GB-5d-d16	16	12	9.5	5	91.8	110.3	115.2	1.04
G342-a30-h2-GB-5d-d16	16	12	9.5	5	91.8	110.3	119	1.08
G345-a20-h2-GB-4d-d16	16	11.25	10.5	4	91.8	95.7	105.2	1.10
G345-a20-h2-GB-5d-d16	16	11.25	10.5	5	91.8	111.9	119.2	1.06
G338-a20-h2-GB-4d-d16	16	12.67	8	4	91.8	95.7	105	1.10
G338-a20-h2-GB-5d-d16	16	12.67	8	5	91.8	112.0	116.8	1.04
G345-a20-h2-GA-4d-d18	18	11.25	9.5	4	85.3	128.9	125.3	0.97
G342-a20-h2-GC-5d-d16	16	12	9.5	5	70.8	96.6	96.6	1.00
G342-a20-h2-GC-6d-d16	16	12	9.5	6	70.8	116.3	111.9	0.96

续表 2-18

构件名称	d_b (mm)	R_s	t_g (mm)	$\dfrac{l_b}{d_b}$	f_g (MPa)	$P_{u,cal}$ (kN)	$P_{u,exp}$ (kN)	R_r
G442-a20-h2-GC-6d-d16	16	12	9.5	6	70.8	116.3	105.1	0.90
G342-a20-h2-GA-4d-d18	18	12	8.5	4	85.3	127.2	138.2	1.09
G445-a20-h1.0-GA-5d-d18	18	11.25	9.5	5	85.3	145.2	144.9	1.00
G445-a20-h1.0-GC-5d-d18	18	11.25	9.5	5	70.8	135.7	127.7	0.94
G345-a20-h0.5-GA*-4d-d18	18	11.25	9.5	4	69.0	118.3	124.3	1.05
G345-a20-h0.5-GB*-4d-d18	18	11.25	9.5	4	81.4	126.3	119.3	0.94
G345-a20-h0.5-GB*-3.5-d20	20	11.25	8.5	3.5	81.4	158.8	137.3	0.86
G345-a20-h1.5-GA*-4d-d18	18	11.25	9.5	4	69.0	118.3	136.3	1.15
G345-a20-h1.5-GB*-4d-d18	18	11.25	9.5	4	81.4	126.3	133.4	1.06
G345-a20-h1.5-GB*-3.5d-d20	20	11.25	8.5	3.5	81.4	158.8	153.1	0.96

综上所述,GDPS 套筒的设计思路如下:① 根据规范接头承载力要求(式 2-36)初步选择加工套筒用的钢管材性及规格;② 按本章构造要求合理确定套筒内腔环肋数量、环肋间距及内壁凸起高度;③ 按式(2-38)复核接头承载力,承载力计算值应满足式(2-39)的要求。

$$P_{u,cal} \geqslant \varphi \cdot f_{buk} \cdot A_b \tag{2-39}$$

式中:φ——钢筋超强系数,根据国家标准 JGJ 355—2015 取 1.15;

f_{buk}——钢筋抗拉强度标准值(MPa);

A_b——钢筋公称截面面积(mm^2)。

本章参考文献

[1] 中华人民共和国住房和城乡建设部. 混凝土结构设计规范(2015 年版):GB 50010—2010 [S]. 北京:中国建筑工业出版社,2016.

[2] ACI Committee 318. Building Code Requirements for Structural Concrete and Commentary: ACI 318—11[S]. Farmington Hill,MI:American Concrete Institute,2011.

[3] 中华人民共和国住房和城乡建设部. 装配式混凝土结构技术规程:JGJ 1—2014[S]. 北京:中国建筑工业出版社,2014.

[4] Belleri A,Riva P. Seismic performance and retrofit of precast concrete grouted sleeve connections[J]. PCI Journal,2012,57(1):97-109.

[5] Popa V,Papurcu A,Cotofana D,et al. Experimental testing on emulative connections for precast columns using grouted corrugated steel sleeves[J]. Bulletin of Earthquake Engineering,2015,13(8):2429-2447.

[6] Rave-Arango J F,Blandón C A,Restrepo J I,et al. Seismic performance of precast concrete column-to-column lap-splice connections[J]. Engineering Structures,2018,172:687-699.

［7］ 朱张峰,郭正兴,朱寅,等.不同连接构造的装配式混凝土剪力墙抗震性能试验研究［J］.湖南大学学报(自然科学版),2017,44(3):55-60.

［8］ 李然,黄小坤,田春雨.三种装配整体式钢筋混凝土剪力墙结构受力性能对比研究［J］.建筑结构学报,2018,39(S2):79-85.

［9］ Robins P J,Standish I G. The effect of lateral pressure on the bond of round reinforcing bars in concrete［J］. International Journal of Adhesion and Adhesives,1982,2(2):129-133.

［10］ Navaratnarajah V,Speare PRS. An experimental study of the effects of lateral pressure on the transfer bond of reinforcing bars with variable cover［J］. Proceedings of the Institution of Civil Engineers,1986,81(4):697-715.

［11］ Malvar L J. Bond of reinforcement under controlled confinement［J］. ACI Materials Journal,1992,89(6):593-601.

［12］ Nagatomo K,Kaku T. Bond behavior of deformed bars under lateral compressive and tensile stress［C］//Bond in Concrete:from Research to Practice,Riga Technical University,1992.

［13］ Moosavi M,Jafari A,Khosravi A. Bond of cement grouted reinforcing bars under constant radial pressure［J］. Cement and Concrete Composites,2005,27(1):103-109.

［14］ Xu F,Wu Z M,Zheng J J,et al. Experimental study on the bond behavior of reinforcing bars embedded in concrete subjected to lateral pressure［J］. Journal of Materials in Civil Engineering,2012,24(1):125-133.

［15］ Einea A,Yamane T,Tadros M K. Grout-filled pipe splices for precast concrete construction［J］. PCI Journal,1995,40(1):82-93.

［16］ Einea A,Yamane S,Tadros M K. Lap splices in confined concrete［J］. Structural Journal,1999,96(6):947-955.

［17］ Hassan T K,Lucier G W,Rizkalla S H. Splice strength of large diameter,high strength steel reinforcing bars［J］. Construction and Building Materials,2012,26:216-225.

［18］ Hosseini S J A,Rahman A B A. Effects of spiral confinement to the bond behavior of deformed reinforcement bars subjected to axial tension［J］. Engineering Structures,2016,112:1-13.

［19］ Tepfers R. Cracking of concrete cover along anchored deformed reinforcing bars［J］. Magazine of Concrete Research,1979,31(106):3-12.

［20］ American Concrete Institute. Emulating cast-in-place detailing for seismic design of precast concrete structures:ACI550. 1R-09［S］. Farmington Hills,2009.

［21］ Ling J H,Abd Rahman A B,Ibrahim I S,et al. Behaviour of grouted pipe splice under incremental tensile load［J］. Construction and Building Materials,2012,33:90-98.

［22］ Bresler B,Bertero V. Behavior of reinforced concrete under repeated load［J］. Journal of the Structural Division,1968,94(6):1567-1590.

［23］ Nilson A H. Nonlinear analysis of reinforced concrete by the finite element method［J］. ACI Journal Proceedings,1968,65(9):757-766.

［24］Henin E,Morcous G. Non-proprietary bar splice sleeve for precast concrete construction ［J］. Engineering Structures,2015,83:154-162.

［25］Malvar L J. Bond of reinforcement under controlled confinement［J］. ACI Materials Journal,1992,89(6):593-601.

［26］Kim H K. Bond strength of mortar-filled steel pipe splices reflecting confining effect[J]. Journal of Asian Architecture and Building Engineering,2012,11(1):125-132.

［27］American Association of State Highway and Transportation Officials. Standard specifications for highway bridges[S]. Washington D. C. ,2002.

［28］American Association of State Highway and Transportation Officials. LRFD bridge design specifications[S]. Washington D. C. ,2017.

［29］中华人民共和国住房和城乡建设部. 钢筋机械连接技术规程:JGJ 107—2016[S]. 北京:中国建筑工业出版社,2016.

［30］Sayadi A A,Rahman A B A,Jumaat M Z B,et al. The relationship between interlocking mechanism and bond strength in elastic and inelastic segment of splice sleeve［J］. Construction and Building Materials,2014,55:227-237.

［31］Sayadi A A,Abd Rahman A B,Sayadi A,et al. Effective of elastic and inelastic zone on behavior of glass fiber reinforced polymer splice sleeve［J］. Construction and Building Materials,2015,80:38-47.

［32］Sezen H, Moehle J P. Bond-Slip behavior of reinforced concrete members ［C］// Proceedings of Fib Symposium on Concrete Structures in Seismic Regions,2003.

［33］Otani S,Sozen M A. Behavior of multistory reinforced concrete frames during earthquakes ［R］. University of Illinois Engineering Experiment Station: University of Illinois at Urbana-Champaign,1972.

［34］Alsiwat J M,Saatcioglu M. Reinforcement anchorage slip under monotonic loading[J]. Journal of Structural Engineering,1992,118(9):2421-2438.

［35］Zheng Y F,Guo Z X,Zhang X. Effect of grout properties on bond behavior of grouted pipe splice[J]. KSCE Journal of Civil Engineering,2018,22(8):2951-2960.

［36］Comité euro-international du béton. CEB-FIP Model Code 1990:Design Code[S]. FIB-Féd. Int:du Béton,1993.

［37］中华人民共和国住房和城乡建设部. 钢筋连接用灌浆套筒:JG/T 398—2019[S]. 北京:中国标准出版社,2012.

［38］中华人民共和国住房和城乡建设部. 钢筋套筒灌浆连接应用技术规程:JGJ 355—2015[S]. 北京:中国建筑工业出版社,2015.

第**3**章

预制混凝土与现浇混凝土结合面技术

3.1 概述

等同现浇装配式混凝土结构要求其承载力、刚度、延性及耗能等抗震性能指标与现浇混凝土结构基本相当。为实现等同现浇，装配式混凝土结构预制构件之间往往设置了后浇混凝土，主要包括水平叠合构件的叠合层现浇混凝土及预制构件之间的现浇混凝土。前者已是成熟的构件形式与施工工艺，相关标准规范均对其构造设计提出了明确要求；后者既包括框架结构梁柱节点部位现浇混凝土，又包括剪力墙结构中剪力墙边缘构件部位现浇混凝土[1]。

为保证构件预制混凝土与后浇混凝土之间的结合性能，除利用预制构件伸出钢筋作为结合面连接钢筋外，目前主要通过在构件表面形成粗糙面来改善其性能，具体工艺包括拉毛（人工拉毛、机械拉毛）、凿毛（人工凿毛、机械凿毛）、露骨料（高压水射法、钢刷处理法）、花纹钢板成型及键槽等。其中，拉毛是通过人工或机械流水线的方式在混凝土表面形成固定宽度、深度和间距的矩形凹槽，是常用于预制板面的一种处理方法，易于操作，但要达到规范的粗糙要求难度较大。凿毛是在混凝土硬化以后通过人工敲凿或使用凿毛机打眼，根据需要使混凝土表面形成某种密度或间距的凹凸面。这种工艺操作简单，但凿毛过程中的敲打可能会导致混凝土浅层新的微裂缝的产生，影响周围混凝土的粘结强度，尤其对强度等级相对较高的混凝土，更加难以控制凿毛质量，故在预制构件的结合面处理中应用受限。露骨料是通过在模具上涂刷缓凝剂并结合高压水枪喷射或钢刷刷洗形成均匀的粗糙表面，前人研究表明，经过露骨料处理得到的粗糙面，浇筑新混凝土之后形成的结合面最接近于整体浇筑的效果，适用于各种预制构件的模具成型面。花纹钢板成型则是在模板或模具表面上设置各种形状的凹凸面（菱形、圆豆形、扁豆形），且可根据需要定做不同大小、间距和厚度的花纹，脱模后即在构件表面形成均匀的小键槽，也是一种成型质量高和流水生产效率高的表面成型工艺。键槽是在模板或模具上设置规定大小、形状、深度、间距的凸块，脱模后即可在构件表面形成形态规整的凹槽。这种表面成型工艺方便流水线生产粗糙面构件，成型质量和经济性都比较高。相关结合面效果见图 3-1。

各种方法虽均有应用，但仍然存在各自的问题。拉毛的粗糙度很难满足规范要求；凿毛易损伤已成型混凝土；露骨料工艺较复杂且造价较高；花纹钢板造价高且脱模相对困难,并且形成的"凹坑"深度有限,不能满足结合面的粗糙度要求;键槽仅适合梁柱节点等部位。现有结合面成型工艺普遍存在粗糙度不足或工艺复杂、造价较高的问题,从而影响了装配整体式结构的施工效率与质量,甚至影响整体结构性能。

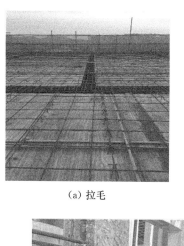

（a）拉毛 （b）凿毛

（c）露骨料 （d）花纹钢板成型

图 3-1 预制混凝土构件表面成型效果

3.2 气泡膜结合面成型技术

  为解决既有结合面成型技术缺点问题,提出了一种气泡膜结合面成型技术,具体指在预制墙板侧面或预制梁端键槽侧面采用塑料气泡膜作为模板衬垫,混凝土浇筑成型拆模后,通过气泡膜形成点状凹凸不平的粗糙表面。气泡膜粗糙面利用市场上可方便获得的气泡膜表面泡泡凸起,在预制混凝土构件表面由规则排布的凹坑形成粗糙面[2]。气泡膜结合面技术方案示意图见图 3-2,制作过程及效果图见图 3-3。

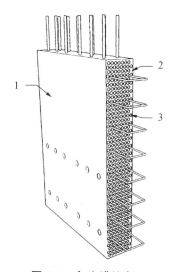

图 3-2 气泡膜结合面
（1—预制混凝土构件;2—气泡膜结合面;3—凹坑）

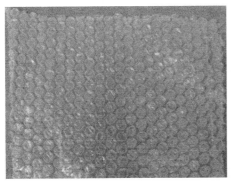
（a）气泡膜

（b）模板

（c）气泡膜结合面

图 3-3　气泡膜成型工艺及效果图

预制构件表面凹坑尺寸（直径及深度）以及排布规律与气泡膜的气泡凸起尺寸及排布规律一致，可根据粗糙面的粗糙度要求灵活进行气泡膜的定制化生产与采购。为防止气泡膜在脱模过程中撕裂，避免气泡爆裂，应注意合理选用质地（厚度、单位面积质量等）较好的气泡膜并在施工过程中加强对气泡膜的保护。另外，考虑到气泡膜成型表面特点，当应用于预制构件底部水平面时，易造成灌浆或坐浆不饱满，因此，将其应用于预制墙板侧面以及梁端或键槽内壁将具有良好的效果。

3.3　结合面抗剪性能试验

为深入探讨不同结合面处理工艺下的结合面抗剪性能，以便实际工程中合理选择工艺，确保预制构件与后浇混凝土的连接可靠性，开展了针对露骨料、花纹钢板成型、气泡膜成型及凹槽与凹坑（键槽）的结合面抗剪性能试验，并对比其抗剪承载力及延性。

3.3.1　试件设计

本次试验试件分为 5 组，即整浇对比组、露骨料组、花纹钢板成型组、气泡膜成型组、凹槽与凹坑组。按双剪试件设计与制作，除整浇对比组以外，其余组试件均为两侧部分预制，中间部分后浇。预制和后浇部分长度均为 350 mm，高度均为 550 mm，宽度均为 200 mm。为了方便施加竖向荷载，后浇部分与预制部分设有 50 mm 的高度差；为了方便施加轴向力,预制部分设置成两端各伸出 150 mm 翼缘的 T 形试件,试件总长均为 1 050 mm,总高均为 600 mm,翼缘部分宽度为 500 mm,腹板部分宽度为 200 mm。

试件的试验参数见表 3-1,试件尺寸及配筋情况见图 3-4。

表 3-1　结合面抗剪性能试验试件参数

试件编号	混凝土强度	结合面处理方式	连接钢筋设置	数量	水平轴压(MPa)	备注
1	C30	—	—	1	0.5	整浇对比试件(纯混凝土抗剪)
2	C40	—	—	1	0.5	
3	C30	—	Φ8@200	1	0.5	整浇对比试件(连接钢筋复合抗剪)
4	C30	—	Φ10@300	1	0.5	
5	C30	露骨料	—	1	0.5	露骨料组
6	C40	露骨料	—	1	0.5	
7	C30	露骨料	Φ8@200	1	0.5	
8	C30	露骨料	Φ10@300	1	0.5	
9	C30	花纹钢板	Φ8@200	1	0.5	花纹钢板成型组
10	C30	花纹钢板	Φ10@300	1	0.5	
11	C30	气泡膜	—	1	0.5	气泡膜成型组
12	C40	气泡膜	—	1	0.5	
13	C30	气泡膜	Φ8@200	1	0.5	
14	C30	气泡膜	Φ10@300	1	0.5	
15	C30	凹槽(间距 400 mm)与凹坑(间距 200 mm)	—	1	0.5	凹槽与凹坑组
16	C40	凹槽(间距 400 mm)与凹坑(间距 200 mm)	—	1	0.5	
17	C30	凹槽(间距 400 mm)与凹坑(间距 200 mm)	Φ8@200	1	0.5	
18	C30	凹槽(间距 400 mm)与凹坑(间距 300 mm)	Φ10@300	1	0.5	
19	C30	花纹钢板与凹槽(间距 400 mm)凹坑(间距 200 mm)	Φ8@200	1	0.5	

除花纹钢板成型组和凹槽凹坑组,每组 4 个试件,分别为无结合面连接钢筋的 C30 试件、无结合面连接钢筋的 C40 试件、结合面连接钢筋Φ8@200mm 的 C30 试件和结合面连接钢筋Φ10@300mm 的 C30 试件。试件所用钢筋等级采用 HRB400,纵向筋采用Φ10,间距 100 mm,箍筋采用Φ8,间距 100 mm。

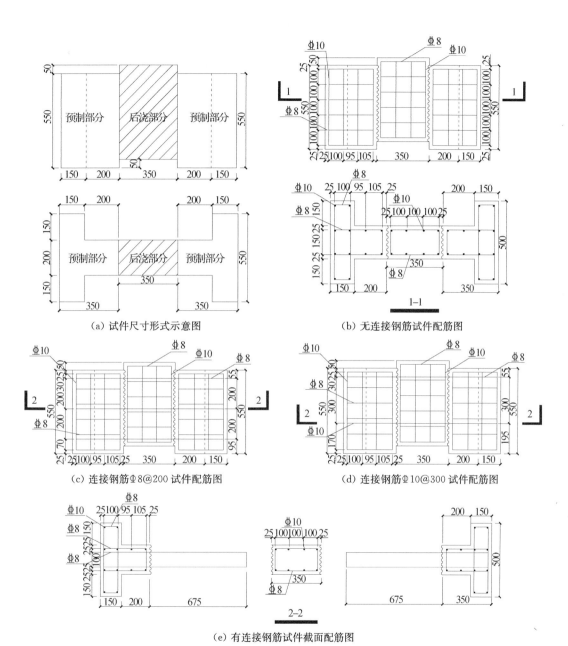

（a）试件尺寸形式示意图　　（b）无连接钢筋试件配筋图

（c）连接钢筋Φ8@200 试件配筋图　　（d）连接钢筋Φ10@300 试件配筋图

（e）有连接钢筋试件截面配筋图

图 3-4　结合面抗剪性能试验试件设计详图（单位：mm）

试验中花纹钢板、气泡膜、凹槽凹坑(凹坑布置在连接钢筋处)的规格见图3-5。

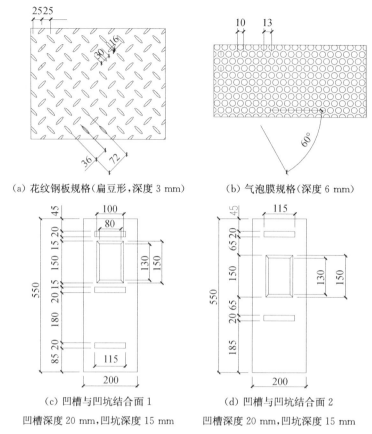

（a）花纹钢板规格(扁豆形,深度3 mm)　　（b）气泡膜规格(深度6 mm)

（c）凹槽与凹坑结合面1　　　　　（d）凹槽与凹坑结合面2

凹槽深度20 mm,凹坑深度15 mm　　　凹槽深度20 mm,凹坑深度15 mm

图 3-5　结合面抗剪性能试验试件规格(单位:mm)

3.3.2　试件制作

本次试验所用19个结合面试件在江苏东尚新型建材有限公司的工厂进行加工,相关现场照片见图3-6,相关步骤如下:

（1）预制部分制作:按照设计对预制部分进行钢筋绑扎及支模,绑扎结束按要求在连接钢筋的相应位置贴好应变片,浇筑和振捣混凝土时注意不要损坏钢筋应变片。在露骨料组的界面模板上涂抹缓凝剂,在花纹钢板成型组、气泡膜成型组、凹槽与凹坑组的界面模板上涂刷脱模剂。浇筑预制部分混凝土,同时预留材性实验试块(两组100 mm×100 mm×100 mm的立方体试块,与试件同条件养护)。

（2）结合面处理:露骨料组预制部分养护1~2天后拆除界面模板,用钢刷对结合面进行处理形成粗糙面。花纹钢板成型组、气泡膜成型组、凹槽与凹坑组预制部分养护7天后拆除界面模板,清理界面及模具。

（3）后浇部分制作:绑扎后浇部分纵筋及箍筋,以预制部分处理完成的界面和模具为底模,后浇部分浇筑混凝土,养护7天后拆模,养护28天后方可进行试验。

（a）整浇试件模板　　　　　　　　　　（b）浇筑整浇试件

（c）木模　　　　　　　　　　　　　　　（d）钢模

（e）绑扎钢筋　　　　　　　　　　　（f）粘贴钢筋应变片

（g）浇筑混凝土　　　　　　　　　　　（h）振捣混凝土

（i）界面模板拆除　　　　　　　　　（g）试件制作完成等待进场

图 3-6　结合面抗剪性能试验试件制作过程照片

各界面模板设置和结合面处理效果见图 3-7。

（a）钢刷处理　　　　　　　　　（b）露骨料结合面

（c）花纹钢板界面模板　　　　　（d）花纹钢板成型结合面

（e）气泡膜界面模板　　　　　　（f）气泡膜成型结合面

（g）凹槽与凹坑界面模板　　　　（h）凹槽与凹坑结合面

图 3-7　试件界面模板及结合面处理效果

3.3.3　材料性能

根据试件设计,试件制作用混凝土分预制部分与后浇部分。对于 C30 混凝土,预制部分混凝土立方体抗压强度实测值为 36.5 MPa,后浇部分混凝土立方体抗压强度实测值为 35.7 MPa。对于 C40 混凝土,预制部分混凝土立方体抗压强度实测值为 43.5 MPa,后浇部分混凝土立方体抗压强度实测值为 44.4 MPa。

对于 ⌀8 连接钢筋,其实测屈服强度、抗拉强度及最大拉力下的伸长率分别为 435 MPa、650 MPa 和 14.7%。对于 ⌀10 连接钢筋,其实测屈服强度、抗拉强度及最大拉力下的伸长率分别为 490 MPa、720 MPa 和 16.0%。

另外,由于灌砂法简单易行[3],故选择灌砂法对处理的结合面进行粗糙度量测。为了方便测量结合面的粗糙度,分别用试件结合面相同的成型工艺制作了结合面分别为露骨料、花纹钢板成型、气泡膜成型的 150 mm×150 mm×150 mm 混凝土立方体试块各一组,用试块表面平均灌砂深度来表征试件结合面粗糙度,相关实测结果见表 3-2。

表 3-2　结合面粗糙度

表面类型	测量试块编号	表面积(mm²)	用砂体积(mL)	粗糙深度(mm)	平均粗糙度(mm)
露骨料	1	22 500	42.0	1.878	2.019
	2	22 500	50.5	2.241	
	3	22 500	43.5	1.938	
花纹钢板成型	1	22 500	5.4	0.237	0.257
	2	22 500	5.0	0.222	
	3	22 500	6.2	0.311	
气泡膜成型	1	22 500	40.5	1.800	1.652
	2	22 500	35.0	1.556	
	3	22 500	36.0	1.600	
凹槽与凹坑 1	—	100 000	354.2	3.542	3.54
凹槽与凹坑 2	—	100 000	325.6	3.256	3.26

3.3.4　试验加载

试验加载装置见图 3-8。采用液压式压力试验机进行竖向荷载加载并通过液压表读数获取荷载值。加载按力控制,大致按开裂前 50 kN 一级、开裂后 20 kN 一级进行控制,并根据试件具体情况进行适当调整;在试件侧面通过手动液压千斤顶及精轧螺纹钢施加 0.5 MPa 的轴向应力,在保证试件结合面不会提前失效破坏的前提下,采用较小的应力值以便不影响试验结果;通过位移计测定加载钢支座(本次试验中,压力试验机的工作方式为上部钢板固定、下部千斤顶向上顶升钢托盘加载,加载钢支座指图 3-8 中试件底部钢托盘)及试件自由端(无荷载及约束的试件腹板下部端面,即图 3-8 中腹板部位下部悬空的一端)的位移;通过埋设在试件连接钢筋表面的应变片量测钢筋应变。

对于连接钢筋应变测量,为便于描述分析,对应变片进行编号。其中,预制部分靠近竖向接缝部位连接钢筋的电阻应变片顺时针编号为 Y1、Y2、Y3、Y4、Y5、Y6、Y7、Y8(三道 U 形连接钢筋的应变片编号还有 Y9、Y10、Y11、Y12),后浇部分靠近竖向接缝部位连接钢筋的电阻应变片顺时针编号为 H1、H2、H3、H4、H4、H5、H6、H7、H8(三道 U 形连接钢筋的应变片编号还有 H9、H10、H11、H12)。应变片布置示意图见图 3-9。

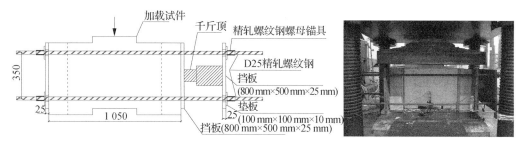

图 3-8　试验加载装置

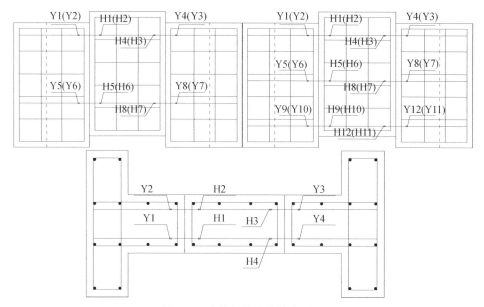

图 3-9　连接钢筋应变片布置图

3.3.5　试验现象与结果分析

1) 整浇对比组

(1) 试验现象

整浇对比组各试件在试验加载中的破坏照片见图 3-10。

从整浇对比组试件的破坏情况可以看出,无结合面配筋组试件相对有配筋组承载能力低、延性差,裂缝自结合面根部向上延伸一小段距离后才向加载横梁中心发展,结合面裂缝少而规整,且仅在试件结合面以里的中间部分出现;有结合面配筋组试件的裂缝均由结合面根部开始就向加载横梁中心倾斜发展,结合面斜裂缝多而均匀,且裂缝跨越试件的中间部分和两侧部分,整体性更佳。

(a) 1 号(整体现浇 C30)试件裂缝分布

(b) 2 号(整体现浇 C40)试件裂缝分布

(c) 3 号(整体现浇 C30 Φ8@200)试件裂缝分布

(d) 4 号(整体现浇 C30 Φ10@300)试件裂缝分布

图 3-10 整浇对比组试件破坏照片

(2) 荷载-位移曲线

整浇对比组各试件的试验加载点荷载-位移曲线及试件中间部分荷载-剪切滑移曲线见图 3-11。

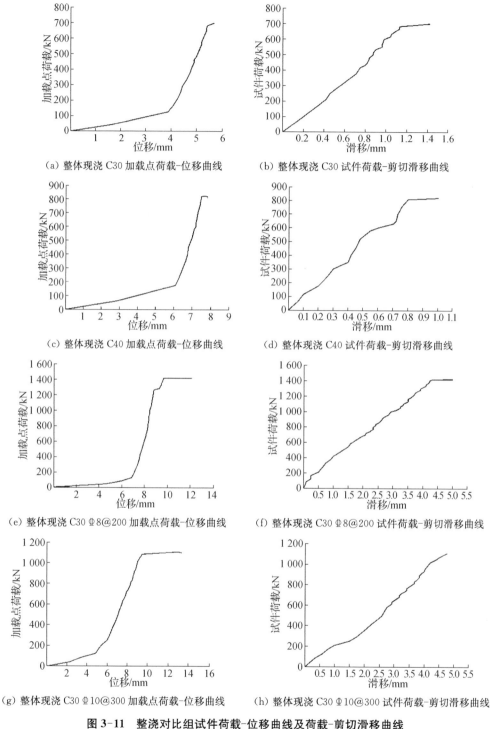

（a）整体现浇 C30 加载点荷载-位移曲线　　（b）整体现浇 C30 试件荷载-剪切滑移曲线

（c）整体现浇 C40 加载点荷载-位移曲线　　（d）整体现浇 C40 试件荷载-剪切滑移曲线

（e）整体现浇 C30 ⏀8@200 加载点荷载-位移曲线　　（f）整体现浇 C30 ⏀8@200 试件荷载-剪切滑移曲线

（g）整体现浇 C30 ⏀10@300 加载点荷载-位移曲线　　（h）整体现浇 C30 ⏀10@300 试件荷载-剪切滑移曲线

图 3-11　整浇对比组试件荷载-位移曲线及荷载-剪切滑移曲线

从整浇对比组加载点的荷载-位移曲线可以看出,试件的加载分为三个阶段:线性平缓加载阶段、强化加载阶段、平台加载阶段。对应的试件中间部分剪切滑移也可以分为三个阶段:线性增长阶段、波动增长阶段、延缓破坏阶段。

无结合面配筋的整体现浇试件中间部分剪切滑移线性增长到破坏荷载的 35% 左右，然后滑移量开始波动增长到破坏荷载的 95% 左右，而后荷载增长变慢，滑移量不断增大，试件因结合面混凝土的断裂而破坏；有结合面配筋的整体现浇试件中间部分剪切滑移线性增长到破坏荷载的 25% 左右，波动增长到破坏荷载的 80% 左右，而后随着荷载的缓慢增加，滑移量急剧增加。

（3）钢筋应变

整浇对比组结合面配筋试件的 U 形筋荷载-应变曲线见图 3-12、图 3-13。

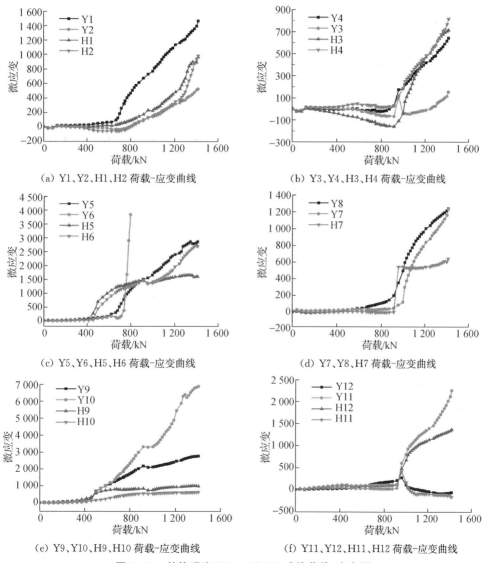

图 3-12　整体现浇 C30 ⌀8@200 试件荷载-应变图

从图 3-12 可以看出，结合面配三道 U 形筋（⌀8@200）的 C30 整体现浇试件，在加载至 400 kN 以前，结合面附近 U 形筋有的不受力，有的受轻微压力，有的受轻微拉力，结合面剪应力分布不均匀；从 400 kN 荷载开始，下面和中间位置结合面附近的一侧 U 形筋承受的拉力逐渐增大,此时钢筋开始发挥其摩擦抗剪作用,700 kN 时上面位置结合面附近的同侧 U 形筋承受的拉力也逐渐增大;加载至 800 kN 时同侧下面 U 形筋和中间 U 形筋依次达到屈服应变,下面和中间的一侧结合面钢筋被剪断;最终,另一侧下面和中间位置的结合面钢筋也达到屈服应变而被剪断,试件破坏。

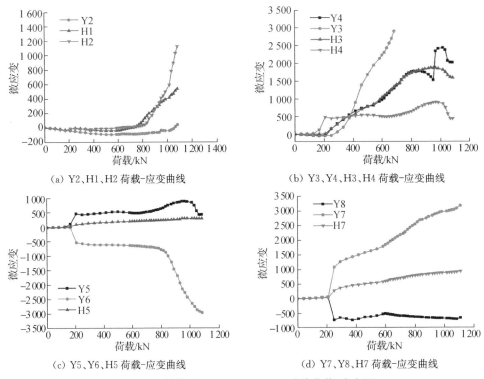

(a) Y2、H1、H2 荷载-应变曲线　　　　(b) Y3、Y4、H3、H4 荷载-应变曲线

(c) Y5、Y6、H5 荷载-应变曲线　　　　(d) Y7、Y8、H7 荷载-应变曲线

图 3-13　整体现浇 C30 ⏀10@300 试件荷载-应变图

由图 3-13 可知,结合面配两道 U 形筋(⏀10@300)的 C30 整体现浇试件,在加载至 200 kN 以前,结合面附近 U 形筋有的不受力,有的受轻微压力,有的受轻微拉力,结合面剪应力分布不均匀;从 200 kN 荷载开始,结合面附近两侧的 U 形筋承受的拉力或压力逐渐增大,说明钢筋开始发挥其摩擦抗剪作用,1 000 kN 时结合面附近的一侧上下 U 形筋都达到屈服应变被剪断,试件破坏。

(4) 抗剪性能分析

根据整浇对比组各试件加载过程的裂缝开展、滑移曲线、钢筋应变变化情况,分析混凝土强度等级、结合面连接钢筋的设置对试件抗剪性能的影响。

① 强度分析

整浇对比组试件的最小开裂荷载 300 kN 是无结合面配筋的混凝土等级 C30 试件的开裂荷载,提高混凝土强度等级到 C40,试件开裂荷载提高 83.3%,结合面添加三道连接钢筋(⏀8@200)和两道连接钢筋(⏀10@300),试件开裂荷载分别提高 50.0% 和 10.0%。

整浇对比组试件的最小破坏荷载 700 kN 是无结合面配筋的混凝土等级 C30 试件的破坏荷载,提高混凝土强度等级到 C40,试件破坏荷载提高 17.1%,结合面添加三道连接钢筋(Φ8@200)和两道连接钢筋(Φ10@300),试件破坏荷载分别提高 102.8％和 52.1％。

② 延性分析

整浇对比组混凝土等级 C30 的无结合面配筋试件的滑移量为 1.4 mm,提高混凝土强度等级到 C40,试件滑移量减少 21.4％,结合面添加三道连接钢筋(Φ8@200)和两道连接钢筋(Φ10@300),试件滑移量分别提高 255.1％和 235.7％。

2) 露骨料组

(1) 试验现象

露骨料组各试件在试验加载中的破坏照片见图 3-14。

(a) 5 号(露骨料 C30)试件裂缝分布

(b) 6 号(露骨料 C40)试件裂缝分布

(c) 7 号(露骨料 C30 Φ8@200)试件裂缝分布

(d) 8 号(露骨料 C30 Φ10@300)试件裂缝分布

(e) 露骨料结合面破坏形式

图 3-14　露骨料组试件破坏照片

无结合面配筋组试件裂缝自结合面根部垂直向上延伸至结合面中部,后向加载横梁中心发展,裂缝整齐;有结合面配筋组试件裂缝自结合面根部垂直延伸至中部后开始沿 75°~80°方向向预制部分和后浇部分扩散,上部裂缝多而均匀。露骨料结合面的整体性较好。

此外,试验过程中伴随着明显的断裂声,试件破坏后破坏面上清晰可见许多断裂的粗骨料,即试验过程中粗骨料充分发挥了其承压抗剪作用。

(2) 荷载-位移曲线

露骨料组各试件的试验加载点荷载-位移曲线及试件后浇部分荷载-剪切滑移曲线见图 3-15。

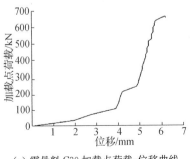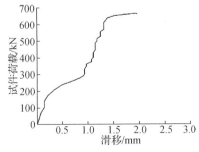

(a) 露骨料 C30 加载点荷载-位移曲线　　　　(b) 露骨料 C30 试件荷载-滑移曲线

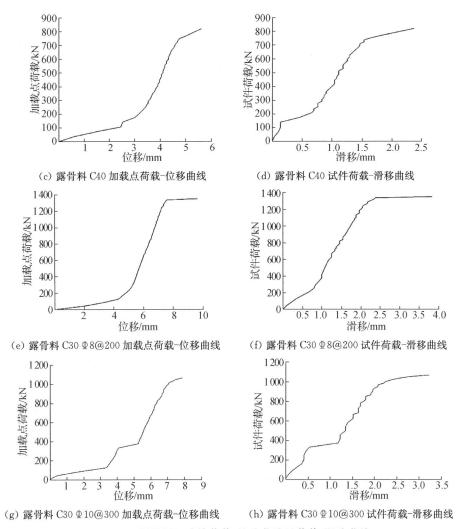

（c）露骨料 C40 加载点荷载-位移曲线　　（d）露骨料 C40 试件荷载-滑移曲线

（e）露骨料 C30 ⌀8@200 加载点荷载-位移曲线　　（f）露骨料 C30 ⌀8@200 试件荷载-滑移曲线

（g）露骨料 C30 ⌀10@300 加载点荷载-位移曲线　　（h）露骨料 C30 ⌀10@300 试件荷载-滑移曲线

图 3-15　露骨料组试件荷载-位移曲线及荷载-滑移曲线

除了结合面配三道 U 形筋试件的加载位移曲线和后浇部分剪切滑移曲线的阶段、趋势与整浇对比组一致以外，露骨料组的其他试件的加载分为四个阶段：线性平缓加载阶段、折线加载阶段、强化加载阶段和平台加载阶段。后浇部分剪切滑移也分为四个阶段：线性增长阶段、平缓阶段、波动增长阶段和延缓破坏阶段。

对于这些分四个阶段加载的试件，当荷载增大到破坏荷载的 25% 左右时，结合面经处理露出的粗骨料发挥高强剪力键作用，延缓后浇部分的滑移，当粗骨料被剪断后，试件又恢复与整体现浇试件一致的滑移增长规律。

（3）钢筋应变

露骨料组结合面配筋试件的 U 形筋荷载-应变曲线见图 3-16、图 3-17。

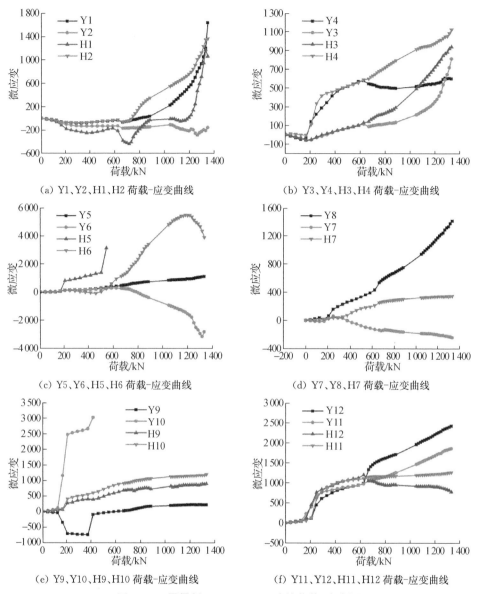

图 3-16　露骨料 C30 ⌀8@200 试件荷载-应变图

从图 3-16 中可以看出,结合面配三道 U 形筋(⌀8@200)的 C30 露骨料试件,在加载至 150 kN 以前,结合面附近 U 形筋有的不受力,有的受轻微压力,有的受轻微拉力,结合面剪应力分布不均匀;从 150 kN 荷载开始,下面位置结合面附近两侧 U 形筋承受的拉力和压力逐渐增大,210 kN 时中间位置 U 形筋承受的拉力也逐渐增大;加载至 400 kN 时下面一侧的 U 形筋达到屈服应变,540 kN 时中间同侧的 U 形筋也屈服了,815 kN 时中间位置另一侧 U 形筋屈服,最终加载到 1 350 kN 时下面另一侧结合面钢筋达到屈服应变被剪断,试件破坏。

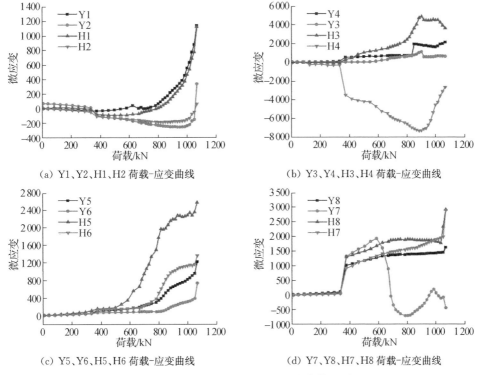

(a) Y1、Y2、H1、H2 荷载-应变曲线　　　　(b) Y3、Y4、H3、H4 荷载-应变曲线

(c) Y5、Y6、H5、H6 荷载-应变曲线　　　　(d) Y7、Y8、H7、H8 荷载-应变曲线

图 3-17　露骨料 C30 ⏀10@300 试件荷载-应变图

由图 3-17 可知,结合面配两道 U 形筋(⏀10@300)的 C30 露骨料试件,从 375 kN 荷载开始结合面附近一侧的 U 形筋承受的拉力或压力突然增大,钢筋开始发挥其摩擦抗剪作用,820 kN 时结合面附近的两侧上下都有 U 形筋达到屈服应变,而后随着荷载的增加钢筋应变急剧增长,U 形筋剪断,试件破坏。

(4) 抗剪性能分析

根据露骨料组各试件加载过程的裂缝开展、滑移曲线、钢筋应变变化情况,分析混凝土强度等级、结合面连接钢筋的设置对露骨料结合面抗剪性能的影响。

① 强度分析

Ⅰ. 开裂荷载

组内试件对比:最小开裂荷载为 230 kN,是无结合面配筋的混凝土等级 C30 试件的开裂荷载,提高混凝土强度等级到 C40,试件开裂荷载提高 50.0%,结合面添加三道连接钢筋(⏀8@200)和两道连接钢筋(⏀10@300)的试件开裂荷载分别提高 4.3% 和 39.1%。

与整浇对比组相比:无结合面配筋试件的开裂荷载是整浇对比试件的 62.7%～76.7%,结合面配连接钢筋试件的开裂荷载是整浇对比试件的 53.3%～96.7%。

Ⅱ. 破坏荷载

组内试件对比:最小破坏荷载为 670 kN,是无结合面配筋的混凝土等级 C30 试件的破坏荷载,提高混凝土强度等级到 C40,试件破坏荷载提高 22.4%,结合面添加三道连接钢筋(⏀8@200)和两道连接钢筋(⏀10@300)的试件破坏荷载分别提高 101.5% 和 53.0%。

与整浇对比组相比:无结合面配筋试件的抗剪承载力是整浇对比试件的95.7%～100.0%,结合面配连接钢筋试件的抗剪承载力是整浇对比试件的95.1%～96.2%。提高混凝土强度对露骨料结合面破坏荷载的提高比整浇结合面高5.3%,添加结合面连接钢筋对露骨料结合面开裂荷载的提高比整浇结合面高0.9%,缩小结合面连接钢筋间距对露骨料结合面开裂荷载的提高比整浇结合面低1.6%。

由强度对比可知,露骨料结合面对试件抗剪承载力的削弱很小,可忽略不计,但露骨料结合面对试件开裂荷载有一定程度的降低。同时,露骨料结合面对混凝土强度的强度敏感性比整浇结合面略高,对添加结合面连接钢筋和缩小钢筋间距的强度敏感性基本与整浇结合面相同。

② 延性分析

组内试件对比:露骨料组混凝土等级C30的无结合面配筋试件的滑移量为2.0 mm,提高混凝土强度等级到C40,试件滑移量增加20.0%,结合面添加三道连接钢筋(Φ8@200)和两道连接钢筋(Φ10@300)的试件滑移量分别提高90.0%和85.0%。

与整浇对比组相比:无结合面配筋试件的滑移量是整浇对比试件的142.8%～218.2%,结合面配连接钢筋试件的滑移量是整浇对比试件的76.0%～78.7%。

由延性对比可知,露骨料试件结合面对混凝土强度和缩小结合面连接钢筋间距的延性敏感程度都较低。

3) 花纹钢板成型组

(1) 试验现象

花纹钢板成型组各试件在试验加载中的破坏照片见图3-18。

(a) 9号(花纹钢板成型 C30 Φ8@200)试件裂缝分布

(b) 10号(花纹钢板成型 C30 Φ10@300)试件裂缝分布

（c）花纹钢板成型结合面破坏形式

图 3-18　花纹钢板成型组试件破坏照片

花纹钢板成型组试件的无结合面配筋试件因结合面粘结性能欠佳，在试件拆模和运输途中从结合面处断裂，无法进行试验。有结合面配筋试件的裂缝沿结合面垂直而整齐地分布，结合面整体性很差，结合面开裂后主要由结合面配筋承受剪力，钢筋剪断即试件破坏。试件破坏后，结合面可看到花纹钢板成型的扁豆形凸起和凹进脱开，未形成可靠粘结，整体性很差。

（2）荷载-位移曲线

花纹钢板成型组各试件的试验加载点荷载-位移曲线及试件后浇部分荷载-剪切滑移曲线见图 3-19。

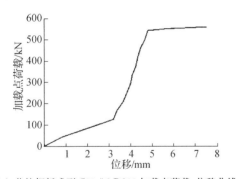
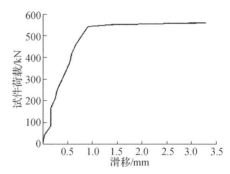

（a）花纹钢板成型 C30 ⏀8@200 加载点荷载-位移曲线　　（b）花纹钢板成型 C30 ⏀8@200 试件荷载-滑移曲线

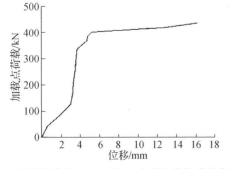
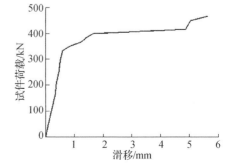

（c）花纹钢板成型 C30 ⏀10@300 加载点荷载-位移曲线　　（d）花纹钢板成型 C30 ⏀10@300 试件荷载-滑移曲线

图 3-19　花纹钢板成型组试件荷载-位移曲线及荷载-滑移曲线

花纹钢板成型组的试件加载同样分为三个阶段，但平台加载阶段比其他任何组都长，这是因为花纹钢板成型的试件结合面混凝土的粘结不足,结合面配筋在抗剪过程中扮演了更重要的角色,对延性贡献更大。同样的,花纹钢板成型组试件后浇部分剪切滑移的延缓破坏阶段也更长,该阶段结合面钢筋虽然提高了抗剪承载力,但无法阻止滑移量的急剧增长。

（3）钢筋应变

花纹钢板成型组结合面配筋试件的 U 形筋荷载-应变曲线见图 3-20、图 3-21。

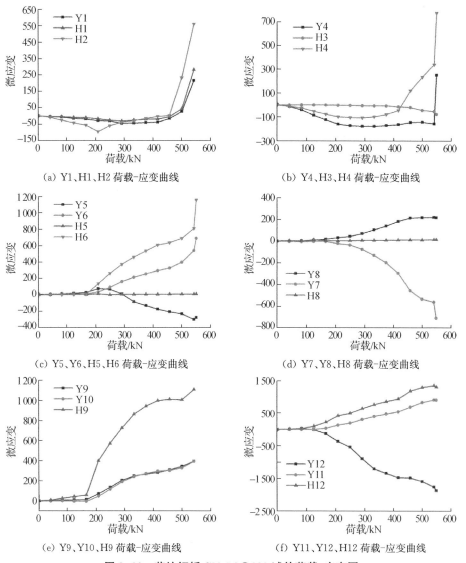

(a) Y1、H1、H2 荷载-应变曲线

(b) Y4、H3、H4 荷载-应变曲线

(c) Y5、Y6、H5、H6 荷载-应变曲线

(d) Y7、Y8、H8 荷载-应变曲线

(e) Y9、Y10、H9 荷载-应变曲线

(f) Y11、Y12、H12 荷载-应变曲线

图 3-20　花纹钢板 C30 Φ8@200 试件荷载-应变图

从图 3-20 中可以看出,结合面配三道 U 形筋(Φ8@200)的 C30 花纹钢板成型试件,从 175 kN 荷载开始下面位置结合面附近两侧上下 U 形筋承受的拉力和压力逐渐增大,结合面钢筋开始发挥摩擦抗剪作用,随后钢筋应变逐渐增大,在达到屈服应变前发生剪切破坏。

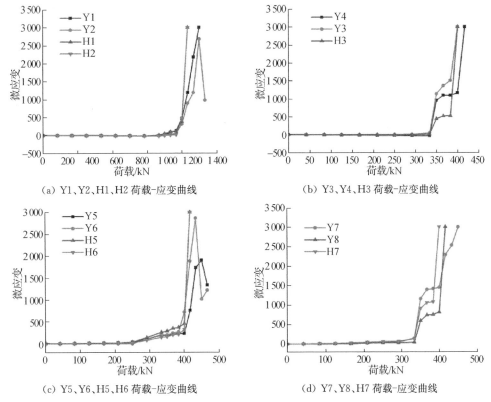

(a) Y1、Y2、H1、H2 荷载-应变曲线   (b) Y3、Y4、H3 荷载-应变曲线

(c) Y5、Y6、H5、H6 荷载-应变曲线   (d) Y7、Y8、H7 荷载-应变曲线

图 3-21　花纹钢板 C30 ⏀10@300 试件荷载-应变图

由图 3-21 可知,结合面配两道 U 形筋(⏀10@300)的 C30 花纹钢板成型试件,从 250 kN 荷载开始结合面附近一侧下面的 U 形筋承受的拉力开始缓慢增大,330 kN 时另一侧 U 形筋拉力也开始加快增长,随后各 U 形筋逐渐达到屈服应变,钢筋剪断,试件破坏。

(4) 抗剪性能分析

根据花纹钢板成型组各试件加载过程的裂缝开展、滑移曲线、钢筋应变变化情况,分析混凝土强度等级、结合面连接钢筋的设置对花纹钢板成型结合面抗剪性能的影响。

① 强度分析

Ⅰ. 开裂荷载

组内试件对比:最小开裂荷载为 300 kN,是结合面配三道连接钢筋(⏀8@200)的混凝土等级 C30 试件的开裂荷载,扩大连接钢筋间距,开裂荷载提高 10.0%。

与整浇对比组相比:结合面配连接钢筋的花纹钢板成型试件的开裂荷载是整浇对比试件的 60.0%～100.0%。

Ⅱ. 破坏荷载

组内试件对比:最小破坏荷载为 467 kN,是结合面配两道连接钢筋(⏀10@300)的混凝土等级 C30 试件的破坏荷载,缩小连接钢筋间距,破坏荷载提高 19.9%。

与整浇对比组相比:结合面配连接钢筋的花纹钢板成型试件的抗剪承载力是整浇对

比试件的 39.4%～43.8%，缩小结合面连接钢筋间距对花纹钢板成型试件结合面开裂荷载的提高比整浇结合面低 13.4%。

由强度对比可知，花纹钢板成型试件结合面的抗剪承载力非常小，仅为整浇结合面的40%左右，且花纹钢板成型结合面对试件开裂荷载也有一定程度的降低。另外，花纹钢板成型结合面对缩小钢筋间距的强度敏感性较低。

② 延性分析

组内试件对比：结合面配三道连接钢筋（ϕ8@200）的混凝土等级 C30 试件的滑移量为 3.3 mm，扩大连接钢筋间距，试件滑移量提高 69.7%。

与整浇对比组相比：结合面配连接钢筋的花纹钢板成型试件的滑移量是整浇对比试件的 66.0%～119.1%。

由延性对比可知，花纹钢板成型试件结合面对缩小连接钢筋间距的延性敏感程度较低。

4) 气泡膜成型组

(1) 试验现象

气泡膜成型组各试件在试验加载中的破坏照片见图 3-22。

(a) 11 号(气泡膜成型 C30)试件裂缝分布

(b) 12 号(气泡膜成型 C40)试件裂缝分布

(c) 13 号(气泡膜成型 C30 Φ8@200)试件裂缝分布

(d) 14 号(气泡膜成型 C30 Φ10@300)试件裂缝分布

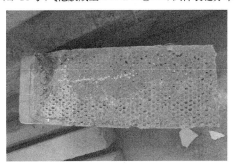

(e) 气泡膜成型结合面破坏形式

图 3-22　气泡膜成型组试件破坏照片

　　气泡膜成型组试件中无结合面钢筋试件的裂缝自结合面根部垂直延伸至结合面中上部后向加载横梁中心发展,裂缝少而整齐;有结合面钢筋组试件裂缝自结合面根部延伸至结合面中下部后向加载横梁中心发展,中上部的裂缝多而密,跨越试件预制部分和后浇部分,整体性较好。

　　(2) 荷载-位移曲线

　　气泡膜成型组各试件的试验加载点荷载-位移曲线及试件后浇部分荷载-剪切滑移曲线见图 3-23。

　　气泡膜成型组无结合面配筋试件的加载和试件后浇部分剪切滑移的阶段规律跟整浇对比组基本一致,其后浇部分剪切滑移线性增长到破坏荷载的 25% 左右,然后滑移量开始波动,增长到破坏荷载的 85% 左右,最终试件因气泡膜结合面混凝土的根部断裂被破坏。

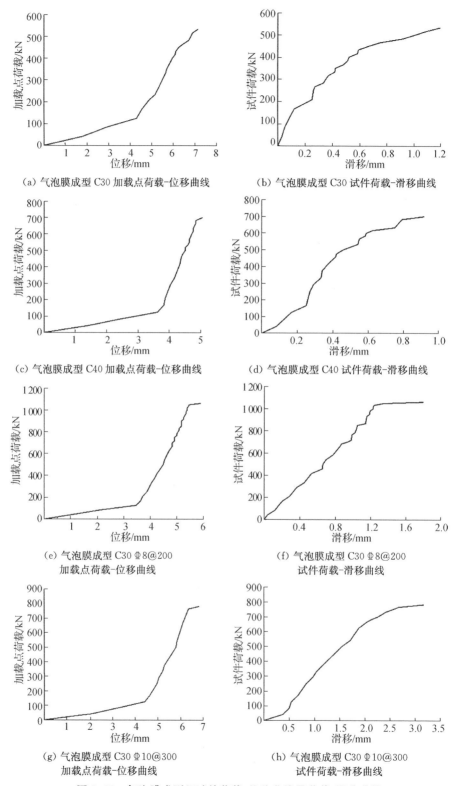

（a）气泡膜成型 C30 加载点荷载-位移曲线

（b）气泡膜成型 C30 试件荷载-滑移曲线

（c）气泡膜成型 C40 加载点荷载-位移曲线

（d）气泡膜成型 C40 试件荷载-滑移曲线

（e）气泡膜成型 C30 ⏀8@200
加载点荷载-位移曲线

（f）气泡膜成型 C30 ⏀8@200
试件荷载-滑移曲线

（g）气泡膜成型 C30 ⏀10@300
加载点荷载-位移曲线

（h）气泡膜成型 C30 ⏀10@300
试件荷载-滑移曲线

图 3-23　气泡膜成型组试件荷载-位移曲线及荷载-滑移曲线

　　有结合面配筋的气泡膜成型试件的加载阶段与整浇对比组一样,但后浇部分剪切滑移只有两个阶段:波动增长阶段和延缓破坏阶段,其后浇部分剪切滑移波动增长到破坏荷载的约 92％后,滑移量越来越大,试件被剪坏。

　　相比于有结合面配筋试件,无结合面配筋试件后浇部分剪切滑移的波动程度更大,这是因为结合面加入连接钢筋后结合面的粗糙程度变化更均匀缓慢,增加了混凝土的摩擦抗剪能力。

　　(3) 钢筋应变

　　气泡膜成型组结合面配筋试件的 U 形筋荷载-应变曲线见图 3-24、图 3-25。

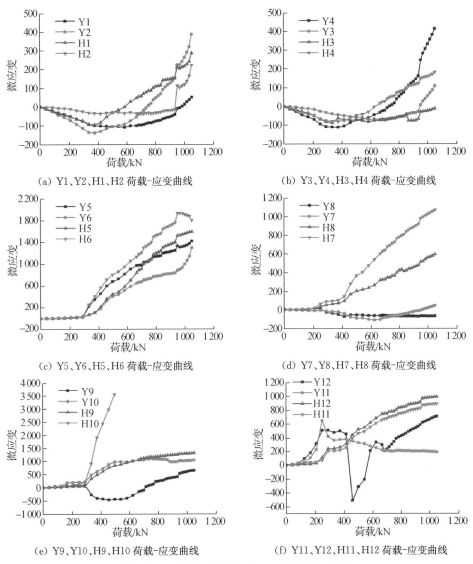

(a) Y1、Y2、H1、H2 荷载-应变曲线

(b) Y3、Y4、H3、H4 荷载-应变曲线

(c) Y5、Y6、H5、H6 荷载-应变曲线

(d) Y7、Y8、H7、H8 荷载-应变曲线

(e) Y9、Y10、H9、H10 荷载-应变曲线

(f) Y11、Y12、H11、H12 荷载-应变曲线

图 3-24　气泡膜 C30 $\oplus$8@200 试件荷载-应变图

　　结合面配三道 U 形筋($\oplus$8@200)的 C30 气泡膜成型试件,加载至 330 kN 荷载时下面位置结合面附近两侧 U 形筋承受的拉力突然增大,460 kN 时中间位置一侧 U 形筋的

拉力突然增大,同时另一侧下面位置 U 形筋达到屈服应变,随后钢筋应变逐渐增大,其他结合面配筋也被剪断,试件破坏。

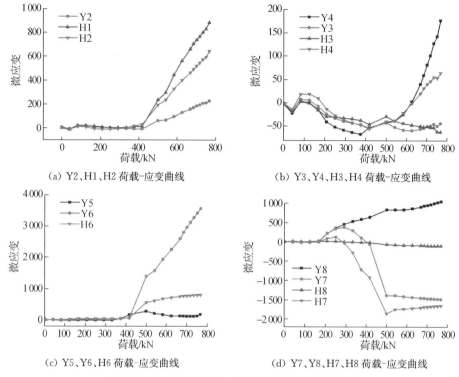

(a) Y2、H1、H2 荷载-应变曲线

(b) Y3、Y4、H3、H4 荷载-应变曲线

(c) Y5、Y6、H6 荷载-应变曲线

(d) Y7、Y8、H7、H8 荷载-应变曲线

图 3-25　气泡膜 C30 ϕ10@300 试件荷载-应变图

结合面配两道 U 形筋(ϕ10@300)的 C30 气泡膜成型试件,从 200 kN 荷载开始结合面附近一侧下面的 U 形筋承受的拉力开始缓慢增大,420 kN 时另一侧 U 形筋拉力也开始加快增长,随后各 U 形筋逐渐达到屈服应变,钢筋剪断,试件破坏。

(4) 抗剪性能分析

根据气泡膜成型各试件加载过程的裂缝开展、滑移曲线、钢筋应变变化情况,分析混凝土强度等级、结合面连接钢筋的设置对气泡膜成型结合面抗剪性能的影响。

① 强度分析

Ⅰ. 开裂荷载

组内试件对比:最小开裂荷载为 210 kN,是结合面配两道连接钢筋(ϕ10@300)的混凝土等级 C30 试件的开裂荷载,提高混凝土强度等级到 C40,试件开裂荷载提高 100.0%,缩小结合面连接钢筋间距,开裂荷载提高 57.1%。

与整浇对比组相比:无结合面配筋试件的开裂荷载是整浇对比试件的 83.3%~90.9%,结合面配连接钢筋试件的开裂荷载是整浇对比试件的 63.6%~73.3%。

Ⅱ. 破坏荷载

组内试件对比:最小破坏荷载为 540 kN,是无结合面配筋的混凝土等级 C30 试件的破坏荷载,提高混凝土强度等级到 C40,试件破坏荷载提高 29.6%,结合面添加三道连接钢筋(⌀8@200)和两道连接钢筋(⌀10@300)的试件破坏荷载分别提高96.3%和44.4%。

与整浇对比组相比:无结合面配筋试件的抗剪承载力是整浇对比试件的77.1%～85.4%,结合面配连接钢筋试件的抗剪承载力是整浇对比试件的73.2%～74.6%。提高混凝土强度对气泡膜成型结合面破坏荷载的提高比整浇结合面高12.5%,添加结合面连接钢筋对气泡膜成型结合面开裂荷载的提高比整浇结合面低7.6%,缩小结合面连接钢筋间距对气泡膜成型结合面开裂荷载的提高比整浇结合面高2.6%。

由强度对比可知,气泡膜成型结合面对试件抗剪承载力的削弱较小,可通过合理的设计接近整浇效果。但气泡膜成型结合面对试件开裂荷载也有一定程度的降低。同时,气泡膜成型结合面对混凝土强度的强度敏感性更高,对缩小结合面连接钢筋间距的强度敏感性比整浇试件略高。

② 延性分析

组内试件对比:气泡膜成型组混凝土等级C30的无结合面配筋试件的滑移量为1.1mm,提高混凝土强度等级到C40,试件滑移量减小18.2%,结合面添加三道连接钢筋(⌀8@200)和两道连接钢筋(⌀10@300)的试件滑移量分别提高63.6%和190.9%。

与整浇对比组相比:无结合面配筋试件的滑移量是整浇对比试件的78.6%～81.8%,结合面配连接钢筋试件的滑移量是整浇对比试件的36.0%～68.1%。

由延性对比可知,气泡膜成型试件结合面对混凝土强度的延性敏感程度较高,而对缩小结合面连接钢筋间距的延性敏感程度较低。

5) 凹槽与凹坑组

(1) 试验现象

凹槽与凹坑组各试件在试验加载中的破坏照片见图3-26。

(a) 15号(凹槽与凹坑C30)试件裂缝分布

(b) 16号(凹槽与凹坑C40)试件裂缝分布

（c）17 号（凹槽与凹坑 C30 Φ8@200）试件裂缝分布

（d）18 号（凹槽与凹坑 C30 Φ10@300）试件裂缝分布

（e）19 号（花纹钢板成型与凹槽、凹坑 C30 Φ8@200）试件裂缝分布

（f）凹槽与凹坑结合面破坏形式

图 3-26　凹槽与凹坑组试件破坏照片

　　无结合面配筋组试件的裂缝自结合面根部垂直向上发展，形成齐而宽的通缝；有结合面配筋组试件的裂缝自结合面根部垂直向上发展至结合面中部，然后向加载横梁中心发展，中部以上裂缝略多，但多集中在结合面以里的后浇部分，试件整体性欠佳。

　　试件被破坏后，可以看到凹槽和凹坑沿结合面从根部发生断裂，有的凹槽未完全断裂，相互脱开，除凹槽与凹坑以外的结合面区域，表面非常平滑，粘结效果很差。

（2）荷载-位移曲线

凹槽与凹坑组各试件的试验加载点荷载-位移曲线及试件后浇部分荷载-剪切滑移曲线见图 3-27。

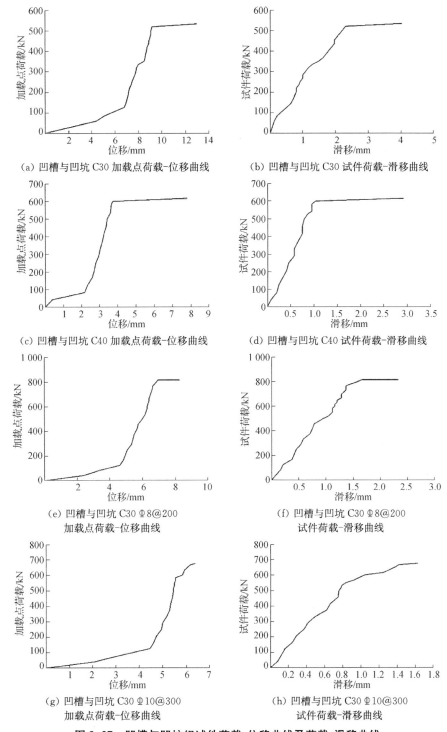

(a) 凹槽与凹坑 C30 加载点荷载-位移曲线 （b) 凹槽与凹坑 C30 试件荷载-滑移曲线

(c) 凹槽与凹坑 C40 加载点荷载-位移曲线 （d) 凹槽与凹坑 C40 试件荷载-滑移曲线

(e) 凹槽与凹坑 C30 Φ8@200
加载点荷载-位移曲线

(f) 凹槽与凹坑 C30 Φ8@200
试件荷载-滑移曲线

(g) 凹槽与凹坑 C30 Φ10@300
加载点荷载-位移曲线

(h) 凹槽与凹坑 C30 Φ10@300
试件荷载-滑移曲线

图 3-27 凹槽与凹坑组试件荷载-位移曲线及荷载-滑移曲线

凹槽与凹坑组试件的加载大体上也分为三个阶段,且平台加载段稍长,相应的试件后浇部分剪切滑移曲线的延缓破坏阶段也稍长,且线性增长阶段很短。这是因为凹槽与凹坑试件结合面混凝土粘结力不足,开裂早,开裂后连接钢筋发挥较大作用。

另外,对于花纹钢板成型的凹槽与凹坑试件,其加载点荷载-位移曲线走势和凹槽与凹坑组其他试件的曲线较为相似,而后浇部分的剪切滑移曲线却与花纹钢板成型组的试件相关曲线极为相似。说明两种结合面处理方式对试件结合面的抗剪都产生了影响。

(3) 钢筋应变

凹槽与凹坑组结合面配筋试件的 U 形筋荷载-应变曲线见图 3-28～图 3-30。

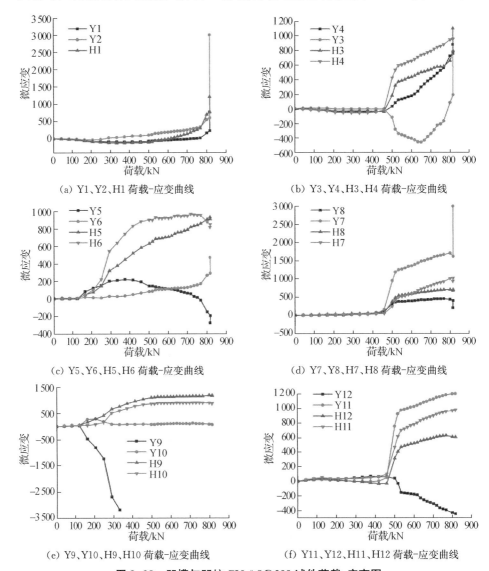

(a) Y1、Y2、H1 荷载-应变曲线

(b) Y3、Y4、H3、H4 荷载-应变曲线

(c) Y5、Y6、H5、H6 荷载-应变曲线

(d) Y7、Y8、H7、H8 荷载-应变曲线

(e) Y9、Y10、H9、H10 荷载-应变曲线

(f) Y11、Y12、H11、H12 荷载-应变曲线

图 3-28   凹槽与凹坑 C30 Φ8@200 试件荷载-应变图

从图 3-28 中可以看出,结合面配三道 U 形筋(Φ8@200)的 C30 凹槽与凹坑试件,加载至 160 kN 开始下面位置结合面附近一侧 U 形筋承受的压力突然增大,并很快达到屈

服应变,其他 U 形筋保持轻微受力状态,加载到 500 kN 时下面和中间位置一侧 U 形筋的拉力突然增大,最终上面和中间位置 U 形筋屈服,试件破坏。

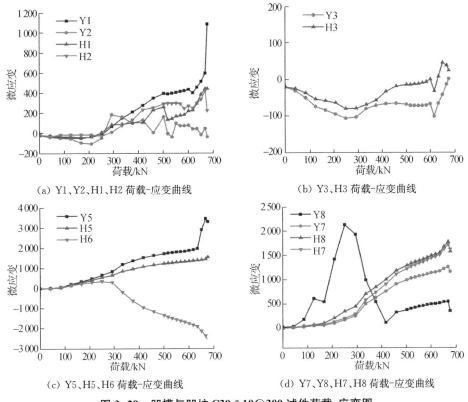

(a) Y1、Y2、H1、H2 荷载-应变曲线

(b) Y3、H3 荷载-应变曲线

(c) Y5、H5、H6 荷载-应变曲线

(d) Y7、Y8、H7、H8 荷载-应变曲线

图 3-29　凹槽与凹坑 C30 ⏀10@300 试件荷载-应变图

由图 3-29 可知,结合面配两道 U 形筋(⏀10@300)的 C30 凹槽与凹坑试件,从 125 kN 荷载开始结合面附近一侧下面的 U 形筋承受的拉力开始显著增大,随后各 U 形筋应变逐渐增大,650 kN 时结合面附近一侧下面的 U 形筋钢筋达到屈服应变被剪断,试件破坏。

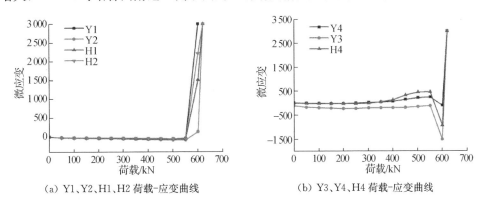

(a) Y1、Y2、H1、H2 荷载-应变曲线

(b) Y3、Y4、H4 荷载-应变曲线

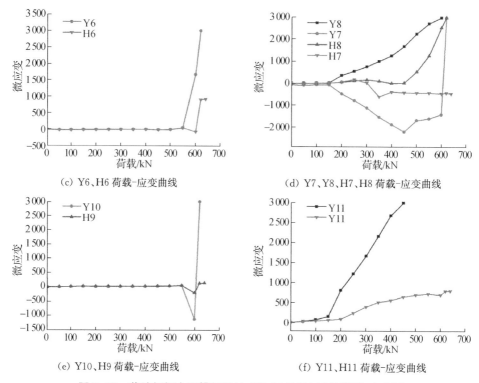

(c) Y6、H6 荷载-应变曲线

(d) Y7、Y8、H7、H8 荷载-应变曲线

(e) Y10、H9 荷载-应变曲线

(f) Y11、H11 荷载-应变曲线

图 3-30　花纹钢板＋凹槽与凹坑 C30 ⏀8@200 试件荷载-应变图

根据图 3-30,对于结合面配三道 U 形筋(⏀8@200)的 C30 花纹钢板成型与凹槽、凹坑试件,加载至 150 kN 开始下面位置结合面附近一侧 U 形筋承受的压力突然增大,并很快达到屈服应变,600 kN 时两侧 U 形筋的拉力突然增大,达到屈服应变,试件破坏。

（4）抗剪性能分析

根据凹槽与凹坑组各试件加载过程的裂缝开展、滑移曲线、钢筋应变变化情况,分析混凝土强度等级、结合面连接钢筋的设置对凹槽与凹坑结合面抗剪性能的影响。

① 强度分析

Ⅰ. 开裂荷载

组内试件对比:最小开裂荷载为 110 kN,是无结合面配筋的混凝土等级 C30 试件的开裂荷载,提高混凝土强度等级到 C40,试件开裂荷载提高 36.4%,结合面添加三道连接钢筋(⏀8@200)和两道连接钢筋(⏀10@300)的试件开裂荷载分别提高 127.3%和 90.9%,结合面加入花纹钢板成型处理方法,试件开裂荷载降低 20.0%。

与整浇对比组相比:无结合面配筋试件的开裂荷载是整浇对比试件的 27.3%～36.7%,结合面配连接钢筋试件的开裂荷载是整浇对比试件的 55.6%～63.6%,花纹钢板成型与凹槽、凹坑试件的开裂荷载是整浇对比试件的 44.4%。

Ⅱ. 破坏荷载

组内试件对比:最小破坏荷载为 530 kN,是无结合面配筋的混凝土等级 C30 试件的破坏荷载,提高混凝土强度等级到 C40,试件破坏荷载提高 16.0%,结合面添加三道连接钢筋(Φ8@200)和两道连接钢筋(Φ10@300)的试件破坏荷载分别提高 54.7% 和 27.4%。

与整浇对比组相比:无结合面配筋试件的抗剪承载力是整浇对比试件的 75.0%～75.7%,结合面配连接钢筋试件的抗剪承载力是整浇对比试件的 57.7%～63.4%,花纹钢板成型与凹槽、凹坑试件的抗剪承载力是整浇对比试件的 45.1%。提高混凝土强度对凹槽与凹坑结合面破坏荷载的提高比整浇结合面低 1.1%,添加结合面连接钢筋对凹槽与凹坑结合面开裂荷载的提高比整浇结合面低 25.0%,缩小结合面连接钢筋间距对凹槽与凹坑结合面开裂荷载的提高比整浇结合面低 11.8%。

由强度对比可知,凹槽与凹坑结合面的开裂荷载在各组试件中是最小的,结合面粘结力很弱,抗剪承载力也较低。另外,凹槽与凹坑结合面对混凝土强度的强度敏感性与整浇结合面基本相同,但对添加结合面连接钢筋和缩小钢筋间距的强度敏感性很弱。

② 延性分析

组内试件对比:凹槽与凹坑组混凝土等级 C30 的无结合面配筋试件的滑移量为 4.0 mm,提高混凝土强度等级到 C40,试件滑移量减小 27.5%,结合面添加三道连接钢筋(Φ8@200)和两道连接钢筋(Φ10@300)的试件滑移量分别减小 57.5% 和 60.0%。

与整浇对比组相比:无结合面配筋试件的滑移量是整浇对比试件的 285.7%～263.6%,结合面配连接钢筋试件的滑移量是整浇对比试件的 34.0%,花纹钢板成型与凹槽、凹坑试件的滑移量是整浇对比试件的 86.0%。

由延性对比可知,凹槽与凹坑试件结合面对混凝土强度的延性敏感程度很高,对缩小结合面连接钢筋间距的延性敏感程度很低。

3.3.6　试验总结

在分析各试验试件的试验现象及测量结果的基础上,总结不同形式结合面破坏过程的异同、抗剪性能的优劣以及对各种参数的敏感程度。

1) 破坏过程

各组试件的破坏过程基本相同,可归纳为四个阶段:弹性阶段、裂缝发展阶段、破坏阶段、下降阶段。其中,开裂最早的是凹槽与凹坑组试件,且凹槽与凹坑组和花纹钢板成型组有结合面配筋试件的破坏阶段较长,即结合面混凝土摩擦系数较小,钢筋发挥更大的抗剪摩擦作用。

各组试件连接钢筋的受力过程和破坏规律是一致的,在结合面开裂之前连接钢筋不受力或轻微受力,开裂后都是沿加载方向(由下而上)逐渐受拉,并最终屈服剪断。

各种形式的结合面试件在被破坏时,结合面混凝土都是沿凸起部位的根部断开,可见结合面凸起的混凝土在抗剪过程中充分发挥了剪力键的作用,且剪力键越均匀,深度越大,强度越高,对结合面的抗剪贡献会越大。

2) 抗剪性能

除了整浇对比组以外,抗剪承载力最大的是露骨料组,其次是气泡膜成型组,最小的是花纹钢板成型组;平均滑移量最大的是花纹钢板成型组,其次是凹槽与凹坑组,最小的是气泡膜成型组。无结合面配筋时,气泡膜成型结合面与整浇结合面的剪切滑移规律基本一致;有结合面配筋时,与整浇结合面剪切滑移最接近的是露骨料结合面。

在本次试验的各种结合面形式中,抗剪性能最好的是露骨料组,其次是气泡膜成型组。除凹槽与凹坑组外,结合面抗剪能力强弱与平均粗糙程度大小对应。

3)参数敏感程度

露骨料组和气泡膜成型组试件对连接钢筋变化的敏感度都较高,而凹槽与凹坑组试件对连接钢筋变化的敏感度最低;气泡膜成型组试件对混凝土强度提升的敏感度最高,凹槽与凹坑组试件对混凝土强度提升的敏感度最低。

综合抗剪承载力和变形情况,在各种处理方式的结合面中,整体性最好的是露骨料结合面,气泡膜成型结合面也较好,而花纹钢板成型结合面最差,不能满足结合面抗剪的需求。

3.4 结合面抗剪设计方法探讨

基于本次试验结果,对当前所采取的设计方法的适用性进行探讨,并提出适用于本次试验结果的设计方法。

3.4.1 试验数据汇总

将本次试验中各试件的抗剪承载力和剪切滑移进行对比分析,各试件的抗剪承载力和剪切滑移值见表3-3。

表3-3 试件抗剪承载力与剪切滑移数据

试件编号	开裂阶段		屈服阶段		极限阶段	
	承载力 (kN)	滑移量 (mm)	承载力 (kN)	滑移量 (mm)	承载力 (kN)	滑移量 (mm)
1 整体现浇 C30	300	0.6	650	1.1	700	1.4
2 整体现浇 C40	550	0.7	800	0.8	820	1.1
3 整体现浇 C30 ⏀8@200	450	1.2	1 180	3.6	1 420	5.0
4 整体现浇 C30 ⏀10@300	330	0.6	983	4.0	1 100	4.7
5 露骨料 C30	230	0.2	620	1.5	670	2.0
6 露骨料 C40	345	0.7	765	1.8	820	2.4
7 露骨料 C30 ⏀8@200	240	0.8	1 250	2.1	1 350	3.8
8 露骨料 C30 ⏀10@300	320	1.8	967	2.1	1 025	3.7

续表 3-3

试件编号	开裂阶段		屈服阶段		极限阶段	
	承载力（kN）	滑移量（mm）	承载力（kN）	滑移量（mm）	承载力（kN）	滑移量（mm）
9 花纹钢板成型 C30 ⚊8@200	300	0.4	500	0.8	560	3.3
10 花纹钢板成型 C30 ⚊10@300	330	0.6	417	4.9	467	5.6
11 气泡膜成型 C30	250	0.3	480	0.9	650	1.1
12 气泡膜成型 C40	500	0.5	630	0.8	700	0.9
13 气泡膜成型 C30 ⚊8@200	330	0.5	1 000	1.2	1 060	1.8
14 气泡膜成型 C30 ⚊10@300	210	0.8	700	2.3	780	3.2
15 凹槽与凹坑 C30	110	0.5	467	2.1	530	4.0
16 凹槽与凹坑 C40	150	0.3	600	1.1	615	2.9
17 凹槽与凹坑 C30 ⚊8@200	250	0.4	800	1.6	820	1.7
18 凹槽与凹坑 C30 ⚊10@300	210	0.3	650	1.4	675	1.6
19 花纹钢板成型与 凹槽、凹坑 C30 ⚊8@200	200	0.2	600	1.8	640	4.3

3.4.2 基于既有规范设计方法的计算结果

对于预制混凝土构件结合面抗剪设计，常用的设计方法一般基于摩擦抗剪原理提出，各国规范也给出了相关计算公式。

中国规范 JGJ 1—2014[4] 中的受剪承载力计算公式见式（3-1）。

$$V = 0.6 f_y A_s + 0.6N \tag{3-1}$$

式中：f_y——垂直穿过结合面的钢筋抗拉强度设计值；

N——与剪力设计值 V 相对应的垂直于结合面的轴向力设计值，压力时取正，拉力时取负；

A_s——垂直穿过结合面的抗剪钢筋面积。

美国规范 ACI 318—08[5] 中的受剪承载力计算公式见式（3-2）。

$$V_n = A_{vf} f_y \mu \tag{3-2}$$

式中：A_{vf}——垂直穿过结合面的抗剪钢筋面积；

f_y——垂直穿过结合面的钢筋抗拉强度设计值;

μ——摩擦系数,整浇取 1.4,粗糙面取 1.0。

欧洲规范 EN 1992-1-1-2004[6]中的抗剪应力计算公式见式(3-3)。

$$\upsilon_{Rdi}=cf_{ctd}+\mu\sigma_n+\rho f_{yd}(\mu\sin\alpha+\cos\alpha)\leqslant 0.5\nu f_{yd} \tag{3-3}$$

式中:c,μ——反映界面粗糙程度的系数,分别取 0.4 和 0.7;

f_{ctd}——混凝土抗拉强度设计值;

σ_n——由荷载引起的剪切面正应力;

ρ——截面配筋率;

f_{yd}——穿过结合面的钢筋抗拉强度设计值;

α——钢筋与结合面的夹角,取 90°;

ν——强度折减系数,$\nu=0.6(1-f_c'/250)$,f_c' 为混凝土抗压强度设计值。

将三本规范的计算结果列于表 3-4。

表 3-4　抗剪承载力规范计算结果

试件参数	中国规范(kN)	美国规范(kN)	欧洲规范(kN)
C30	60	—	299
C40	60	—	324
C30 ⏀8@200	218	263	483
C40 ⏀10@300	245	308	514

　　从表 3-4 可知,各国规范计算结果并未体现不同粗糙度的工艺差别,且计算结果较试验实测值明显偏低。分析认为,本次试验与规范假定的摩擦抗剪机制不能完全吻合。通过连接钢筋应变数据也可以发现,各道连接钢筋从下往上受力逐渐增大,且对于所有带连接钢筋试件,仅底部一道连接钢筋屈服,而其他钢筋未曾屈服,更接近弯剪受力状态,而非摩擦抗剪的纯剪受力状态。各结合面抗剪承载力实测值和按混凝土抗拉强度与结合面面积计算的受剪承载力(C30 为 629 kN,C40 为 670 kN)相对较为接近,说明本次试验结果所得承载力将远超既有规范设计结果,具有足够的安全度,但与整浇组试件相比,较弱于整体浇筑的受剪承载力[1]。

本章参考文献

[1]　朱张峰,郭正兴,刘家彬,等.气泡膜成型的预制混凝土构件结合面受剪性能[J].土木工程学报,2020,53(7):21-27.

[2]　朱张峰,臧旭磊.一种预制混凝土构件结合面的成型方法:CN108638300A[P].2018-10-12.

[3]　闫国新,张晓磊,张雷顺.新老混凝土粘结面粗糙度评价方法综述[J].混凝土,2010(1):25-26.

[4]　住房和城乡建设部.装配式混凝土结构技术规程:JGJ 1—2014[S].北京:中国建筑工业出版社,2014.

［5］American Concrete Institute. Building Code Requirements for Structural Concrete：ACI 318-08［S］. Farmington Hills，2008.

［6］British Standards Institution. Eurocode 2：Design of concrete structures——Part 1-1：General rules and rules for buildings：BS EN 1992-1-1-2004［S］. Bristol，2004.

第4章

直锚与搭接混合装配整体式
混凝土梁柱连接研究与设计

4.1 概述

　　装配式混凝土梁柱连接不仅影响整体结构的受力性能,而且在很大程度上决定了安装施工的方式和效率。因此,装配式混凝土梁柱连接的构成形式和设计,应该是结构受力、生产制造、施工安装等众多因素共同作用的结果。然而,目前大量建造的装配式混凝土梁柱连接,特别是等同现浇类的连接节点,多为预制梁底筋锚固连接和附加钢筋搭接连接,或存在梁纵筋与柱纵筋以及梁纵筋之间相互干扰的问题,或存在结构受力性能受到影响而不能完全等同现浇的问题。为了避免相互干扰的问题,往往在工厂生产预制构件时就需要采取额外的措施保证钢筋之间相互错开,或者直接改变构件的截面尺寸和钢筋的布置位置,这就提高了构件预制加工的难度,增加了生产的成本。普通钢筋硬度和刚度较大,对制作和建造的精度要求较高,钢筋位置的偏差可能导致不同构件之间无法良好的连接,影响结构连接的质量。对于不能完全等同现浇的问题,目前采取的策略是限制附加钢筋搭接连接的应用高度,相比于现浇结构的建筑高度,采用该类连接的建筑高度要降低不少。

　　锚固与搭接混合连接是力图改善上述问题而提出的连接形式,正如第1章指出,目前主要有两种形式,分别为普通钢筋锚入式混合连接和钢绞线锚入式混合连接。二者均是在力图保证结构性能的同时,提高装配式混凝土结构建造的速度和效率,但思路不完全相同。普通钢筋锚入式混合连接通过减少梁底锚固钢筋的根数,降低钢筋间相互碰撞的概率,从而提高该结构的建造效率;钢绞线锚入式混合连接主要依靠梁端未施加预应力的钢绞线的柔韧性来适应复杂的现场施工工况,从而轻松解决锚固钢筋相互干扰的问题。本章分别介绍这两类混合连接的特点、试验研究和设计方法。

4.2 普通钢筋锚入式混合连接试验研究

4.2.1 构造特点

　　如图4-1所示,普通钢筋锚入式混合连接研究的柱采用预制混凝土形式,利用灌浆套筒进行上、下柱的钢筋连接。预制叠合梁的两端留有 U 形键槽,U 形键槽侧壁厚度为 50 mm,用以固定梁端箍筋,而 U 形键槽底壁的厚度需要保证可以较好地包裹住预制梁底部纵筋。预制叠合梁顶部保持粗糙,保证预制混凝土和现浇混凝土的结合能力,而 U 形键槽内表面保持光滑,利于制造时内置模板的脱模。两根预制梁下部底筋从键槽底壁伸出,保证锚固长度。与同一预制柱相连的预制梁,其中一个预制梁的两根伸出的下部受力纵筋置于 U 形键槽底部两角处,与之相对的预制梁两根伸出的下部受力纵筋则置于 U 形键槽底壁中央位置,这样使得这两个相对的预制梁伸入节点核心区锚固的钢筋可相互避开,避免了相互碰撞的问题。为了保证预制梁端的承载力,下部伸出梁端的受力钢筋应选择大规格钢筋,如 22 mm、25 mm 钢筋等。U 形键槽处的箍筋采用带 135°弯钩的开口箍筋,便于附加 U 形钢筋的放入,并进一步提高节点连接区域的整体性。为进一步提高预制梁底筋的锚固性能,伸出钢筋端部可增设扩大头或者弯钩。

在现场拼装时,首先安装预制柱,然后吊装预制梁,保证伸出的底筋进入节点核心区,并且在梁端键槽中增设 U 形钢筋,再绑扎预制梁上部纵向钢筋,最后现浇混凝土形成整体连接。该连接预制梁下部纵筋采用大直径大间距的方式改善制造和施工的便利性,仅保留两根钢筋伸出梁端锚入节点核心区,并且主要依靠梁底部的钢筋锚固来保证连接节点整体的抗震性能,附加 U 形钢筋作为辅助手段进一步提高和改善结构性能。

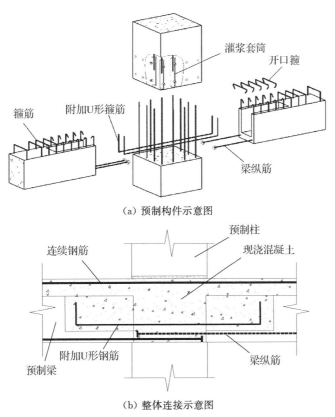

(a) 预制构件示意图

(b) 整体连接示意图

图 4-1　普通钢筋锚入式混合连接示意图

4.2.2 试件设计

1）现浇对比试件设计

本次抗震性能试验的试件基本梁、柱截面尺寸分别为 300 mm×450 mm 和 550 mm×550 mm。混凝土梁的跨高比是影响梁在极限荷载作用下破坏模式的重要因素,本次试验中,梁自由端设置的铰支座即为梁的反弯点,梁反弯点的位置到柱表面的距离为 1.85 m。结合层高和试验加载作动器的高度,柱端反弯点之间的距离取 2.9 m。

现浇对比试件编号为 S1,设计详图如图 4-2 所示。柱两边梁长度各为 2 m,距柱表面 1 m 的范围为梁固定端箍筋加密区部位,采用⊕8@100 箍筋,梁其他部位箍筋采用⊕8@200。梁上部纵筋为 5⊕20,下部纵筋为 3⊕20,通长布置。结合试验时试件固定装置的尺寸,柱总长为 2.825 m,梁上部分柱长为 1.375 m,梁下部分柱长为 1 m。距梁上下表面 0.6 m 的范围及节点核心区为柱箍筋加密区,采用⊕10 复合箍筋,间距为 100 mm,柱其他部位箍筋为⊕10@200。柱纵向受力钢筋采用 4⊕25+8⊕20,通长布置。柱底预埋四根直径为 32 mm 的精轧螺纹钢,用以连接加载固定装置。试件混凝土强度等级采用 C40。柱端和梁端分别包裹矩形钢板板箍,防止端部在试验中发生局部破坏。

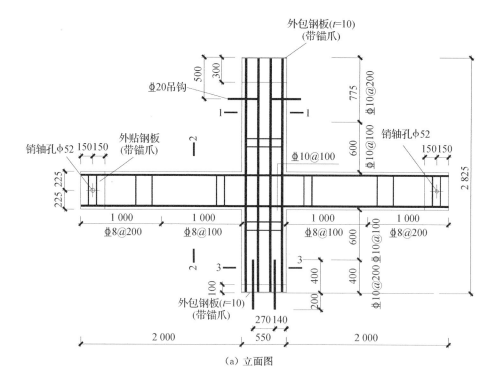

(a) 立面图

(b) 断面图

图 4-2　现浇对比试件 S1 设计详图(单位:mm)

2) 预制试件设计

全部预制试件的构件尺寸采用与现浇对比试件相同的尺寸,预制柱及叠合现浇层部分的配筋与现浇对比试件完全相同。由于采用"强柱弱梁""强节点弱构件"的原则进行设计,故试件整体承载力由梁截面抗弯承载力控制。根据"等强度"原则,预制试件的梁下部纵筋配筋量仅需要使得预制试件梁截面承载力与现浇试件相当即可。由于现浇梁上部钢筋相对于下部钢筋配筋量较大,且预制试件梁上部钢筋与现浇试件相同,故梁固定端负弯矩方向(上部钢筋受拉)的抗弯承载力基本相当,因而仅需要通过梁固定端正弯矩(下部钢筋受拉)来确定预制试件下部纵筋的配筋量。

由《混凝土结构设计规范》(GB 50010—2010)的 6.2.10 条和 6.2.14 条可知,常规普通钢筋混凝土梁截面抗弯承载力与混凝土受压区高度有关,受压高度依据截面平衡法进行计算,即按式(4-1)计算。当受压区高度满足式(4-2)时,普通钢筋混凝土梁截面抗弯承载力按式(4-3)计算,当不满足式(4-2)时,普通钢筋混凝土梁截面抗弯承载力按式(4-4)计算。

$$\alpha_1 f_c b x = f_y A_s - f'_y A'_s \tag{4-1}$$

$$x \geqslant 2a' \tag{4-2}$$

$$M \leqslant \alpha_1 f_c b x \left(h_0 - \frac{x}{2} \right) + f'_y A'_s (h_0 - a'_s) \tag{4-3}$$

$$M \leqslant f_y A_s (h - a_s - a'_s) \tag{4-4}$$

式中:α_1——等效矩形应力图形系数,当混凝土强度等级不超过 C50 时,取 1.0;当混凝土强度等级为 C80 时,取 0.94;其间按线性内插法确定;

f_c——混凝土轴心抗压强度设计值,按《混凝土结构设计规范》(GB 50010—2010)的相关规定取值;

b——混凝土轴心抗压强度设计值,按《混凝土结构设计规范》(GB 50010—2010)的相关规定取值;

f_y,f'_y——受拉区、受压区纵向普通钢筋的抗拉强度设计值,按《混凝土结构设计规范》(GB 50010—2010)的相关规定取值;

A_s,A'_s——受拉区、受压区纵向普通钢筋的截面面积;

x——等效矩形应力图形的混凝土受压区高度;

a'——受压区全部纵向钢筋合力点至截面受压边缘的距离；

M——弯矩设计值；

h_0——截面有效高度；

h——截面高度；

a_s——受拉区纵向普通钢筋合力点至截面受拉边缘的距离；

a_s'——受压区纵向普通钢筋合力点至截面受压边缘的距离。

普通钢筋锚入式锚固与附加钢筋搭接混合连接的试验试件共两个,分别编号为 S2 和 S3。试件 S2 在计算梁固定端正弯矩方向(下部钢筋受拉)抗弯承载力时,不考虑附加 U 形钢筋的贡献,仅考虑预制梁本身下部纵筋作为受拉钢筋产生的截面抗弯承载力。试件 S3 在计算梁固定端正弯矩方向(下部钢筋受拉)抗弯承载力时将附加 U 形钢筋和预制梁下部纵筋均作为受力钢筋。根据"等强度"原则,S2 和 S3 的梁固定端负弯矩方向(下部钢筋受拉)抗弯承载力均与现浇试件 S1 相当,故 S3 的预制梁下部纵筋配筋量比 S2 的预制梁下部纵筋配筋量小。

根据上述计算方法,试件 S2 和 S3 的预制梁设计详图如图 4-3 所示。试件 S2 的预制梁下部纵筋采用 2⌀25,试件 S3 的预制梁下部纵筋采用 2⌀22,试件 S2 和 S3 的其余构造细节均相同。预制梁总长 2.01 m,考虑组装时叠合现浇层为 120 mm,故预制梁截面高度为 330 mm。每个试件中,一个预制梁的两根纵筋位于梁截面下部两个角处,另一个预制梁的两根纵筋位于梁截面下部中间位置处,便于这两个预制梁安装到节点连接区域时,梁截面下部伸出的纵筋能相互错开。预制梁下部纵筋伸出梁端 500 mm,端部两侧贴焊锚筋,用以减小下部纵筋的锚固长度。预制梁在纵筋伸出端留设键槽,键槽长度为 500 mm,键槽侧壁厚度为 50 mm,底壁厚度为 65 mm,用以固定下部纵筋。键槽区域的箍筋采用 135°开口箍,便于预制件拼装时,将附加 U 形箍筋放置在节点连接区,其他部位箍筋采用普通矩形闭口箍筋。在预制梁纵筋伸出端的 1.01 m 范围内箍筋加密采用⌀8@100,其他部位采用⌀8@200。

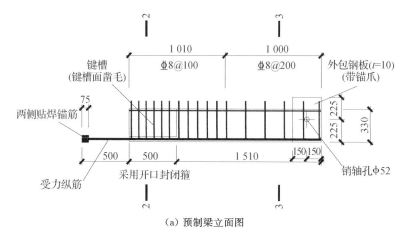

（a）预制梁立面图

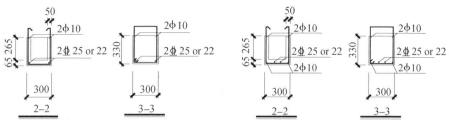

(b) 下部纵筋位于两角位置的预制梁截面图　　(c) 下部纵筋位于中间位置的预制梁截面图

图 4-3　预制试件 S2 和 S3 预制梁设计详图(单位:mm)

预制柱分为两段,上段预制柱长 1.355 m,下段预制柱长 1 m,截面配筋与现浇试件 S1 一样,如图 4-4 所示。上段预制柱下部预埋灌浆套筒,用以连接下段预制柱的受力纵筋。根据灌浆套筒中钢筋的伸入长度、坐浆层厚度和梁截面高度,下段预制柱Φ25 和Φ20 的纵向钢筋伸出预制柱的长度分别为 670 mm 和 630 mm。上段预制柱从柱底向上 755 mm 的范围为箍筋加密区,下段预制柱从柱顶向下 600 mm 的范围进行箍筋加密,采用Φ10@100,其他部位采用Φ10@200 的箍筋。

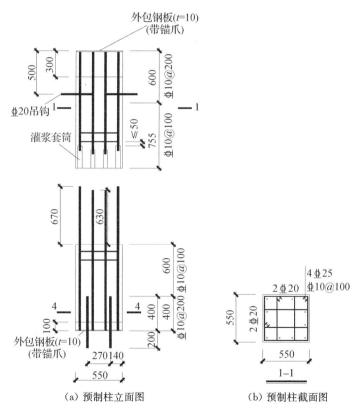

(a) 预制柱立面图　　　　　　(b) 预制柱截面图

图 4-4　预制试件 S2 和 S3 预制柱设计详图(单位:mm)

预制试件 S2 和 S3 的预制梁与下段预制柱通过在叠合层和节点连接区域后浇混凝土来连接,上段预制柱通过灌浆套筒与下部实现连接,组装完成后的详图如图 4-5 所示。预制梁分别放置于预制柱两边,预制梁端部 1 cm 的范围坐落在下段预制柱保护层上,预制

梁下部伸出纵筋分别置于节点核心区内,键槽内放置附加 U 形钢筋 2Φ14,长 1 350 mm,
弯钩部分长 200 mm。节点核心区部分箍筋采用Φ10@100,预制梁上部叠合层部分穿入
5Φ20 的纵向受力钢筋,通长布置,键槽区开口箍筋部分采用两端带 135°的直钢筋完成封
闭。现浇叠合层厚度为 120 mm,上段预制柱与叠合层之间有厚度为 20 mm 的坐浆层。
试件中所有混凝土强度等级采用 C40。

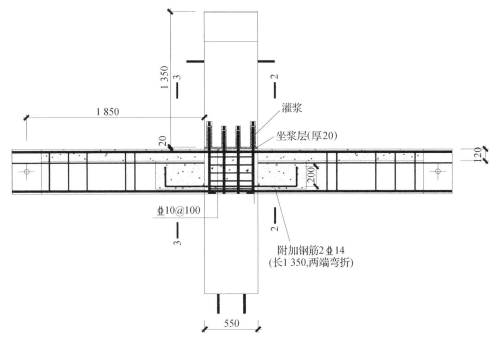

图 4-5　预制试件 S2 和 S3 组装件设计详图(单位:mm)

4.2.3　试件材料性能

　　试件制作时,采用龙信建设集团有限公司预制构件厂自有混凝土搅拌站生产的混凝
土,分三批次浇筑,第一批浇筑现浇试件和预制柱,第二批浇筑预制梁,第三批浇筑叠合层
和节点核心区部位。每次浇筑混凝土时,制作 150 mm×150 mm×150 mm 混凝土试块,
共制作 3 组,每组 3 个试块,其中 2 组试块进行标准养护,1 组试块与试验试件进行同条
件养护。标准养护试件分别在混凝土浇筑 7 天、28 天进行轴压试验,同条件养护的试块
在试验加载开始时对其进行轴压试验。所有混凝土试块的抗压强度试验在龙信建设集团
有限公司预制构件厂检测试验室的压力机上进行。获得混凝土立方体抗压强度实测值
后,根据《混凝土强度检验评定标准》(GB/T 50107—2010)求出混凝土材料立方体抗压强
度统计平均值,作为浇筑混凝土的立方体强度,结果见表 4-1。

表 4-1 试件混凝土材料立方体强度（MPa）

混凝土批次	7天强度	28天强度	试验时强度	备注
第一批	48.4	58.7	55.5	现浇试件和预制柱
第二批	43.1	48.1	51.4	预制梁
第三批	44	53.5	56.1	叠合层和节点核心区

参照《混凝土结构设计规范》（GB 50010—2010）第 4.1.3 条、第 4.1.5 条条文说明，试验时对混凝土轴心抗压强度、轴心抗拉强度和弹性模量进行计算。试验时，第一批和第三批混凝土立方体强度超过 C55，第二批混凝土立方体强度超过 C50，故相应的计算参数分别取 C55 和 C50 混凝土相关的系数，计算结果见表 4-2。

表 4-2 试件混凝土材料性能指标值

混凝土强度批次	轴心抗压强度（MPa）	轴心抗拉强度（MPa）	弹性模量（MPa）	备注
第一批	35.8	2.75	35395	现浇试件和预制柱
第二批	33.3	2.68	34781	预制梁
第三批	36.2	2.77	35479	叠合层和节点核心区

试件采用的所有钢筋按照不同的规格预留试样，测量钢筋材料的屈服强度、极限强度和伸长率。钢筋拉伸试验同样在龙信建设集团有限公司预制构件厂的检测实验室进行，钢筋材料力学性能指标统计平均值见表 4-3。

表 4-3 试件的钢筋材料力学性能指标值

材料规格	直径（mm）	屈服强度（MPa）	极限强度（MPa）	断后伸长率（%）
HRB400	8	448	646	27.4
HRB400	10	433	598	31.6
HRB400	14	431	623	29.8
HRB400	20	448	617	27.5
HRB400	22	450	624	29.1
HRB400	25	429	607	27.2
HTRB600	12	636	773	23.6
HTRB600	14	631	813	22.6

试件 S2 和 S3 采用建茂 CGMJM-Ⅵ灌浆料对预制柱内套筒进行灌浆，灌浆作业时，预留 40 mm×40 mm×160 mm 试块进行标准养护，按照《水泥胶砂强度检验方法（ISO 法）》（GB/T 17671—1999）进行抗折、抗压强度试验。试验在龙信建设集团有限公司预制构件厂抗折强度试验机和抗压强度试验机上进行，试验结果见表 4-4。

表 4-4　灌浆料力学性能指标（MPa）

灌浆料型号	抗折强度	抗压强度
CGMJM-Ⅵ	19.1	108.4

4.2.4　试验加载及加载制度

1）试验加载装置

为了模拟梁柱十字形节点在地震荷载作用下的结构响应特性,试件柱端和梁端均设置铰支座,在恒定竖向荷载作用下,对试件施加水平低周反复荷载,进行拟静力试验,试验装置如图 4-6 所示。

试件坐落于柱底固定铰支座上,固定铰支座由固定底座、转动支座和销轴组成,如图4-7所示。转动支座下部的插板插于固定底

图 4-6　加载装置示意图

座的固定板之间,通过销轴连接为一体,转动支座可以绕着销轴灵活转动。固定底座通过地脚螺栓锚固在试验室地面上,两侧利用2台手动千斤顶把固定底座夹紧,防止在试验过程中发生水平方向滑移。转动支座上留有固定孔,试件柱底的四根精轧螺纹钢筋插入固定孔,再通过精轧螺纹钢筋机械套筒拧紧,使试件与转动支座紧密连接。梁端支撑杆两端设有正反牙螺杆,可以通过自身的转动实现一定长度的缩短和伸长,能够有效适应预制梁在拼装时产生的误差,较好地约束梁端竖向位移。

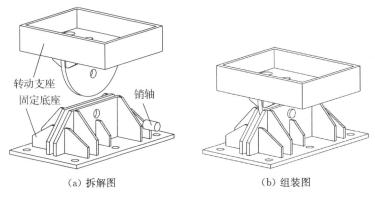

转动支座
固定底座
销轴

（a）拆解图　　　　　　　　（b）组装图

图 4-7　柱底固定铰支座示意图

竖向加载系统采用体外预应力加载方案进行轴向压力的施加,由千斤顶、钢绞线、加载梁及相关锚具组成。在试件柱顶设置两根加载梁,加载梁上部再设置四台 150 t 张拉

千斤顶,在柱前后方分别设置两束预应力钢绞线,每束采用 6 根 1860 级 ϕ12.7 预应力钢绞线。预应力钢绞线束一端分别穿过加载梁和千斤顶,通过张拉锚具固定,另一端穿过柱下转动支座的加载孔,通过固定锚具锚固。竖向荷载通过千斤顶施加,经过柱和预应力钢绞线束传递至柱下转动支座,避免下部固定铰支座的销轴承受过大的压力。

水平加载系统采用 MTS 公司制造的 1 500 kN 电液伺服作动器,作动器固定端通过螺栓和手拉葫芦锚固于试验室反力墙上,加载端通过 4 根 ϕ32 精轧螺纹钢和柱端夹具与试件连接。水平荷载通过伺服作动器按照加载制度进行施加。

为了防止试件在加载过程中出现平面外的移动而发生安全问题,在试件两侧梁中部设置四片三角形钢桁架,如图 4-7(b)。钢桁架通过地脚螺栓固定于试验室地面上,钢桁架与试件之间留有一定的间隙,在保证安全的同时不影响试件的加载。

2)加载制度

对于拟静力加载试验,《建筑抗震试验方法规程》(JGJ/T 101—2015)建议采用荷载-变形双控的加载制度,即试件屈服之前采用荷载控制,屈服之后采用变形控制。然而,屈服位移的确定并无明确规定,存在较大的人为随意性,往往影响试验结果的准确性,故本次试验依据美国混凝土协会(ACI)推荐的做法,采用位移角控制,位移角为作动器加载位移与柱反弯点距离之比。在正式加载之前,进行加载位移为 1 mm 和 2 mm 的预加载,每级加载一次,以检验加载系统是否正常工作。正式加载的位移角为 0.2%、0.25%、0.35%、0.5%、0.75%、1%、1.5%、2%、2.75%、3.5%、4.25% 等,每级循环三次,如图 4-8 所示。

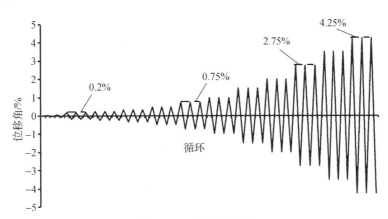

图 4-8 试验加载制度

4.2.5 试件破坏形态

本次试验中所有的试件均按照"强柱弱梁"的原则进行设计,同时由于轴压比较高,故节点核心区域均未出现任何破坏,属于第三类破坏形式。五个试件均为"梁铰机制"破坏,如图 4-9 所示,在梁端形成了塑性铰破坏区域,其他位置处基本保持完好。从结构抗震设计的角度来说,该破坏形态是一种较为理想的破坏模式。预制试件"梁铰机制"破坏形态说明了常规现浇混凝土结构"强柱弱梁"的设计原则对普通钢筋锚入式锚固与附加钢筋搭接混合连接能够适用。换言之,按照常规现浇混凝土结构进行设计,普通钢筋锚入式混合连接可以形成较为理想的破坏模式,这对其能够迅速被接纳和采用起到积极的作用。

所有试件梁端下部的混凝土破坏相对于上部混凝土更加严重,这是由于梁端上部配筋比下部配筋更多造成的。五个试件梁端下部混凝土大量掉落,使得下部钢筋在试验过程中受压时均有弯曲的现象出现,而此时柱端加载的荷载均开始出现明显下降,说明从受力原理上来说,预制试件同现浇构件相差不大,受压时混凝土起主要承载作用,键槽底部虽为大直径钢筋,但不能大幅提高梁下部区域受压时的承载能力,进一步说明了普通钢筋锚入式锚固与附加钢筋搭接混合连接等同现浇的合理性。

(a) S1

(b) S2

(c) S3

图 4-9　试件最终破坏形态

从现浇试件 S1 的破坏形态来看,现浇试件梁端最终破坏时,其破坏区域呈现"哑铃"形。梁端上、下部位混凝土压碎较多,在梁截面高度中部区域距离梁柱结合面约为 10 cm 的位置处,形成了一条明显的主要宽裂缝。新型锚固与附加钢筋搭接混合连接试件 S2 和 S3 的破坏形态与试件 S1 存在差异,其破坏区域呈现出"三角"形。试件 S2 和 S3 的梁端上部破坏区域相对于下部破坏区域较小,梁端截面高度中部区域混凝土破坏由下向上斜向过度,使得试件 S2 和 S3 梁端混凝土的破坏区域形似三角形。相对于现浇试件 S1,预制试件 S2 和 S3 梁端截面高度中部混凝土破坏区域更大,而试件 S2 和 S3 的附加 U 形钢筋位置相对于底部纵筋来说更接近梁截面高度中间,说明附加 U 形钢筋的存在起到了骨架作用,使得梁截面高度中部区域的混凝土在低周反复荷载作用下更好地发挥了破坏耗能的作用。试件 S2 梁端上部混凝土均出现了较为严重的剥落,说明预制梁端下部相对较高的钢筋屈服合力使得梁端上部区域承受了更大的压力。

4.2.6　滞回曲线

本次试验中各构件的滞回曲线采用弯矩-位移角曲线的形式表达,如图 4-10 所示。弯矩为作动器测得的荷载值与上下柱端铰距离的乘积,位移角为作动器测得的加载端位移与上下柱端铰距离之商。

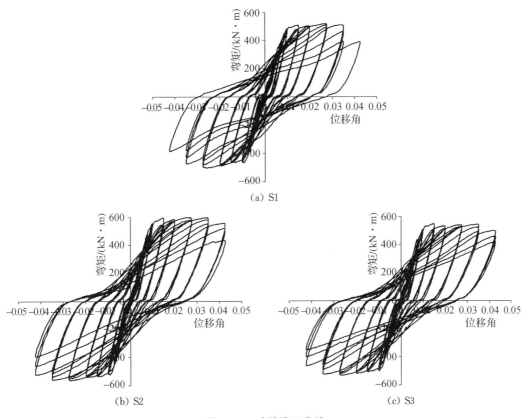

(a) S1

(b) S2

(c) S3

图 4-10　试件滞回曲线

由试件的滞回曲线可知,在加载初期,现浇对比试件 S1 表现出较好的线弹性性质,滞回环接近于直线,耗能极小。随着加载位移的增大,裂缝逐渐展开,残余变形变大,逐步出现梭形滞回环的迹象。加载到 1.5% 位移角时,曲线出现明显的屈服平台段,说明试件加载已经屈服,并且曲线开始出现少许捏缩现象,呈现出弓形滞回环,主要是由于梁端下部裂缝开展并且伴随着少许混凝土压碎掉落。从加载开始到加载至 2% 位移角这一级,可以看到各级三次循环的曲线重合度很高,说明构件的恢复能力很强,反复荷载对构件性能的影响很小。加载至 2.75% 位移角这一级时由于混凝土块的剥落,构件恢复性能明显下降。到 4.25% 这一级时,曲线的捏缩效应更加明显,呈现出一定的反 S 形,下部纵筋出现明显的压曲和滑移现象,并且循环只加载了一次,荷载便下降到峰值荷载的 80%,达到破坏。总体来说,试件 S1 作为现浇节点,其滞回曲线非常饱满,耗能较好。

试件 S2 和试件 S3 为新型锚固与附加钢筋搭接混合连接,构造形式上的主要区别在于试件 S2 纵筋直径为 25 mm,而试件 S3 纵筋直径为 22 mm。从滞回曲线来看,其形状较为接近,但是试件 S2 的屈服荷载和极限荷载都明显高于试件 S3。两个试件的曲线与试件 S1 的曲线大致相似,在位移角为 1.5% 的这一级出现屈服平台,并且曲线开始出现捏缩效应,呈现弓形。但是直到 3.5% 位移角这一级,恢复性能才开始出现明显下降,说明试件 S2 和试件 S3 的恢复性能都优于试件 S1。在 4.25% 位移角这一级,两个试件都循环加载了三次,荷载才出现明显的下降,说明对于大位移加载的承受能力来说,试件 S2 和试件 S3 都强于试件 S1。试件 S2 和试件 S3 在 4.25% 位移角这一级的滞回环仍然是捏缩的弓形,没有出现明显的反 S 形或者 Z 形,相较于现浇试件 S1 来说,曲线更加饱满,说明试件 S2 和试件 S3 加载的滞回耗能更好。

4.2.7 强度及强度退化

1)试件强度对比

本试验采用等面积法确定试件的屈服点,即等效的二折线与原曲线围络的面积相等,原曲线上与等效二折线的转折点相对应的点被认为是试件屈服点,从而确定试件的屈服位移和屈服强度。

三个试件的屈服强度、峰值强度等相关数据见表 4-5。从试验结果来看,预制试件 S2、S3 的正、反方向屈服强度平均值比现浇试件 S1 分别提高了 13.0%、6.3%;预制试件 S2、S3 的正、反方向峰值强度平均值比现浇试件 S1 分别提高了 1.3%、5.3%。预制试件的屈服强度和峰值强度相对于试件 S1 均有一定程度的提高,说明从构件强度上来说,预制构件均不弱于现浇构件。从强屈比来看,预制构件也与现浇构件相差无几,具有相对较高的强度安全储备。预制试件 S2 的强度相对于现浇试件提高较多,预制试件 S3 的强度并不低于现浇试件,说明从强度上来说,附加 U 形钢筋在设计时可以计算在内,从而节省材料,使得设计更加合理。

表 4-5 试件强度

试件	方向	屈服强度(kN·m)	峰值强度(kN·m)	强屈比	强屈比平均值
S1	正向	483.00	518.78	1.07	1.08
	反向	−460.72	−500.63	1.09	
S2	正向	550.80	593.46	1.08	1.08
	反向	−515.74	−560.19	1.09	
S3	正向	506.83	545.72	1.08	1.07
	反向	−496.25	−527.74	1.06	

预制试件是依据《混凝土结构设计规范》(GB 50010—2010)的规定,采用"等弯矩"的原则进行设计的,即预制试件设计的抗弯强度与现浇试件基本相当。从试验结果来看,在4.2.2节中采用的初步设计方法基本达到了设计目的,基本可行。然而实际预制试件的强度同现浇试件的强度之间的大小关系和幅度与设计情况相比有一定的差距,故简化的设计方法虽然可行,但还不够精确,需要进一步改进。

2) 强度退化

由于损伤的累积,在同一级多次循环加载时,每次循环加载的峰值强度相对于上一次都会略有下降,如图 4-11 所示。通常采用强度退化系数来描述这种现象,可以直观反映试件在多次加载循环下保持承载力水平的性能,其值较高表示试件承载力不会过快、过早下降,在反复荷载作用下能够保持一定的承载力,不会突然倒塌。

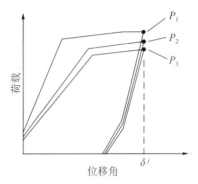

图 4-11　强度退化

《建筑抗震试验规程》(JGJ/T 101—2015)第 4.5.5 条规定采用各次循环所得荷载与同级加载前一次循环所得荷载之比作为降低系数,其计算方法见式(4-5)。

$$\alpha_i = P_i^j / P_{i-1}^j \qquad\qquad (4\text{-}5)$$

式中:α_i——第 j 级加载时,第 i 次循环的强度退化系数;

　　P_i^j——第 j 级加载时,第 i 次循环的荷载峰值;

　　P_{i-1}^j——第 j 级加载时,第 $i-1$ 次循环的荷载峰值。

采用式(4-5)进行计算时,除了每一级第二次循环的降低系数外,其他循环的降低系数均是在已降低荷载的基础上计算得来的,反映了荷载的相对降低情况,不能反映每级循环荷载总体降低情况。故此处采用国际上更加通行的定义来确定降低系数,即各次循环所得荷载与同级加载第一次循环所得荷载之比,计算方法见式(4-6),各试件在每级位移角加载下第二次循环和第三次循环的强度退化系数分别见表 4-7 和表 4-8。

$$\alpha_i = P_i^j / P_1^j \qquad\qquad (4\text{-}6)$$

式中:P_1^j——第 j 级加载时,第一次循环的荷载峰值。

表 4-7　试件第二次循环强度退化系数

位移角(%)	S1		S2		S3	
	正向	反向	正向	反向	正向	反向
0.20	0.965	0.967	0.960	0.961	0.948	0.975
0.25	0.991	0.965	0.969	0.944	0.986	0.949
0.35	0.984	0.954	0.978	0.966	0.964	0.968
0.50	0.974	0.968	0.978	0.962	0.973	0.966
0.75	1.001	0.982	0.975	0.974	0.968	0.970
1.00	0.983	0.988	0.968	0.986	0.986	0.982
1.50	0.946	0.994	0.917	0.979	0.931	0.979
2.00	0.993	0.994	0.980	0.985	0.968	0.989
2.75	0.979	0.959	0.970	0.979	0.978	0.979
3.50	0.916	0.908	0.975	0.960	0.964	0.934
4.25	—	—	0.937	0.880	0.919	0.861

表 4-8　试件第三次循环强度退化系数

位移角(%)	S1		S2		S3	
	正向	反向	正向	反向	正向	反向
0.20	0.958	0.960	0.950	0.954	0.954	0.968
0.25	0.977	0.965	0.960	0.947	0.973	0.941
0.35	0.964	0.947	0.965	0.956	0.950	0.959
0.50	0.960	0.956	0.968	0.956	0.961	0.960
0.75	0.992	0.977	0.965	0.966	0.960	0.964
1.00	0.978	0.984	0.962	0.981	0.977	0.977
1.50	0.945	0.991	0.916	0.965	0.922	0.973
2.00	0.974	0.984	0.974	0.977	0.956	0.973
2.75	0.950	0.898	0.958	0.960	0.967	0.962
3.50	0.772	0.800	0.928	0.912	0.908	0.870
4.25	—	—	0.779	0.756	0.844	0.754

由表中数据可知,试件在加载过程中的强度退化系数均相对较高,说明试件承载力降低缓慢;在大变形条件下可稳定保持承载力,说明各试件在弹塑性阶段仍然具有良好的整体稳固性。试件第三次循环强度退化系数与第二次循环强度退化系数相差不大,说明第三次循环的强度基本能够维持第二次循环的强度水平。根据美国混凝土协会(ACI)关于强度退

化系数的相关规定[1],试件在 3.5% 位移角的第三循环强度退化系数不应小于 0.75。由表 4-8 可知,所有试件正、反方向的第三循环强度退化系数均高于 0.75,满足该要求,说明从应用的角度看,普通钢筋锚入式混合连接在强度退化方面表现良好,能够被接纳采用。

将同一循环正、反方向的强度退化系数的平均值作为试件在循环中的总强度退化系数。由于试件 S1 是现浇对比试件,为便于观察和比较,将现浇对比试件 S1 的强度退化系数同普通钢筋锚入式锚固与附加钢筋搭接混合连接试件绘制于不同的图上,如图 4-12 所示。

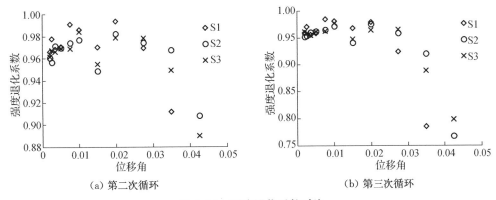

(a) 第二次循环　　　　　　　　　(b) 第三次循环

图 4-12　强度退化系数对比

由图 4-12 可知,所有试件的强度退化系数在 3% 位移角之前相对较小,变化比较平缓,位移角大于 3.5% 以后,试件强度退化情况大幅加大,强度退化系数下降较快。现浇试件 S1 在 2% 位移角之前,强度退化系数相对于预制试件均较高,说明预制试件在中小变形的情况下,强度退化比现浇试件更加明显一点。然而,进入大变形以后(位移角大于2%),现浇试件强度退化系数相对于预制试件下降更大,并很快发生彻底破坏。换言之,预制试件在大变形情况下,其强度退化较小,更能维持构件的强度,不易完全破坏和倒塌,安全性甚至比现浇试件更高。混合连接试件梁下部纵筋和附加钢筋截面积之和略大于现浇钢筋,这是造成上述现象的原因。

4.2.8　变形能力

结构或构件的延性通常采用延性系数来描述,延性系数主要包括曲率延性系数、转角延性系数和位移角延性系数,三者从截面、构件或结构等不同层次来反映延性特性。本试验中以位移角作为依据进行加载控制,故采用位移角延性系数进行试件延性特性的分析。

参照常规延性系数的定义,此处位移角延性系数 μ 的计算公式见式(4-7)。

$$\mu = \delta_u / \delta_y \tag{4-7}$$

式中:δ_u——试件的极限位移角;

$\quad\delta_y$——试件的屈服位移角;

极限位移角 δ_u 采用荷载下降至峰值荷载 80% 所对应的位移角,屈服位移角仍采用等面积法确定,详见 4.2.7 节,试件的延性系数见表 4-9。

表 4-9　试件延性系数及性能水平

模型	方向	屈服位移角(%)	极限位移角(%)	延性系数	平均延性系数	性能水平
S1	正向	1.00	4.07	4.08	3.82	CP
	反向	−1.12	−4.00	3.57		CP
S2	正向	0.99	4.25	4.29	3.97	CP
	反向	−1.16	−4.25	3.65		CP
S3	正向	0.99	4.25	4.29	4.07	CP
	反向	−1.11	−4.25	3.85		CP

从表中数据可知,所有试件的延性系数基本接近于 4,说明三个试件在低周反复荷载作用下均属于延性破坏,预制试件的位移角延性系数均高于现浇试件,在反复荷载作用下表现出更好的延性性能。

极限位移角是结构或者构件在地震荷载作用下保持一定的强度不破坏而能达到的最大变形值,在一般民用结构特别是建筑结构中是一个重要的结构指标。《高层建筑混凝土结构技术规程》(JGJ 3—2010)指出,在正常使用条件下,高层建筑结构除了要保证有足够的承载力(强度)外,还应具有足够的刚度,避免产生过大的位移而影响结构的承载力、稳定性和使用要求。在结构设计阶段,结构极限位移是最重要的控制指标之一。《建筑抗震设计规范》(GB 50011—2010)规定,钢筋混凝土框架的弹塑性层间位移角限值为 1/50 (2.0%),钢筋混凝土框架-抗震墙结构的弹塑性层间位移角限值为 1/100(1.0%)。由表 4-9 中的试件极限位移角可知,普通钢筋锚入式混合连接能适应我国规范中关于结构层间位移角限值的规定,具有较强的实用性。

美国混凝土协会(ACI)对于试验加载的抗弯框架结构单元采用 3.5% 位移角作为相对保守的限值[1],即试验加载的弯框架结构单元需要达到 3.5% 位移角而不破坏。美国土木工程师协会(ASCE)规定[2],钢筋混凝土框架结构需要能够承受 2% 的位移角来达到生命安全的性能水平(LS),承受 4% 的位移角来达到抵抗倒塌的性能水平(CP)。由表 4-9 可知,预制试件的极限位移角均超过了 3.5%,并达到了抵抗倒塌的性能水平,说明普通钢筋锚入式混合连接性能达到了比较理想的水平。

4.2.9　钢筋应变分析

在试件低周反复加载过程中,钢筋的应变可以反映试件内部应力的变化情况,有利于更加明确试件的关键部位,便于改进试件的构造措施。由于试件应变片粘贴的数量较多,且加载后期钢筋应变片数据发生漂移和溢出,出现数据失真,因此仅给出关键部位的代表性应变片测量值,应变结果仅做参考。

从破坏形态来看,各试件主要破坏区位于梁端,故主要将梁端部钢筋应变绘于图 4-13 至图 4-15 中。其中,箍筋应变为梁端距梁柱交接面 0 mm、100 mm、450 mm 和 600 mm 处箍筋的应变,编号分别为 G0、G100、G450 和 G600;纵筋应变为梁端距梁柱交接面

0 mm、450 mm 和 600 mm 处纵筋的应变,编号分别为 Z0、Z450 和 Z600;附加筋应变为附
加 U 形筋端部弯折处、中部和梁柱交接面处的应变,编号分别为 FW、FZ 和 F0;附加小型
箍筋应变为梁端距梁柱交接面 0 mm、160 mm 和 320 mm 处小型箍筋的应变,编号分别为
XG0、XG160 和 XG320。

从各试件应变变化过程的结果来看,现浇试件 S1 梁端部的箍筋最大应变小于预制试
件,说明现浇试件柱对于梁端的约束作用强于部分后浇的预制试件相对应的约束作用,因
而预制试件相对于现浇试件的梁端更加容易破坏,其他部位箍筋变化较为相似。各试件
纵筋应变变化相差不大,梁端部靠近梁柱交接面处和距离该处 450 mm 位置的纵筋均在
加载过程中进入屈服,而距离该位置处 600 mm 位置的纵筋未屈服。

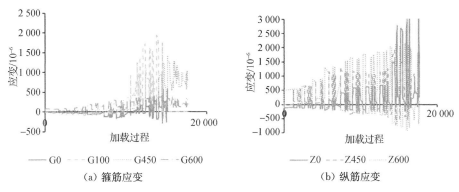

图 4-13　现浇试件 S1 钢筋应变

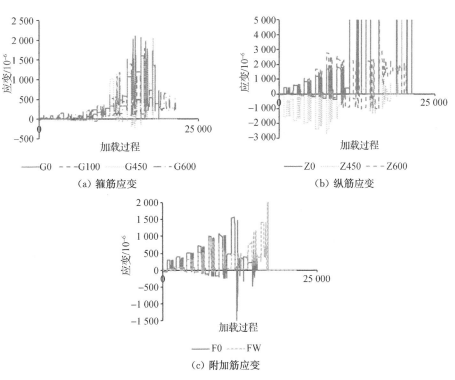

图 4-14　预制试件 S2 钢筋应变

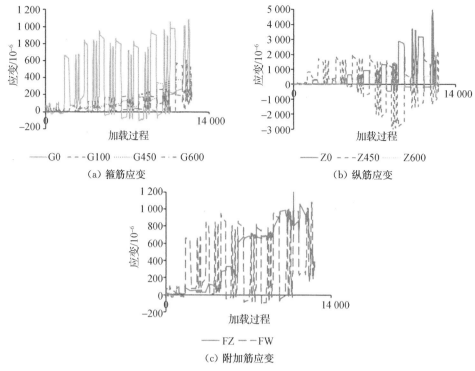

(a) 箍筋应变   (b) 纵筋应变

(c) 附加筋应变

图 4-15   预制试件 S3 钢筋应变

4.3   钢绞线锚入式混合连接试验研究

4.3.1   构造特点

钢绞线锚入式混合连接如图 4-16 所示,柱可单节预制,通过灌浆套筒连接,亦可多节预制形成连续柱,但节点区需要留出空间。预制叠合梁为先张法预应力梁,可进一步减小梁高,提高刚度和承载力。预制梁的两端留有 U 形键槽,一般而言,长度可设置为 400 mm。为了进一步提高连接区在反复荷载作用下的变形能力,键槽部分箍筋在按抗震设计要求加密的基础上进一步加密,一般采用间距 50 mm。钢绞线均匀布置在梁底,在跨中区域为有预应力段,在键槽内部分和伸出预制梁部分为无预应力段,伸出部分用于锚固在节点核心区,根据需求,可进一步伸入对面梁的键槽内进行锚固。为进一步提高钢绞线的锚固性能,利用压花机在钢绞线端部形成压花锚。压花锚是利用液压压花机将钢绞线端头压成梨形散花头的一种粘结式锚具,与其他锚具相比,具有施工简便、操作快速、节省钢材、造价低廉等突出优点,应用于预制混凝土结构中具有较大的优势。预制叠合梁钢筋笼下部纵向钢筋采用两根 16 mm 带肋钢筋,提高预制梁下部的抗裂能力,特别是钢绞线无预应力区段。在键槽端面新老混凝土接合位置处,增设一段无粘结段,削弱此处的抗裂能力,配合安装时在键槽内放置的附加钢筋无法增强该位置处强度的措施,使得该位置处相对其他位置而言强度相对较低,拟实现塑性铰的外移。

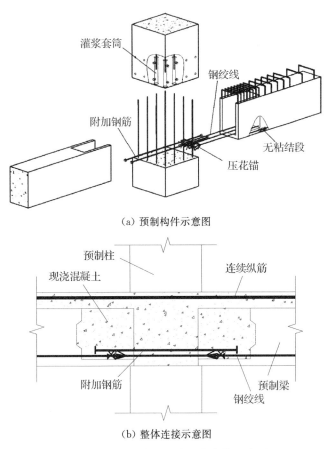

(a) 预制构件示意图

(b) 整体连接示意图

图 4-16　钢绞线锚入式混合连接示意图

在现场拼装时,首先安装预制柱,然后吊装预制梁,梁端无预应力钢绞线较为柔软,在人力的作用下,可轻松避开柱钢筋以及其他梁的纵筋,解决普通预制梁吊装钢筋相碰的问题,显著提高现场安装效率。在梁端键槽中增设附加钢筋,再绑扎预制梁上部纵向钢筋,最后现浇混凝土形成整体连接。

4.3.2　试件设计

本次试验对钢绞线锚入式混合连接节点的抗震性能主要进行探索性试验,暂时排除其他因素(如楼板、直浇梁、沿结构两个主轴方向同时受地震作用等)的影响,采用平面框架十字形中节点的形式,即从框架中取出包括节点核心区及一半跨度范围内的梁和上下各半层高范围内的柱段的组件进行研究。

试件的设计贯彻了"强柱弱梁""强剪弱弯""强节点弱构件"的抗震设计思想,依据《混凝土结构设计规范》(GB 50010—2010)和《建筑抗震设计规范》(GB 50011—2010),同时本着贴近实际、忠于实际的原则,参照某工程实际设计图纸,选用具有代表性的现浇节点,以此为根据进行钢绞线锚入式混合连接节点的设计。本次试验节点外形和截面尺寸均相同:柱截面为 550 mm×550 mm,总柱长 1 950 mm,梁截面为 550 mm×300 mm,梁长

2 000 mm。梁、柱构件采用 C40 混凝土,梁、柱纵向钢筋均采用 HRB335 级普通钢筋,箍筋采用 HRB235 级钢筋,预制梁钢绞线采用 1860 级 12.7 mm 的七股钢绞线。

本次试验共设计了 5 个节点试件,一个为现浇试件,一个为钢绞线锚入式混合连接节点试件;在钢绞线锚入式混合连接节点构造的基础上,相应减少某一构造措施,设计其余三个预制节点,用以对比检验钢绞线锚入式混合连接节点构造措施的有效性。具体类型见表 4-10。

表 4-10 试件的类型

构件编号	构件类型	详细说明
XJ1	现浇试件	普通钢筋混凝土对比试件
YZ2	预制试件	钢绞线锚入式混合连接节点试件
YZ3	预制试件	下部构造钢筋缺少无粘结段
YZ4	预制试件	缺少附加直钢筋
YZ5	预制试件	下部构造钢筋缺少无粘结段,同时缺少附加直钢筋

现浇构件采用整体绑扎钢筋、立模、一次浇筑成形的方式进行制作,具体配筋如图 4-17 所示。

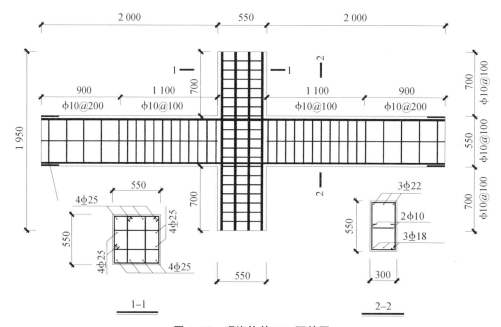

图 4-17 现浇构件 XJ1 配筋图

钢绞线锚入式混合连接节点预制梁在键槽侧内表面进行凿毛处理,提高新老混凝土之间的粘结强度,同时在键槽端面处留设剪力键,提高此处截面的抗剪强度。在钢绞线有预应力段的两端埋设螺旋箍筋,提高局部混凝土强度,保证预应力传递长度段不产生劈裂裂缝。为保证无预应力段钢绞线在试验中不产生锚固破坏,同时使得压花锚的位置避开梁柱结合面,带压花锚钢绞线锚固长度取为 780 mm。考虑到多数工程实际情况,梁的叠合现浇部分厚度取为一般楼板厚度,即 120 mm。具体构造及配筋见图 4-18。

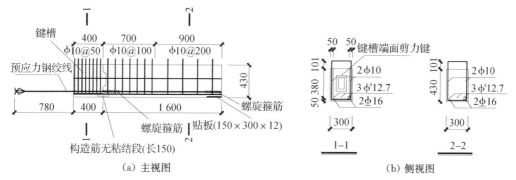

（a）主视图　　　　　　　　　　（b）侧视图

图 4-18　钢绞线锚入式混合连接节点预制梁配筋图

钢绞线锚入式混合连接节点上下预制柱采用灌浆套筒连接,梁的叠合部分与节点区同一批次浇筑混凝土,构造及配筋见图 4-19。为了避免梁端和柱端的应力集中引起局部破坏,在梁端和柱端都埋进了钢板,钢板上加焊钢筋来提高钢板与混凝土的咬合强度。钢板作为钢筋笼的一部分,在浇筑混凝土后,可以与混凝土很好地粘结在一起。

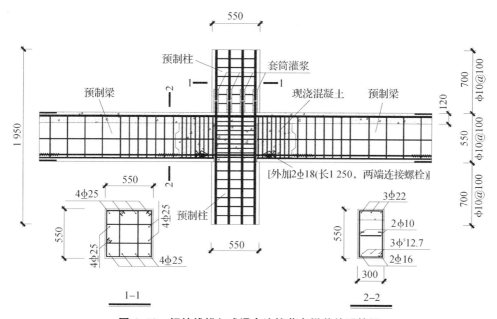

图 4-19　钢绞线锚入式混合连接节点拼装件配筋图

4.3.3　试件材料性能

试件制作材料根据设计结果选用,每批混凝土均预留 3 个混凝土立方体试块,同等条件养护,每个不同直径不同等级的钢筋根据试验规范的要求取样 3 根进行材料性能试验,从而获得真实的材料强度,以便于后续分析。

混凝土立方体强度在东南大学结构试验室的压力试验机上进行测定,实际力学性能如表 4-11 所示。

表 4-11 混凝土的力学性能

混凝土批次	设计强度	f_{cu}^0(MPa)	E_c(MPa)
第一批	C40	51.5	34 781.4
第二批	C40	42.7	33 193.4

普通钢筋及预应力钢绞线的材料特性在东南大学工程力学试验室测定,力学性能如表 4-12 所示。

表 4-12 普通钢筋及预应力钢绞线的力学性能

钢筋等级	直径 (mm)	屈服强度 (MPa)	极限强度 (MPa)	弹性模量 ($\times 10^5$,MPa)	断后伸长率 (%)
HRB335	16	372	535	2.00	29.40
HRB335	18	368	528	2.00	28.89
HRB335	22	359	539	2.00	28.24
HRB335	25	350	547	2.00	26.40
HRB235	10	317	458	2.10	22.50
钢绞线	12.7	1 620	1927	1.95	4.57

4.3.4 加载装置和加载制度

1) 加载装置

本试验在东南大学混凝土及预应力混凝土结构教育部重点实验室进行,采用的是钢桁架反力架,整个反力架通过螺栓与地槽连接形成反力装置,柱上、下两端设置为铰接,梁端自由以模拟边界条件。带斜撑的钢桁架反力架为施加柱的轴向压力提供支撑点,同时两个工字钢横梁有效地限制了柱的侧移和转动。

柱顶放置一台 320 t 油压千斤顶,在整个试验加载过程中控制柱的轴压比为 0.17,并保持不变。在试件的左、右两边梁端上下共设置了四个 60 t 单向千斤顶,两两交叉成对地通过分油阀连接到油泵上,加载时形成了反对称位置千斤顶同时施力的情形,满足了低周反复加载的要求。由于在试验的后期以位移控制对试件施加反复荷载,而千斤顶的活塞行程有限,故试验后期在千斤顶与梁端加载点之间叠加了适当厚度的铁块。

在加载点处设置已标定好的 50 t 压力传感器,加载时以油泵上的精密压力表和传感器标定的数值来共同控制荷载的大小。

试验装置见图 4-20。

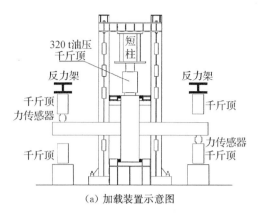 

（a）加载装置示意图　　　　　　　　　（b）加载装置实际图片

图 4-20　试验加载装置

2）加载制度

试验采用伪静力试验方法来模拟地震荷载作用。试验开始时,先加柱顶轴向力 N,当轴向力加至设定值后,再在梁端逐级施加竖向反复荷载。梁端加载采用力和位移混合控制。屈服前以力控制加载,每一级荷载循环一次,屈服后以屈服位移控制加载,每一级位移循环三次。

在力控制加载阶段,首先对梁端进行 20 kN 的试加载,加载过程中,进一步夹紧柱顶及柱脚位移限制装置,消除设备之间空隙的影响。然后根据理论计算结果,分别以向上和向下的开裂荷载作为控制,进行两次单循环加载,观察试件初开裂的现象。再分别以计算屈服荷载的 50% 和 75% 作为控制,各进行一次单循环加载,最后一次循环加载至构件屈服,即实测荷载-位移曲线出现明显拐点。由于梁为非对称配筋,且预制节点向上加载时,钢绞线受力,荷载-位移曲线不出现明显拐点,故所有构件屈服位移控制以向下加载即普通纵筋受拉时的屈服荷载为准。

梁端第一次达到屈服时定义为位移延性系数 $\mu=1$,进入位移控制阶段后,取梁端屈服时位移的倍数来逐级加载,即 $\mu=1,2,3,\cdots$ 每级位移值下反复循环 3 次,直至试件承载力下降至极限承载力的 85% 以下或试件变形太大不适于继续加载为止。

试验加载制度见图 4-21。

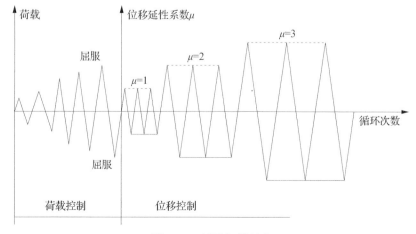

图 4-21　试验加载制度

4.3.5 主要试验现象

1) XJ1 现浇节点试验现象

首先进行的是现浇节点的试验,经过第一级荷载 20 kN 和第二级 30 kN 循环后,节点仍处于弹性阶段,未发现任何裂缝,残余变形很小。在第三级荷载 40 kN 加载过程中,当一端向上荷载加载至 35 kN 时,在距梁柱结合面大约 5 cm 处,下部首先出现裂缝,宽度为 0.04 mm。进行 60 kN 荷载循环时,在梁根部发现了肉眼能识别的竖向裂缝。当荷载达到 90 kN 循环时,在距梁柱结合面 5 cm 处,上下裂缝相贯通。随着加载的进行,裂缝宽度、长度以及数量都有所发展,裂缝分布逐渐向加载端方向扩展,裂缝开展方向逐步倾斜。2Δ 第一次循环时,梁根部下端出现横向受压裂缝。3Δ 第一次循环后,梁根部下端混凝土少许剥落,在节点核心区下边缘出现水平向裂缝,同时核心区出现大致呈 45°方向的交叉裂缝。4Δ 循环加载过程中,梁根部下端混凝土大块脱落,混凝土损坏掉落严重,露出了下部纵向钢筋,荷载下降,在由向下加载变为向上加载的过程中,梁端下部混凝土压力逐渐放松,混凝土呈现粉末状向下掉落。5Δ 第一次循环,当荷载向下加载使得梁下部纵筋受压时,可以观察到下部钢筋弯曲。5Δ 第二次循环时,下部钢筋被拉断,加载终止。XJ1 现浇节点最终破坏形态见图 4-22。

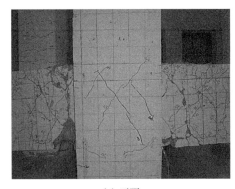 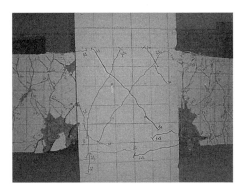

(a) 正面　　　　　　　　　　　　　　　(b) 背面

图 4-22　XJ1 现浇节点最终破坏形态

2) YZ2 预制节点试验现象

YZ2 节点在经过第一级荷载 20 kN 循环后,节点发生弹性变形,卸载后残余变形很小,未发现裂缝。在第二级荷载 30 kN 的加载过程中,当加载至 24 kN 时,在距离梁柱结合面约 40 cm 处(键槽端部附近),梁下部出现了自下而上的裂缝,第二级荷载循环结束后,无其他裂缝出现。第三级荷载 40 kN 加载过程中,加载至 32 kN 时,仍在距梁柱结合面约 40 cm 处,出现自上而下的裂缝;加载至 36 kN 时,在距梁柱结合面约 3 cm 处出现自上而下的裂缝;荷载加载到 40 kN 时,在梁根部发现肉眼可见的竖向裂缝(由于节点制作原因,梁根部与柱结合处较粗糙,影响裂缝的观察和辨认);40 kN 循环结束后,距梁柱结合面 40 cm 处上下裂缝接近贯通。与现浇节点加载现象类似,随着加载的进行,梁端裂缝数量、宽度及长度显著增加,裂缝分布向加载端扩展,但距离梁柱结合面大于 40 cm 的位置由于预应力的存在,梁下部裂缝比上部裂缝出现得晚。进入位移控制加载以后,进行 1Δ 循环时,节点核心区下边缘出现横向裂缝。加载到 2Δ 第一次循环时,节点核心区出现交叉裂缝,柱下端出现横向裂缝。进入 3Δ 循环后,节点核心区交叉裂缝延长并且增多,同时节点核心区上边缘出现横向裂缝,梁根部下端混凝土出现横向受压裂缝,并且少许剥落。4Δ 第一次循环结束后,梁根部下端混凝土大块剥落,剥落区域长度近 35 cm;4Δ 第二次循环后时,梁根部下端键槽侧壁有少许脱落,露出下部钢绞线及构造钢筋,加载过程中可发现钢绞线受压时有蓬松散开的现象。加载 5Δ 第二次循环时,突然产生"砰"的响声,疑似有受力筋断裂,加载即告终止。YZ2 节点最终破坏形态见图 4-23。

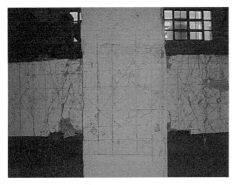 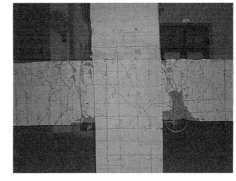

（a）正面　　　　　　　　　　　　　　　　　　（b）背面

图 4-23　YZ2 节点最终破坏形态

试验完成后,凿开梁根部下端混凝土及键槽侧壁混凝土观察发现,钢绞线蓬松散开部位为另一侧梁钢绞线压花锚的锚固位置,如图 4-24。

（a）梁上裂缝开展分布情况　　　　　　　　　　　（b）钢绞线蓬松散开情况

图 4-24　YZ2 节点破坏形态局部图

3）YZ3 预制节点试验现象

YZ3 加载现象与 YZ2 类似。在距离梁柱结合面约 40 cm 处,梁下部出现自下而上的细小裂缝时的荷载为 26 kN。当进行 90 kN 循环时,节点核心区下边缘已出现横向裂缝。进行 1Δ 第一次循环时,节点核心区对角线下方约 15 cm 处出现斜向裂缝,随着加载的进行,核心区斜向裂缝有少许延长并且增多,但均未出现在核心区对角线上方。进行 3Δ 第一次循环时,节点核心区上边缘以及柱下端出现横向裂缝。与 YZ2 节点一样,4Δ 第一次循环结束后,梁根部下端混凝土大块剥落,剥落区域长度约 30 cm,但未露出钢绞线。进行 4Δ 第三次循环时,荷载自下而上加载的那侧突然出现"砰"的响声。为了了解响声后的节点性能,进行 5Δ 的一次循环试加载,发现向上的荷载值明显降低,加载即告终止。YZ3 节点最终破坏形态见图 4-25。

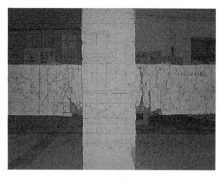

| (a) 正面 | (b) 背面 |

图 4-25　YZ3 节点最终破坏形态

4) YZ4 预制节点试验现象

YZ4 节点加载荷载达到 23 kN 时,在距离梁柱结合面约 40 cm 处,梁下部即出现自下而上的裂缝;30 kN 循环结束时,此裂缝开展长度已达到约 25 cm,无其他裂缝开展。此后荷载控制加载过程中,裂缝开展与 YZ3 节点的试验现象大致相同,裂缝随着荷载的增加逐渐变多、变宽。进入位移控制加载后,进行 2Δ 第一次循环时,梁根部下端混凝土出现横向受压裂缝。3Δ 第一次循环时,节点核心区出现斜向约 45°方向的交叉裂缝,加载梁根部下端混凝土出现少量混凝土剥落的现象。进行 3Δ 第二次循环时,梁下表面大块混凝土剥落,剥落区域约占键槽长度的 80%。4Δ 第一次循环时,梁下端键槽侧壁开始脱落,露出内部钢绞线,在后续加载的过程中,可以观察到钢绞线在受压时蓬松散开,受拉时恢复原状。加载至 4Δ 第三次循环时,荷载已显著降低,停止加载,最终破坏形态如图 4-26 所示。

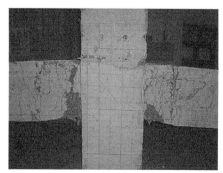

| (a) 正面 | (b) 背面 |

图 4-26　YZ4 节点最终破坏形态

试验完成后,同样凿开梁根部下端混凝土及键槽侧壁混凝土观察梁端内部破坏情形,同 YZ2 节点的破坏情形一样,钢绞线蓬松散开部位为另一侧梁钢绞线压花锚的锚固位置,如图 4-27 所示。

（a）3Δ 时梁下部键槽底壁大块脱落 　　　　　（b）钢绞线蓬松散开

图 4-27　YZ4 节点破坏形态局部图

5）YZ5 预制节点试验现象

YZ5 节点试验现象与 YZ4 节点无显著差别,距离梁柱结合面约 40 cm 处自下而上的开裂荷载为 25 kN,30 kN 循环结束后,裂缝长度近 10 cm。同样在 4Δ 循环时,梁下端键槽侧壁脱落,能够观察到钢绞线受压时蓬松散开,受拉时恢复原状的现象,同时能够看到钢绞线散开处有一根钢丝断裂。4Δ 循环结束后,仍然进行了 5Δ 的试加载,向下加载的荷载下降值不明显,但向上加载的荷载值下降非常明显,加载终止。

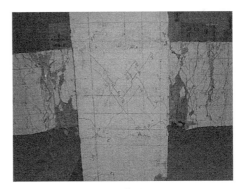

（a）正面 　　　　　　　　　　　（b）背面

图 4-28　YZ5 节点最终破坏形态

4.3.6　滞回曲线

本试验五个节点试件的梁端荷载-位移滞回曲线如图 4-29 所示,其中取荷载由下向上加载为正,由上向下加载为负,即下部纵向钢筋受拉力时为正,上部纵向钢筋受拉力时为负。

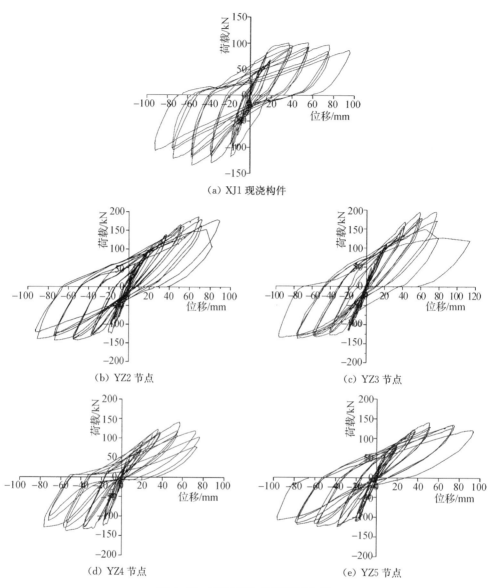

(a) XJ1 现浇构件

(b) YZ2 节点

(c) YZ3 节点

(d) YZ4 节点

(e) YZ5 节点

图 4-29 试件荷载-位移滞回曲线

五个试件滞回曲线的规律分析如下。

(1) XJ1 现浇对比试件在加载初期表现出较好的线弹性性质,滞回环接近于直线,耗能极小。随着加载荷载的增大,裂缝逐渐展开,残余变形变大,逐步出现梭形滞回环的迹象。加载 100 kN 时,向上加载的过程中,曲线出现明显的屈服平台段,说明试件向上加载已经屈服。位移控制后,曲线形状呈现耗能较好的饱满梭形形状。从 4Δ 循环加载开始,曲线开始出现少许捏缩现象,呈现反 S 形滞回环,主要是由梁端下部混凝土压碎掉落,下部纵筋出现压曲和滑移,以及节点核心区裂缝开展所造成的。总体来说,XJ1 试件作为现浇节点,其滞回曲线非常饱满,耗能较好。

(2) YZ2 试件和 YZ3 试件的主要区别在于 YZ2 试件架立筋有局部无粘结段,而 YZ3

试件没有。从滞回曲线来看,其形状较为接近,荷载控制阶段,试件残余变形相对较小,加载和卸载刚度较为接近,向上和向下加载的曲线形状相似。进入位移控制以后,滞回曲线向上部分和向下部分有明显区别。向下加载时,曲线有屈服平台段,呈现梭形形状;向上加载时,由于钢绞线没有屈服平台,加载曲线呈直线状,而卸载曲线形状接近普通钢筋混凝土试件,但残余变形相对较小。概括来说,YZ2 和 YZ3 试件的滞回曲线下半部分为梭形,上半部分呈现弓形,捏缩效应相对较大。

(3) 由于 YZ2 和 YZ3 试件的梁端箍筋较密,对梁端混凝土侧向约束较好,相比于 XJ1 现浇构件,YZ2 和 YZ3 试件向下加载时的滞回曲线较为饱满,未出现反 S 形曲线,说明 YZ2 和 YZ3 向下加载的滞回耗能较好。

(4) YZ4 和 YZ5 试件的滞回曲线总体形状与 YZ2 和 YZ3 的曲线相近,但由于没有附加直钢筋,其荷载极值较 YZ2 和 YZ3 要低很多,且上、下两个方向的每次循环极值在 4Δ 时都开始下降。

(5) 从 3Δ 第二次循环开始,YZ5 试件滞回曲线下半部分出现少许捏缩,呈弓形,上半部分不存在这样的现象。YZ4 试件滞回曲线下半部分从 3Δ 第一次循环开始,便开始有少量捏缩,上半部分从 4Δ 第一次循环开始有少量捏缩。相对于 YZ5 试件来说,YZ4 试件滞回曲线耗能相对较差。

4.3.7　强度比较

采用作图法确定屈服强度,强度相关数据见表 4-13。

表 4-13　构件各阶段强度值

构件编号	加载方向	屈服强度 F_y(kN)	峰值强度 F_{max}(kN)	加载结束时强度(kN)	强屈比 F_{max}/F_y
XJ1	向上	86.00	101.27	87.13	1.18
	向下	121.93	135.25	107.23	1.11
YZ2	向上	155.78	187.23	179.2	1.20
	向下	126.54	143.4	139.7	1.13
YZ3	向上	169.23	195.34	84.88	1.15
	向下	120.51	136.74	134.33	1.13
YZ4	向上	119.62	141.97	119.15	1.19
	向下	125.61	138.31	129.15	1.10
YZ5	向上	115.72	141.13	121.27	1.22
	向下	112.92	124.93	108.45	1.11

从表 4-13 可以看出:

(1) 各试件向下加载的屈服强度及峰值强度相差不大,其中 YZ5 节点的荷载值相比于其他构件相对较小。说明在本试验中,向下加载时,下部配筋对节点承载力影响不大,下部混凝土受压时起主要作用。

(2)向上加载时,由于梁端下部配筋有较大区别,因而承载力相差较大。钢绞线受拉力时,节点承载力均有较大提高,其中由于 YZ2 节点和 YZ3 节点有附加直钢筋,其承载力较 YZ4 节点和 YZ5 节点有一定的提高,提高最大达 38.4%。

(3)向上加载时,预制节点强屈比相对较大,最大达 1.22,说明从强度的角度来说,预制节点安全储备较大。

4.3.8 延性对比

同样采用作图法确定屈服位移,采用位移延性系数来表征节点的延性。延性相关数据见表 4-14。

表 4-14 构件位移延性系数表

构件编号	加载方向	屈服位移 D_y(mm)	极限位移 D_u(mm)	延性系数 D_u/D_y
XJ1	向上	19.55	94.99	4.86
	向下	23.69	82.61	3.49
YZ2	向上	45.83	86.89	1.90
	向下	24.35	90.76	3.73
YZ3	向上	42.26	80.0	1.89
	向下	25.32	92.81	3.67
YZ4	向上	33.99	71.40	2.10
	向下	21.00	76.38	3.64
YZ5	向上	33.18	92.09	2.78
	向下	23.05	96	4.16

由表 4-14 可以看出以下规律:

(1)向下加载时,所有节点延性均较好,所有节点的位移延性系数达到 3.5 以上,说明向下加载时,预制节点的延性与现浇节点相当。

(2)向上加载时,预制节点的极限位移值 D_u 与现浇节点相比较小,说明预制节点在破坏时所能达到的变形值确实不如现浇节点,预制节点的变形能力有待提高。YZ5 节点破坏时的极限位移达 92.09 mm,与现浇节点相当,说明通过改进构造措施,预制节点具备达到与现浇节点相当的变形能力的潜力。通过等能量法确定预制节点的屈服位移 D_y,其值与现浇节点相当。因此,预制节点向上的延性系数均小于现浇节点。

4.3.9 梁端塑性变形分布

分别在距离梁柱交界面 25～275 mm 和 275～525 mm 设置两个标距为 250 mm 的测

试截面,第二个标距跨过键槽端面位置。用手持应变仪测量梁侧表面混凝土的平均应变,以验证平截面假定,同时可用于计算标距范围内的平均转角,以检验塑性铰分布。在同一截面上分别选取距梁底 50 mm、175 mm、375 mm、500 mm 四个高度用标准杆粘贴铜头脚标,每级循环过后,用手持应变仪刚性杆的脚尖插入测点的脚标内,根据读数差值求得应变值。

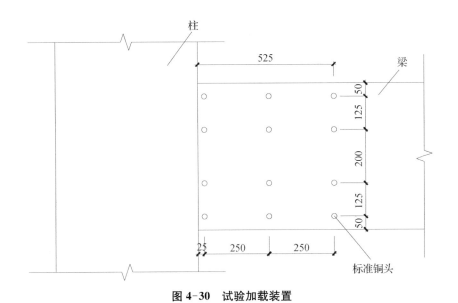

图 4-30　试验加载装置

预制构件梁端距离梁柱交界面 25～275 mm 和 275～525 mm 两个截面分别记为截面 1 和截面 2。荷载控制阶段梁端变形较小,测量相对误差较大;在加载后期,梁端表面混凝土裂缝开展充分;到达 5Δ 加载时,表面测点已破坏较多,无法测量。为便于观察比较,只列出预制构件在位移控制加载阶段 1Δ～4Δ 第一次循环的平均应变,如图 4-31 所示。

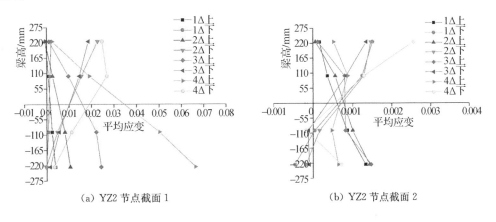

(a) YZ2 节点截面 1　　　　　　　　(b) YZ2 节点截面 2

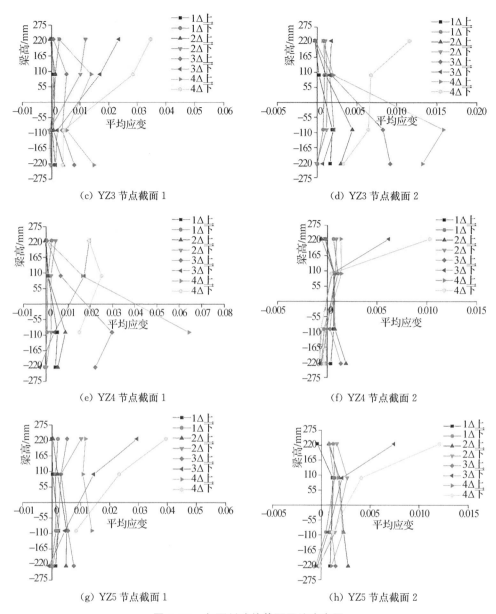

(c) YZ3 节点截面 1　　　　　　　　(d) YZ3 节点截面 2

(e) YZ4 节点截面 1　　　　　　　　(f) YZ4 节点截面 2

(g) YZ5 节点截面 1　　　　　　　　(h) YZ5 节点截面 2

图 4-31　各预制试件截面平均应变图

分析图 4-31 可以发现如下规律:

（1）所有预制构件截面 1 和截面 2 在 1Δ 和 2Δ 循环加载下,平均应变总体呈现线性分布,较好地符合平截面假定,而在 3Δ 和 4Δ 循环加载时,平均应变分布出现不同程度的非线性现象,这与加载后期构件破坏严重,塑性变形较大,不能完全符合平截面假定有关。

（2）所有预制构件的截面 1 的平均应变值均较截面 2 大,说明梁端变形主要集中于截面 1,塑性铰外移的构想不成功。

（3）对比 YZ2 节点和 YZ3 节点,YZ2 节点截面 1 的变形较 YZ3 节点大,而 YZ2 节点截面 2 的变形较 YZ3 节点小,说明架立筋无粘结段的存在使得梁端变形更加向梁端集中,而增强钢筋与混凝土之间的粘结有利于塑性变形在较大区域分布;YZ4 节点与 YZ5 节点呈现出相似的规律。

4.4 计算方法

4.4.1 强度计算

目前国内实施应用的叠合式预制混凝土结构均为等同现浇类装配式混凝土结构,且本章试验中未发生明显的预制混凝土与后浇混凝土界面之间的滑移,故可认为"平截面"假定适用于直锚与搭接混合装配整体式混凝土梁柱连接。本章试件均采用了"强柱弱梁"设计原则,最终破坏形式均为"梁铰机制",故可以确定,采用"强柱弱梁"原则设计的直锚与搭接混合装配整体式混凝土梁柱连接的强度受梁截面强度控制。主要强度计算指标包含屈服强度和峰值强度。

1)屈服强度

以梁截面最外层受拉钢筋屈服作为试件屈服的标志,根据"平截面"假定,截面应变分布如图 4-32 所示。

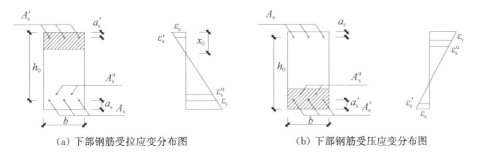

(a)下部钢筋受拉应变分布图   (b)下部钢筋受压应变分布图

图 4-32 屈服强度计算示意图

当下部钢筋受拉时,混凝土和各部分钢筋的应变有如下关系,见式(4-8)~(4-10)。

$$\frac{\varepsilon_s^u}{\varepsilon_y} = \frac{h_0 - x_a - a_s^u}{h_0 - x_a} \tag{4-8}$$

$$\frac{\varepsilon_c}{\varepsilon_y} = \frac{x_a}{h_0 - x_a} \tag{4-9}$$

$$\frac{\varepsilon_s'}{\varepsilon_y} = \frac{x_a - a_s'}{h_0 - x_a} \tag{4-10}$$

式中:ε_y——最外层受拉钢筋屈服应变;

ε_s^u、ε_s'、ε_c——下部第二层钢筋、受压钢筋、受压混凝土边缘应变;

x_a——混凝土受压高度;

h_0——混凝土有效高度;

a_s'、a_s——受压钢筋、最外层受拉钢筋距截面较近宽度边缘的距离;

a_s^u——下部第二层钢筋距最下部纵筋的距离。

考虑到屈服状态时,受压混凝土边缘压应变较小,为便于计算,采用此状态下的混凝土应力与应变关系为线性的假定。根据截面内力平衡,受压和受拉内力相等,见式(4-11)。

$$E_s \varepsilon_y A_s + E_s^u \varepsilon_s^u A_s^u = \frac{1}{2} E_c \varepsilon_c b x_a + E_s' \varepsilon_s' A_s' \tag{4-11}$$

式中:E_s^u、E_s'、E_s、E_c——下部第二层钢筋、受压钢筋、最外层受拉钢筋及混凝土弹性模量;

A_s^u、A_s'、A_s——下部第二层钢筋、受压钢筋、最外层受拉钢筋截面积;

b——截面宽度。

通过联立式(4-8)~(4-11),可计算出各相应参数。对于普通钢筋锚入式混合连接而言,由于常规下部第二层钢筋分别为附加U形钢筋和锚入节点核心区的芯梁上部骨架筋,因而相对于最下层受拉筋往往截面积较小。为方便计算,下部钢筋受拉时的截面屈服强度 M_y 可直接通过受压混凝土及受压钢筋对下层受拉钢筋中心取矩求得,见式(4-12)。对于钢绞线锚入式混合连接,钢绞线与普通附加钢筋位于同一高度位置,因此,可直接对钢绞线与普通附加钢筋的形心位置进行计算。

$$M_y = \frac{1}{2} E_c \varepsilon_c b x_a \left(h_0 - \frac{x_a}{3}\right) + E_s \varepsilon_s' A_s' (h_0 - a_s') \tag{4-12}$$

当下部钢筋受压时,采取与下部钢筋受拉时相同的原则,同时考虑下部第二层钢筋的受压作用,通过式(4-13)~(4-15)和式(4-9)计算下部钢筋受压时的截面屈服强度 M_y。

$$\frac{\varepsilon_s^u}{\varepsilon_y} = \frac{x_a - (a_s' + a_s^u)}{h_0 - x_a} \tag{4-13}$$

$$E_s \varepsilon_y A_s = \frac{1}{2} E_c \varepsilon_c b x_a + E_s' \varepsilon_s' A_s' + E_s^u \varepsilon_s^u A_s^u \tag{4-14}$$

$$M_y = \frac{1}{2} E_c \varepsilon_c b x_a \left(h_0 - \frac{x_a}{3}\right) + E_s \varepsilon_s' A_s' (h_0 - a_s') + E_s^u \varepsilon_s^u A_s^u (h_0 - a_s' - a_s^u) \tag{4-15}$$

2)峰值强度

峰值强度计算模型采用《混凝土结构设计规范》(GB 50010—2010)中的混凝土等效矩形应力分布计算方法。在正常配筋率的前提下,试件达到峰值荷载时,假定混凝土受压边缘的混凝土应变达到极限应变,且受压钢筋达到屈服强度,则此时混凝土受压区应力分布可等效为矩形,通过等效矩形应力系数 α_1 来表达混凝土受压区应力,如图4-33所示。

当下部钢筋受拉时,由截面内力平衡关系可得式(4-16)。首先假设受拉钢筋(包括最外层受拉钢筋和下部第二层钢筋)达到屈服强度,即 f_s 和 f_x^u 取屈服强度,当等效矩形应力图形的混凝土受压区高度 x 满足式(4-17)时,说明假设成立,受拉钢筋和受压钢筋均达到屈服强度,混凝土压碎,此时计算峰值强度 M_{max} 可采用受拉钢筋屈服力对混凝土受压区中心取矩求得,见式(4-18)。当等效矩形应力图形混凝土受压区高度 x 不满足式(4-17)时,说明下部受拉钢筋强度可进一步提高,此时假定受拉钢筋均达到极限强度,由

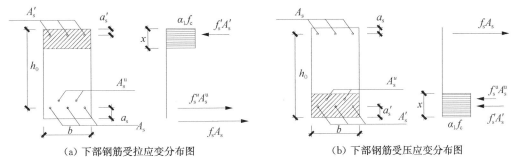

（a）下部钢筋受拉应变分布图　　　　　（b）下部钢筋受压应变分布图

图 4-33　峰值强度计算示意图

式(4-16)计算的等效矩形应力图形混凝土受压区高度 x 若满足式(4-17)，则说明假设成立，受拉钢筋强度取极限强度，同样采用式(4-18)计算峰值强度 $M_{\max}$。当受拉钢筋强度采用极限强度计算的等效矩形应力图形混凝土受压区高度 x 不满足式(4-17)时，说明受压钢筋实际未达到屈服强度，参照《混凝土结构设计规范》(GB 50010—2010)的做法，试件峰值强度 $M_{\max}$ 通过受拉钢筋极限力对受压钢筋中心取矩求得，见式(4-19)。

$$\alpha_1 f_c bx = f_s A_s + f_s^u A_s^u - f_y' A_s' \tag{4-16}$$
$$x \geqslant 2a' \tag{4-17}$$

式中：f_s^u、f_s——下部第二层钢筋、最外层受拉钢筋强度；

　　　f_y'——最外层受压钢筋屈服强度；

　　　f_c——混凝土受压抗压强度；

　　　x——等效矩形应力图形的混凝土受压区高度；

　　　α_1——系数。

$$M_{\max} = f_s A_s\left(h_0 - \frac{x}{2}\right) + f_s^u A_s^u\left(h_0 - \frac{x}{2} - a_s^u\right) + f_y' A_s'\left(\frac{x}{2} - a_s'\right) \tag{4-18}$$
$$M_{\max} = f_s A_s(h_0 - a_s') + f_s^u A_s^u(h_0 - a_s' - a_s^u) \tag{4-19}$$

当下部钢筋受压时，采取与下部钢筋受拉时相同的原则和计算步骤，同时考虑下部第二层钢筋的受压作用，通过式(4-20)～(4-22)和式(4-17)计算下部钢筋受压时的截面峰值强度 $M_{\max}$。

$$\alpha_1 f_c bx = f_s A_s - f_s^u A_s^u - f_y' A_s' \tag{4-20}$$
$$M_{\max} = f_s A_s\left(h_0 - \frac{x}{2}\right) + f_y^u A_s^u\left(\frac{x}{2} - a_s' - a_s^u\right) + f_y' A_s'\left(\frac{x}{2} - a_s'\right) \tag{4-21}$$
$$M_{\max} = f_s A_s(h_0 - a_s') \tag{4-22}$$

4.4.2　变形计算

本章试件均采用了"强柱弱梁"设计原则，试验完成后，节点核心区损伤非常微小，故可以认为采用"强柱弱梁"原则设计的梁端底筋锚入式预制梁柱连接节点可以忽略节点核心区变形。根据 Elliott 等人[3]的研究成果,预制混凝土梁柱节点连接的变形主要由三部分组成,分别为梁柱交接面张开变形、柱受弯变形和梁受弯变形,如图 4-34 所示。

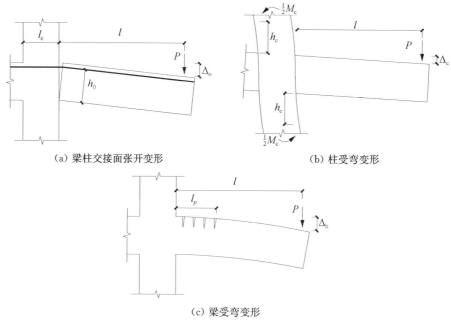

（a）梁柱交接面张开变形   （b）柱受弯变形

（c）梁受弯变形

图 4-34　变形计算示意图

梁端底筋锚入式预制梁柱连接节点构件梁端总位移 Δ_t 为三部分变形之和,见式(4-23),节点构件总体变形位移角 ϕ_t 通过梁端总位移与梁长之比来表达,见式(4-24)。

$$\Delta_t = \Delta_o + \Delta_c + \Delta_b \tag{4-23}$$

$$\phi_t = \frac{\Delta_t}{l} \tag{4-24}$$

式中:Δ_o——梁柱交接面张开导致的梁端位移;

Δ_c——柱受弯变形导致的梁端位移;

Δ_b——梁受弯变形导致的梁端位移;

l——梁长度。

参照 Elliott 等人[3]提出的计算模型,梁柱交接面张开变形和柱受弯变形导致的梁端位移见式(4-25)和式(4-26)。其中,受拉钢筋节点区锚固长度 l_e 在节点受到反对称荷载作用时,取柱截面高度,当受到对称荷载作用时,取柱截面高度的一半。当计算屈服位移时,受拉钢筋强度 f_s 取钢筋屈服强度,当计算峰值位移时,受拉钢筋强度 f_s 取钢筋极限强度。计算屈服位移和峰值位移时柱受到的弯矩作用为两边梁相应状态的总弯矩值。

$$\Delta_o = \frac{f_s l_e}{E_s h_0} l \tag{4-25}$$

$$\Delta_c = \frac{M_c h_c}{E_c I_c} l \tag{4-26}$$

式中：f_s——最外层受拉钢筋强度；

$\quad\quad l_e$——受拉钢筋节点区锚固长度；

$\quad\quad M_c$——柱受到的弯矩作用；

$\quad\quad h_c$——柱截面高度；

$\quad\quad E_c$——柱混凝土弹性模量；

$\quad\quad E_s$——钢筋弹性模量；

$\quad\quad h_0$——截面有效高度；

$\quad\quad l$——梁长度；

$\quad\quad I_c$——柱等效截面惯性矩。

梁受弯变形导致的梁端位移计算参照 Park 和 Paulay[4] 的计算模型，见式(4-27)和(4-28)，式中塑性铰长度 L_p 按照一倍梁高的长度进行计算。计算屈服阶段梁端位移时不考虑塑性变形的影响，即假定屈服阶段梁根部的曲率 ϕ_y 与峰值阶段梁根部的曲率 ϕ_u 相等，屈服阶段和峰值阶段梁根部的曲率计算分别见式(4-27)和(4-28)，其中梁屈服弯矩和峰值弯矩按照 4.4.1 节中的计算取值。屈服阶段梁等效截面惯性矩计算考虑受压区混凝土、受压和受拉钢筋截面，混凝土受压区高度取 4.4.1 节中的受压区高度 x_a。由于混凝土在多次反复荷载作用后损伤破碎较为严重，故峰值阶段梁等效截面惯性矩计算近似仅考虑受压和受拉钢筋截面。

$$\Delta_b = \Delta_y + \Delta_p = \Delta_y + (\phi_u - \phi_y)L_p(l - 0.5L_p) \tag{4-27}$$

式中：L_p——等效塑性铰长度；

$\quad\quad \Delta_y$——梁受弯屈服变形导致的梁端位移；

$\quad\quad \Delta_p$——梁受弯塑性变形导致的梁端位移。

屈服位移 Δ_y 可以按照式(4-28)进行计算。

$$\Delta_y = \frac{\phi_y l^2}{3} \tag{4-28}$$

$$\phi_y = \frac{M_y}{E_c I_{by}} \tag{4-29}$$

$$\phi_u = \frac{M_{max}}{E_c I_{bu}} \tag{4-30}$$

式中：ϕ_y、ϕ_u——梁根部屈服阶段和峰值阶段的曲率；

$\quad\quad M_y$、M_{max}——梁屈服弯矩和峰值弯矩；

$\quad\quad I_{by}$、I_{bu}——梁在屈服阶段和峰值阶段的等效截面惯性矩；

$\quad\quad E_c$——梁受压区混凝土弹性模量。

4.4.3 调整系数

在计算屈服强度时，以梁截面最外层受拉钢筋屈服应变作为基本参数来计算梁截面屈服弯矩,而实际上,钢筋混凝土构件截面上的不同位置都存在着钢筋和混凝土,最外层受拉钢筋屈服临界点不能代表整体构件开始进入屈服阶段,故而 4.4.1 节中的假定会导致计算得到的构件理论屈服强度偏小。因此,建议在 4.4.1 节屈服强度计算结果的基础上提高 5%,作为直锚与搭接混合装配整体式混凝土梁柱连接的理论屈服强度值。

在计算峰值强度时,若受压钢筋较多,为了便于计算,4.4.1 节提出的峰值强度模型会采用钢筋极限强度来确定峰值弯矩。而在实际应用中,钢筋达到极限强度被拉断的情况相对于混凝土破碎导致破坏的情况较少出现。故建议当采用钢筋极限强度来计算构件峰值强度时,可在 4.4.1 节峰值强度计算模型的基础上降低 5% 作为直锚与搭接混合装配整体式混凝土梁柱连接的理论峰值强度值。

在 4.4.2 节中,梁柱节点连接变形角是通过计算梁端竖向位移再反算位移角得来的,这会产生梁向上和向下两个变形值。由于梁柱节点连接只要一边梁开始屈服,整体构件的荷载-变形曲线便会很快出现弯折点,代表整体构件进入屈服,故建议在梁向上和向下两个屈服变形值中采用较小者作为直锚与搭接混合装配整体式混凝土梁柱连接的理论屈服变形值。

梁柱节点连接整体构件在两边梁均达到最大承载力时才会达到峰值强度值,故建议在梁向上和向下两个峰值变形值中采用较大者作为直锚与搭接混合装配整体式混凝土梁柱连接的理论峰值变形值。

本章参考文献

[1] American Concrete Institute. Acceptance Criteria for Moment Frames Based on Structural Testing and Commentary: ACI 374.1-05[S]. Farmington Hills, 2005.

[2] American Society of Civil Engineers. Seismic Rehabilitation of Existing Buildings. 1st ed: ASCE 41-06[S]. Reston, VA, 2007.

[3] Elliott K S, Davies G, Ferreira M, et al. Can precast concrete structures be designed as semi-rigid frames II. Analytical equations & column effective length factors[J]. Structural Engineer, 2003, 81(16): 28-37.

[4] Park R, Paulay T. Reinforced Concrete Structures[M]. New York: John Wiley & Sons, 1975.

第5章

部分高强筋装配整体式
混凝土梁柱连接研究与设计

5.1 概述

　　装配式混凝土结构的施工相对于现浇混凝土而言,精度要求高,容许现场调整的误差小,从而导致了生产和建造总成本的上升,同时影响了进度。若增加预制混凝土构件现场施工的灵活性,特别是预制构件钢筋分布的可变动性,将大大降低装配式混凝土现场安装的难度,提高现场施工的速度,从而减少制作和建造的总成本,进一步增强预制混凝土的应用优势。

　　随着冶金技术的进步和开发水平的提高,满足抗震性能要求的高强钢筋已经能够规模化生产。在节能减排、绿色发展的背景下,促进高强钢筋应用已是各国土木工程领域的共识,成了重要的研究热点,国内外均开展了相当数量的高强钢筋构件的基本性能研究。欧洲、日本等地的规范中已经允许采用 600 MPa 级高强钢筋,我国江苏、河南等地也已经出台了关于 600 MPa 级高强钢筋的地方性标准,并且开展了高强钢筋工程应用。可以说,高强钢筋的应用和发展已渐成趋势。

　　装配式混凝土构件因其工厂化生产的特点,非常有利于高强材料的使用。当采用高强钢筋作为受力钢筋时,在受力不变的情况下,可降低高强钢筋的总截面积,进一步减小高强钢筋的直径。当受力钢筋的直径减小到一定程度时,便具有一定的"柔性",在现场施工时,便具有了灵活性,从而可有效提高预制构件的吊装效率。基于此,本章提出一种部分高强筋装配整体式混凝土梁柱连接,并介绍其研究情况和设计方法。

　　该连接构造形式如图 5-1 所示,其特点如下:柱可采用预制或现浇形式,预制柱可采用多节预制的形式,或者通过竖向钢筋灌浆套筒连接,梁采用叠合现浇形式,梁上半部分与楼板一起现浇,梁端预留 U 形键槽,梁下部受力钢筋采用具有一定柔性的 12 mm、14 mm 和 16 mm 小规格 600 MPa 级热处理带肋高强钢筋,向上弯起形成弯钩,伸出部分侧弯避开柱主筋,锚固于节点核心区内,再后浇混凝土形成预制件的整体连接。为改善该连接的抗震性能,可根据需要在梁端键槽内部增设环绕高强筋的小型矩形封闭箍筋,形成内部芯梁,用以提高键槽区下部混凝土承载力及变形能力。

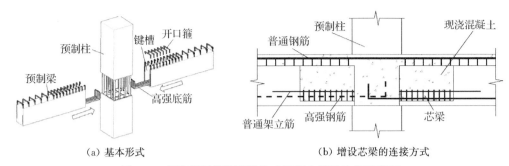

(a) 基本形式　　　　　　　　　　(b) 增设芯梁的连接方式

图 5-1　部分高强筋装配整体式混凝土梁柱连接示意图

5.2　部分高强筋梁柱连接抗震性能试验研究

5.2.1　试件设计

本次试验构件配筋设计参考《混凝土结构设计规范》(GB 50010—2010)和《建筑抗震设计规范》(GB 50011—2010)中节点受剪承载力计算公式进行设计,配筋设计满足"强柱弱梁""强剪弱弯""强节点弱构件"的抗震设计要求,保证梁端先达到屈服,柱端随后进入屈服阶段。同时本次预制试件属于等同现浇类预制混凝土梁柱连接节点,预制构件尺寸与现浇构件相同,同时能够承受与现浇构件相同的荷载。

和现浇梁的设计相比,预制梁设计不仅要考虑预制梁的配筋计算,同时要考虑预制梁的整体性能及预制梁的制作与现场安装问题。由于试件的设计满足"强柱弱梁"的设计原则,因此试件承载力由梁截面的承载力决定,预制梁纵筋的面积按"等强等弯矩"的原则确定,保证预制梁的截面受弯承载力与现浇梁相当。预制梁端部留有 U 形键槽,对键槽进行凿毛保证预制构件和叠合层后浇混凝土之间的整体性。

和现浇柱的设计相比,预制柱在设计时主要考虑上下柱的连接,目前预制混凝土框架上柱和下柱的连接主要为套筒连接。本次试验共四个预制试件,预制柱配筋和尺寸与现浇构件相同,三个预制柱采用"多层连续"的预制方式,即上下段预制柱纵筋连续不断开,梁柱节点核心区部位混凝土不预制,一个预制柱上下柱连接采用套筒连接。

1) 现浇构件

整体现浇对比试件编号为 XJ-1,试件混凝土强度等级采用 C40,钢筋等级采用 HRB400,配筋设计详图如图 5-2 所示,结合实验室固定装置及加载装置的尺寸,柱总长取 3.045 m,上部柱长为 1.410 m,下部柱长 1.035 m,柱纵向受力钢筋采用 4⊕25＋8⊕20,通长布置,柱节点核心区及距梁上下表面 0.6 m 的区域为柱箍筋加密区,箍筋间距为 100 mm,其他部位柱箍筋间距为 200 mm。柱两侧的梁长取 2 m,梁距离梁柱结合面 1 m 的区域为梁箍筋加密区,箍筋间距为 100 mm,其他部位的梁箍筋间距为 200 mm。柱底预埋 4 个 φ32 的精轧螺纹钢套筒,用以连接加载固定铰支座。同时考虑到柱端加载处和梁端约束处混凝土可能会受到局部压应力作用而被破坏,故分别加焊了钢板。

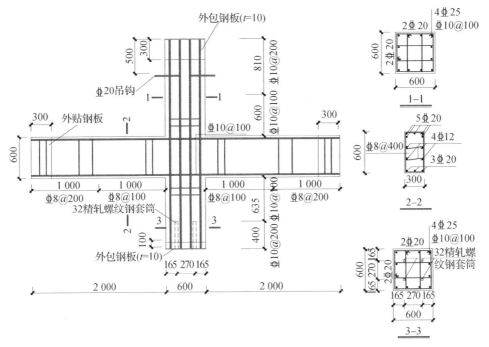

图 5-2 试件 XJ-1 配筋图

2) 预 制 构 件

共设计四个高强底筋锚入式预制装配混凝土梁柱节点,编号分别为 YZ-1、YZ-2、YZ-3 和 YZ-4。梁和柱的长度均取反弯点之间的距离,同时考虑实验室加载装置尺寸,梁反弯点的位置到柱表面距离取 1.85 m,柱端反弯点之间的距离取 3.12 m。根据等强度原则, YZ-1 的预制梁底部纵筋为 $3\ \phi H14 + 2\ \phi H12$,从梁端键槽内伸出 450 mm,并向上弯起 200 mm。预制梁总长 2.01 m,考虑叠合现浇层一般为 120 mm,因此预制梁截面高度取 480 mm。同时梁端键槽的长度取 600 mm,键槽厚度取 40 mm,后由于制作原因,键槽厚度均变为 50 mm,键槽面凿毛采用人工凿毛,梁箍筋键槽处采用 135°开口箍,其他部位采用矩形封闭箍筋。预制试件 YZ-1 预制梁配筋详图见图 5-3。

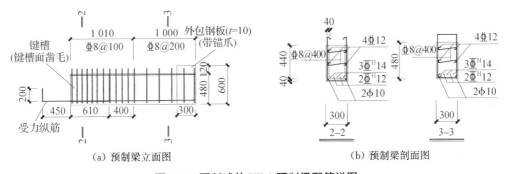

（a）预制梁立面图　　　　　　　　　　　（b）预制梁剖面图

图 5-3 预制试件 YZ-1 预制梁配筋详图

预制试件 YZ-2、YZ-3 和 YZ-4 的预制梁截面尺寸、长度、箍筋规格和间距等均与试件

YZ-1 的预制梁相同,仅存在一些构造差异。为探究键槽内附加小箍筋这种构造方式的合理性和对试件抗震性能的影响,试件 YZ-2 预制梁在键槽内距离梁底 150 mm 的位置,预埋 2→10 的钢筋作为架立筋,以便在键槽内绑扎小箍筋,小箍筋间距取 50 mm。试件 YZ-2 预制梁配筋详图见图 5-4。试件 YZ-3 的梁上部纵筋也采用高强钢筋,由于高强钢筋的配筋量按"等强等弯矩"由现浇构件的配筋量换算得到,因此上下纵筋均采用高强钢筋后,试件配筋率较小,需研究其抗震性能的可靠性,其预制梁构件与试件 YZ-1 的预制梁相同。试件 YZ-2 和 YZ-3 的键槽凿毛均采用人工凿毛。为研究气泡膜构件表面成型工艺的可靠性,YZ-4 预制梁的键槽处新旧混凝土结合面处理采用气泡膜凿毛代替人工凿毛。

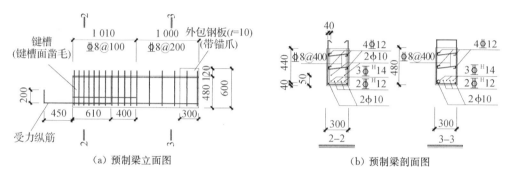

(a) 预制梁立面图　　　　　　　　(b) 预制梁剖面图

图 5-4　预制试件 YZ-2 预制梁配筋详图

　　试件 YZ-1、YZ-2 和 YZ-3 的预制柱上下段纵筋连续不断开,其节点核心区混凝土现场构件组装时与叠合层一起浇筑,如图 5-5 所示。预制柱截面配筋与现浇试件 XJ-1 完全相同,预制柱总长 3.045 m,上部柱长为 1.410 m,下部分柱长 1.035 m,上下柱之间混凝土空缺段高度为 600 mm。

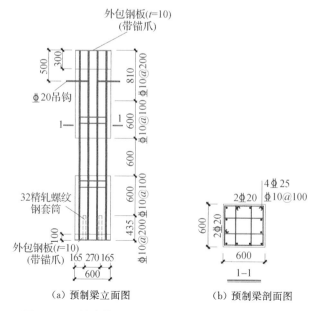

(a) 预制梁立面图　　　　　　(b) 预制梁剖面图

图 5-5　预制试件 YZ-1、YZ-2 和 YZ-3 预制柱设计详图

试件 YZ-4 预制柱分为两段，上段预制柱长 1.390 m，下段预制柱长 1.035 m，如图 5-6 所示，预制柱截面配筋与现浇试件 XJ-1 完全相同，同时根据灌浆套筒的规格、坐浆层厚度和节点区高度，下段预制柱Φ25 和Φ20 受力钢筋伸出预制柱的长度分别为 770 mm 和 750 mm。

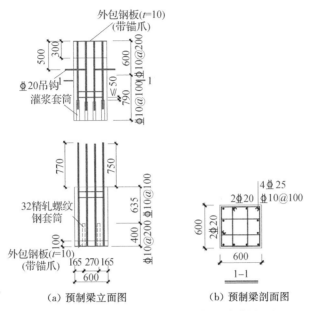

(a) 预制梁立面图 (b) 预制梁剖面图

图 5-6 预制试件 YZ-4 预制柱设计详图

试件 YZ-1、YZ-2 和 YZ-3 的预制梁和预制柱通过后浇叠合层和节点核心区的混凝土形成整体，试件 YZ-4 的预制梁和下段预制柱通过后浇叠合层和节点核心区的混凝土进行连接，上段柱通过灌浆套筒与下段连接形成整体，四个预制试件的组装设计详图见图 5-7。

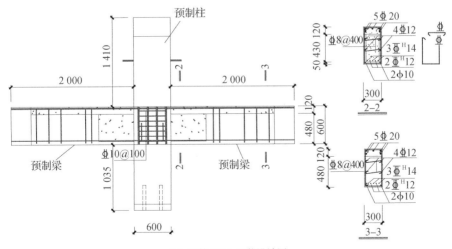

(a) 试件 YZ-1 组装设计图

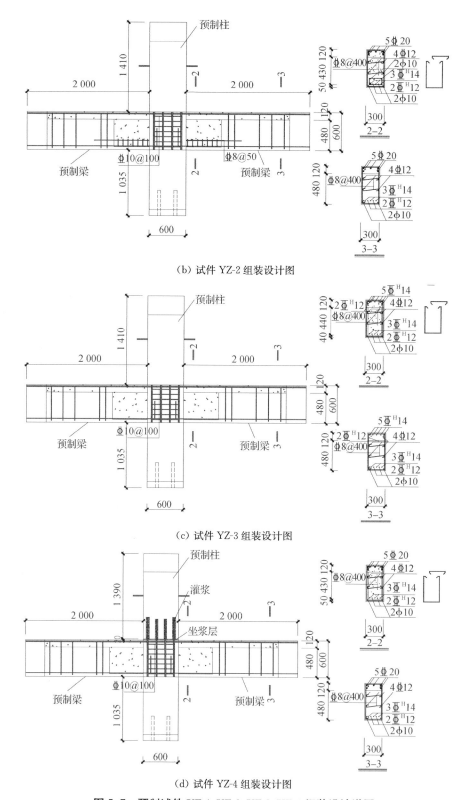

（b）试件 YZ-2 组装设计图

（c）试件 YZ-3 组装设计图

（d）试件 YZ-4 组装设计图

图 5-7　预制试件 YZ-1、YZ-2、YZ-3、YZ-4 组装设计详图

四个预制试件中,梁上部纵筋贯通节点,梁下部纵筋直接锚固在节点区,下部纵筋伸入节点区锚固长度按《热处理带肋高强钢筋混凝土结构技术规程》(DGJ 32/TJ 202—2016)设计,锚固长度从柱边算起到弯折的距离,受拉钢筋的锚固长度应根据锚固条件按式(5-1)进行计算。

$$l_a = \zeta_a l_{ab} \tag{5-1}$$

式中:l_a——受拉钢筋的锚固长度;

ζ_a——锚固长度修正系数,按《混凝土结构设计规范》(GB 50010—2010)中 8.3.2 条规定取值,此处取 0.6。

基本锚固长度应按式(5-2)计算。

$$l_{ab} = 0.14 \frac{f_y}{f_t} d \tag{5-2}$$

式中:f_y——钢筋的抗拉强度设计值;

f_t——混凝土轴心抗拉强度设计值,当混凝土强度等级大于 C60 时,按 C60 取值;

d——锚固钢筋的直径。

按上述规范设计,本次预制节点梁底纵筋水平锚固长度取 450 mm,弯折长度取 200 mm。

本次试验共制作一个现浇对比构件和四个预制混凝土梁柱节点,表 5-1 给出了 5 个构件梁柱节点的基本参数。

表 5-1　试件梁柱配筋表

试件编号	梁上部纵筋(配筋率%)	梁下部纵筋(配筋率%)	梁箍筋	柱纵筋(配筋率%)	预制柱连接方式	备注
XJ-1	5 Φ20 (0.872)	3 Φ20 (0.523)	Φ8@100/200	4 Φ25&4 Φ20 (0.894)	—	现浇对比构件
YZ-1	5 Φ20 (0.872)	2 ΦH12&3 ΦH14 (0.382)	Φ8@100/200	4 Φ25&4 Φ20 (0.894)	整体预制	预制节点
YZ-2	5 Φ20 (0.872)	2 ΦH12&3 ΦH14 (0.382)	Φ8@100/200	4 Φ25&4 Φ20 (0.894)	整体预制	预制节点,键槽附加小箍筋
YZ-3	2 ΦH12&5 ΦH14 (0.553)	2 ΦH12&3 ΦH14 (0.382)	Φ8@100/200	4 Φ25&4 Φ20 (0.894)	整体预制	预制节点,梁上部采用高强钢筋
YZ-4	5 Φ20 (0.872)	2 ΦH12&3 ΦH14 (0.382)	Φ8@100/200	4 Φ25&4 Φ20 (0.894)	套筒连接	预制节点,键槽凿毛采用气泡膜

注:本表中ΦH 表示 HTRB600 高强钢筋。

5.2.2　试件材性试验

1) 混凝土材性试验

本次试验中节点构件混凝土浇筑分为两次浇筑,每次浇筑均预留三个 150 mm×

150 mm×150 mm 的混凝土立方体试块进行材性试验,混凝土的材性试验在东南大学九龙湖材料实验室的压力试验机上完成,如图 5-8 所示。

(a) 液压式压力试验机　　　　(b) 混凝土试块破坏形态

图 5-8　混凝土材性试验

本次混凝土试块的制作和试验方案符合现行国家标准《普通混凝土力学性能试验方法标准》(GB/T 50081—2002)和《混凝土结构试验方法标准》(GB/T 50152—2012)的规定,每一试块的抗压强度按 $f_{cu}=P/A$ 计算,以三个试块抗压强度的算术平均值作为该组立方体试块的抗压强度实测值(精确至 0.1 MPa)。若三个测定值中的最大值或最小值有一个与中间值的差值超过中间值的±15%,则取中间值作为该组试件的抗压强度值;若最大、最小测定值与中间值的差值均超过中间值的±15%,则该组试件的试验结果无效。根据混凝土立方体抗压强度实测值 f_{cu}^0,按式(5-3)、(5-4)和(5-5)推算混凝土的轴心抗压强度 f_c^0、轴心抗拉强度 f_t^0 及弹性模量 E_c^0 等性能参数,并作为计算分析的依据,试验结果见表 5-2。

$$f_c^0=0.88\alpha_{c1}f_{cu}^0 \tag{5-3}$$

$$f_t^0=0.348\,(f_{cu}^0)^{0.55} \tag{5-4}$$

$$E_c^0=\frac{10^5}{2.2+\dfrac{34.7}{f_{cu}^0}} \tag{5-5}$$

式中:f_{cu}^0——混凝土立方体抗压强度的实测值;

f_c^0——混凝土实际轴心抗压强度的推算值;

f_t^0——混凝土实际轴心抗拉强度的推算值;

α_{c1}——混凝土棱柱体与立方体的抗压强度比值,C50 及以下取 0.76,C80 取 0.82,中间线性取值;

E_c^0——混凝土实际弹性模量的推算值。

表 5-2　混凝土的力学性能

混凝土批次	设计强度	f_{cu}^0(MPa)	f_c^0(MPa)	f_t^0(MPa)	E_c^0(MPa)
第一批	C40	41.2	27.5	2.69	32 859
第二批	C40	39.2	26.2	2.62	32 402

2) 钢筋材性试验

试件中分别采用了直径为 8 mm、10 mm、12 mm、25 mm 和 20 mm 的 HRB400 钢筋,梁的部分纵筋采用了 14 mm,12 mm 的 HTRB600 的钢筋,梁柱箍筋统一采用了 HRB400 钢筋。本次钢筋材性试验按照《金属材料 拉伸试验 第 1 部分:室温试验方法》(GB/T 228.1—2010)在东南大学九龙湖土木交通实验室液压电子万能试验机进行。每种不同直径等级的钢筋按照试验规范的要求取三根,每根试样长度为 550 mm。钢筋在拉伸过程中均出现明显的弹性、屈服、强化和到达极限强度阶段,钢筋的材料力学性能指标见表 5-3。

表 5-3　钢筋的力学性能

钢筋规格	直径(mm)	屈服力(kN)	屈服强度(MPa)	最大力(kN)	抗拉强度(MPa)
HRB400	8	23.1	459	33.0	657
HRB400	10	34.7	441	49.3	627
HRB400	12	50.9	447	72.8	643
HRB400	20	137.8	439	193.1	615
HRB400	25	215.5	439	299.4	610
HTRB600	12	71.1	629	91.0	805
HTRB600	14	98.8	642	128.2	833

5.2.3　试验加载装置及方案

1) 加载装置

加载装置的作用是在对梁柱节点试件进行加载的同时模拟节点试件的边界条件(柱底为固定铰支座,节点两侧梁端为水平铰支座)。加载装置(见图 5-9)具体分为四部分。

第一部分为固定装置,主要包括柱底固定铰支座、两个梁端支撑柱、加载梁及加载工装,其中柱底铰支座和两个梁端支撑柱通过地脚螺栓和实验室地面固定。同时对地锚施加一定的预紧力增加其锚固性能,水平方向上设置止推块将柱底固定铰支座和梁端支撑柱夹紧,防止加载过程中出现水平错动。加载装置搭建完成后,将节点试件吊装就位,试件通过精轧螺纹钢和柱底铰支座连接。

第二部分为支撑装置,为防止试件在加载过程中出现平面外移动进而出现安全问题,因此在试件一侧梁中设置两个三角钢架,并通过地锚将三脚钢架固定在试验室地面上,另一侧由于场地问题,因此在梁跨中两侧各设置一道水平支撑。试验加载时滚动滑轮与试件梁保留约 1 cm 的距离,保证安全的同时对加载不产生影响。

第三部分为竖向加载装置,由四台 100 t 的穿心式千斤顶、加载工字钢梁、钢绞线以及油泵组成,四台千斤顶通过分油阀连接到油泵上,加载时通过油泵上的精密压力表来同步控制千斤顶张拉钢绞线从而对框架节点试件施加竖向荷载,并通过钢梁作用到试件上。

第四部分为水平加载装置,水平加载设备为 1 500 kN 液压伺服控制系统(MTS),作动器加载端通过四根 φ32 的精轧螺纹钢、两个加载工装和试件柱端连接,从而实现对节点试件施加水平往复荷载。

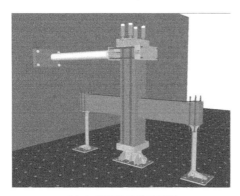 

(a) 加载装置三维示意图   (b) 加载装置现场照片

图 5-9　加载装置示意图

2) 加载制度

本次试验构件加载均采用位移控制加载制度。待加载装置安装完毕后,先通过柱顶部四台穿心式千斤顶张拉预应力钢绞线同步施加轴向压力。轴压分三级缓慢加载,以便检查试验仪器是否正常工作及轴压力是否存在偏心。试验加载过程中保持轴压恒定,待轴压稳定后开始对试件柱端施加反复水平荷载。正式加载前,对节点进行预加载,加载位移分布为 3 mm、4 mm 和 5 mm,确保各测试仪器正常运行,预加载结束后开始正式加载。具体加载制度见图 5-10,水平加载控制值见表 5-4。

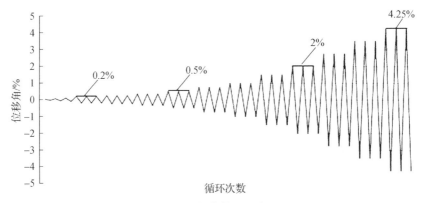

图 5-10　加载装置示意图

表 5-4　水平加载控制值

加载等级	1	2	3	4	5	6	7	8	9	10	11
位移角(%)	0.2	0.25	0.35	0.5	0.75	1.0	1.5	2.0	2.75	3.5	4.25
位移值(mm)	6.2	7.8	10.9	15.6	23.4	31.2	46.8	62.4	85.6	109.2	132.8

3）测试内容及方法

本次试验主要研究部分高强筋装配整体式混凝土梁柱连接的抗震性能。为合理评估该新型节点的抗震性能，需要准确测量节点的承载能力及变形特性。因此本次试验主要测试内容包括柱上端位移、节点域变形、梁端纵筋应变、梁端箍筋应变、节点核心区纵筋应变等。试件混凝土裂缝采用肉眼观察，裂缝宽度采用混凝土裂缝宽度测试仪进行测试。通过 DH3816 静态应变测试系统采集整个试验过程的电阻应变片的应变值。

（1）钢筋应变测量

本次试验的应变片主要贴于梁端纵筋、梁端箍筋和核心区等重要部位，通过采集预埋在梁柱节点内钢筋的应变片的实时数据可以得到试件钢筋在加载过程中的应变发展情况。节点钢筋绑扎好后采用手持打磨机对相应部位的钢筋进行打磨并用酒精进行清洗，之后将应变片蘸取少量 502 胶水贴于钢筋上，最后使用纱布和环氧树脂固化剂包裹钢筋做防水处理。应变测量仪器采用 DH3816 静态应变采集仪。

（2）位移测试

在梁端部距离梁柱结合面 5 cm 和 60 cm 处粘贴铁片，水平放置八个位移计，根据量程选择 YHD-200 型位移传感器，同时在柱上距离梁顶 80 cm 处水平设置一个 YHD-400 型位移传感器，用来量测该点处柱子的水平位移。

（3）裂缝开展情况

为便于观测和描绘混凝土试件裂缝的发生和发展过程，在试件的表面用乳胶漆刷白，同时用墨盒在表面划分 100 mm×100 mm 的正方形方格。试验加载过程中，每级加载结束后，细心观测是否产生新裂缝，对每级出现的新裂缝进行详细记录，采用红色签字笔描绘正向加载产生的裂缝，黑色签字笔描绘反正加载产生的裂缝，同时使用裂缝观测仪读取裂缝的宽度。

（4）柱端轴向荷载

本次试验过程中需要根据试验方案施加竖向轴压，由于在加载过程中柱子轴力可能会发生改变，因此为保证试验过程中轴压比恒定，每次加载过程中需检查千斤顶油泵上油压表的示数，若发生改变需及时进行调整。

（5）柱端加载点处的荷载-位移曲线

本次试验采用 1 500 kN 作动器对试件柱端施加低周反复荷载，在加载过程中实时监测加载位移所对应的荷载大小，节点柱顶部的荷载由作动器上的力传感器测量，位移由作动器上的位移传感器测量。

5.2.4 试件破坏形态

试件均为混凝土框架中节点，其节点左右梁受同方向弯矩作用，梁上部纵筋在节点核心区贯通，在弯矩作用下一侧受拉而另一侧受压，应力通过钢筋和混凝土之间的粘结锚固传入节点核心区。预制构件的梁下部纵筋在节点区分开锚固，伸入节点核心区的锚固段承受一侧钢筋的拉力或压力，应力由锚固段的钢筋和混凝土的粘结作用传入节点核心区。

本次试验四个预制试件梁下部纵筋在节点区的锚固长度取 450 mm,并向上弯折 200 mm,满足规范要求。本次试验中没有产生钢筋锚固失效现象。

本次试验五个试件的破坏过程相似,前期加载时试件处于弹性阶段,无裂缝产生。试件开裂后均在梁上出现竖向裂缝,随着加载位移的增加,裂缝逐渐增多,同时长度和宽度增加;在加载位移达到 31.2 mm 至 46.8 mm 时试件进入屈服阶段,梁上斜裂缝增多,同时裂缝宽度增加较大;加载位移达到 85.8 mm 时,梁端开始出现水平受压裂缝;加载位移达到 109.2 mm 时,梁端混凝土大量被压碎破坏,试件在这一级别被破坏。

现浇对比试件 XJ-1 的裂缝分布呈现出普通钢筋混凝土梁柱节点的破坏特点,梁上下初始裂缝出现位置基本呈上下对应,裂缝最宽的位置距离梁柱结合面约 15 cm 处,从梁柱结合面到梁端(支撑柱),裂缝间距变大,宽度变窄。

预制试件由于构造形式的不同,裂缝发展和现浇试件稍有区别。预制试件 YZ-1、YZ-3 和 YZ-4 均在预加载阶段便出现开裂,这是由于预制试件的梁底筋在键槽底部的上部,纵筋下部较厚的混凝土内无配筋,因此预制试件开裂较早。试件 YZ-2 由于键槽内存在附加小箍筋,在位移加载到 6.2 mm 时出现开裂。在新型预制连接节点中,预制梁端留有键槽,因此距离梁柱结合面 60 cm 处的新旧混凝土结合面和梁柱结合面属于薄弱层,预制试件的初始开裂位移集中在这两处位置。试件 YZ-1 屈服后产生的斜裂缝倾斜角度较大,约 65°,裂缝宽度最大位置位于梁柱结合面处。试件 YZ-2 屈服后产生的斜裂缝角度约 55°,加载前期,裂缝宽度最大位移在距离梁柱结合面 60 cm 处的新旧混凝土结合处,加载位移超过 1% 后,梁柱结合面处的裂缝变为宽度最宽的裂缝。试件 YZ-3 在加载前期产生的竖向裂缝,梁下部裂缝长度大于上部裂缝,试件屈服产生的梁上下斜裂缝基本对称。试件 YZ-1、YZ-2 和 YZ-3 梁上裂缝所在的区域长度约 1.1 m。试件 YZ-4 采用气泡膜代替人工凿毛,从试验加载开始至试验结束,梁预制部位与后浇层叠合面的拼缝处未出现明显裂缝和相对滑移,梁上裂缝分布和试件 YZ-1 相似,且裂缝所在的区域长度约 1.3 m,说明采用气泡膜构件表面成型工艺可以保证装配式梁柱节点试件连接的整体性,传力性能良好。

综上,预制构件的键槽端部新旧混凝土粘结的抗拉强度较整体浇筑混凝土弱,因此预制构件混凝土开裂有可能首先出现在键槽端部新旧混凝土结合面处,但随着加载位移的增加,试件进入屈服阶段后,试件的变形主要集中在梁柱结合面,节点的梁柱结合面处仍是主要破坏区域。

框架梁柱节点的破坏形式主要有梁端弯曲破坏、柱端压弯破坏、锚固破坏和节点核心区剪切破坏等。本次试验的五个试件均按照"强柱弱梁"的原则进行设计,破坏状态均属于梁端弯曲破坏,即靠近梁端的梁纵筋屈服,梁端混凝土压碎剥落,节点核心区和柱端基本无裂缝产生,该破坏形式在梁端形成塑性铰,抗震性能较好。如图 5-11 所示为各试件最终破坏形态图,为检验预制试件后浇混凝土与预制键槽部位的整体性,试验结束后将键槽部位凿开,如图 5-12 所示。通过对比分析可以发现:

（a）XJ-1 破坏形态

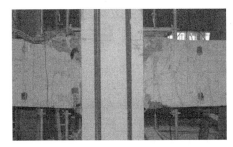

（b）YZ-1 破坏形态

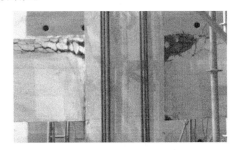

（c）YZ-2 破坏形态

（d）YZ-3 破坏形态

（e）YZ-4 破坏形态

图 5-11　各试件最终破坏形态

（1）从现浇对比试件 XJ-1 的破坏形态来看，试件破坏区域集中在距离梁柱结合面
10 cm 处，该区域出现一条明显的通长宽裂缝，试件梁端下部混凝土压碎情况严重，大量
混凝土剥落，使得下部钢筋出现明显受压弯曲的现象。

（2）相对于现浇试件 XJ-1 来说，试件 YZ-1 破坏区域集中在梁柱结合面处，梁端下部
混凝土破坏区域相对于上部混凝土破坏区域要小。将键槽剥开后发现梁端下部混凝土距
离梁柱结合面 15 cm 区域的混凝土被压碎，梁底部纵筋出现明显受压弯曲，同时键槽内后
浇混凝土的裂缝发展与梁表面裂缝发展情况有所区别，说明键槽与后浇混凝土的新旧混
凝土叠合面采用人工凿毛的方法处理并没有使得二者完全共同工作。试件 YZ-2 同试件
YZ-1 的破坏状态类似，破坏区域均集中在试件梁柱结合面处，梁端上部破坏区域大于下
部，上部破坏区域呈长方形。不同于梁表面的裂缝发展情况，试件 YZ-2 的梁端键槽处设
置了小型加密箍筋，由于小箍筋的约束作用，键槽内部混凝土的极限压应变有所提高，因
此凿开键槽后发现，梁段下部仅距离梁柱结合面 10 cm 区域的混凝土被压碎，梁上部混凝
土裂缝明显，而下部裂缝则较少，裂缝宽度也比上部混凝土裂缝宽度窄。试件 YZ-3 相对

于试件 YZ-1 来说,破坏区域也集中在梁柱结合面处,梁上部混凝土剥落现象没有 YZ-1 严重,下部混凝土压碎区域距离梁柱结合面 0~10 cm 之间。试件 YZ-4 由于加工原因,在加载至位移 46.8 mm 时梁柱结合面就已形成通长的垂直裂缝,加载过程中裂缝反复张合,最终破坏状态仅在梁柱结合面处出现一条通长宽裂缝,凿开键槽发现梁端下部局部混凝土被压碎。

(a) 试件 YZ-1 一侧梁破坏形态

(b) 试件 YZ-1 一侧梁键槽凿开后破坏形态

(c) 试件 YZ-2 一侧梁破坏形态

(d) 试件 YZ-2 一侧梁键槽凿开后破坏形态

(e) 试件 YZ-3 一侧梁破坏形态

(f) 试件 YZ-3 一侧梁键槽凿开后破坏形态

(g) 试件 YZ-4 一侧梁破坏形态

(h) 试件 YZ-4 一侧梁键槽凿开后破坏形态

图 5-12 预制试件键槽凿开后破坏形态对比分析图

5.2.5 滞回曲线和骨架曲线

1)滞回曲线

五个试件 XJ-1、YZ-1、YZ-2、YZ-3 和 YZ-4 的柱子上端助动器的作用力与柱端加载点处位移表示的滞回曲线见图 5-13。以作动器推力时荷载为正,此时柱端位移为正,作动器拉力时荷载为负,对应柱端位移为负。

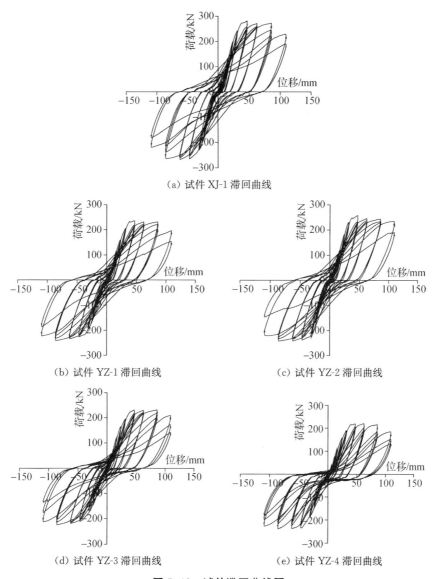

（a）试件 XJ-1 滞回曲线

（b）试件 YZ-1 滞回曲线　　　　　　（c）试件 YZ-2 滞回曲线

（d）试件 YZ-3 滞回曲线　　　　　　（e）试件 YZ-4 滞回曲线

图 5-13　试件滞回曲线图

五个试件的破坏过程相似,均为梁端混凝土剥落,钢筋外露,在两端形成塑性铰,在核心区及柱端仅产生几条轻微裂缝甚至无裂缝产生。通过观察五个试件的滞回曲线可以发现,其图形形状及发展过程较接近,具有以下特征:

（1）现浇对比试件 XJ-1 在加载初期，梁上裂缝较少，保持着较好的线弹性性质，滞回环接近于直线，耗能及残余变形均较小；随着加载位移的增大，试件裂缝和残余变形不断发展，滞回环面积增大，试件耗能增大，渐渐出现梭形滞回环的迹象；当加载位移至 46.8 mm 时，滞回曲线出现明显的屈服平台，说明试件已经进入屈服状态，此时试件梁端混凝土裂缝开展以及少量的混凝土被压碎，曲线开始出现少许捏缩现象，呈现出弓形滞回环；从开始加载到加载位移至 62.4 mm 时，各级三次循环加载曲线基本重合，说明此时试件在低周反复加载作用下恢复能力较强；加载位移至 85.6 mm 时，第一次循环时滞回曲线仍能够保持完整的弓形，随后第二次循环时开始出现捏缩，曲线开始向反 S 形发展，同时构件恢复力出现明显下降；加载位移至 109.2 mm 时，梁端部混凝土压碎现象严重，梁纵筋出现弯曲和滑移现象，曲线捏缩现象加剧，呈现出明显的反 S 形，并且循环只加载了两次，荷载下降到峰值荷载的 80%，达到破坏。

（2）试件 YZ-1、YZ-2、YZ-3 和 YZ-4 均为梁底筋采用小直径高强钢筋的预制装配框架梁柱连接节点，其主要区别在于构造形式不同。试件 YZ-2 在梁端键槽底部设置了小型加密箍筋，试件 YZ-3 梁端上部也采用了高强钢筋，试件 YZ-4 键槽内凿毛采用气泡膜构件表面成型工艺。从滞回形状来看，试件 YZ-1、YZ-2 和 YZ-3 的形状较为接近，三个试件的滞回曲线均与现浇对比试件 XJ-1 的曲线大体相似。从开始到加载位移至 31.2 mm 时，曲线保持着较好的线弹性性质，滞回环接近于直线，耗能及残余变形均较小。加载位移至 46.8 mm 时，滞回曲线出现明显的屈服平台，试件屈服，同时曲线开始出现少许捏缩现象，呈现出弓形滞回环。从开始加载到加载位移至 62.4 mm 时，各级三次循环加载曲线基本重合，试件恢复性能较好。加载位移至 85.6 mm 时，曲线捏缩现象严重，同时恢复性能下降。加载位移至 109.2 mm 时，试件 YZ-1 和 YZ-2 循环加载了两次，荷载出现明显下降，试件 YZ-3 循环加载了三次，说明对于加载位移比较大的情况，试件 YZ-1 和 YZ-2 不弱于现浇构件，YZ-3 强于现浇构件。试件 YZ-2 在加载位移至 109.2 mm 这一级时滞回环仍然是一个捏缩的弓形，并没有像其他试件一样出现明显的反 S 形，说明在梁端键槽底部设置小型加密箍筋可以提高试件的滞回耗能性能。试件 YZ-3 滞回曲线相较于现浇试件来说，曲线捏缩现象较严重，这是由于试件的梁上下纵筋均采用 600 级高强钢筋，屈服时产生较大的塑性变形，同时梁配筋率也较小，造成其滞回曲线比较不饱满。试件 YZ-4 由于试件制作加工原因，在加载位移至 46.8 mm 时梁柱结合面就已形成通长的垂直裂缝，在加载过程中裂缝反复张合，造成其滞回曲线从加载初期捏缩现象就比较严重。

2）骨架曲线

将各级加载中循环的荷载峰值连接起来得出骨架曲线，各试件的骨架曲线如图 5-14 所示。

由试件骨架曲线图可以看出，各试件的滞回曲线大致可以分为弹性、塑性和极限破坏三个阶段。试件屈服之前，荷载-位移曲线呈线弹性关系，在屈服点附近出现拐点，之后承载力上升趋势大幅度减缓，到达峰值荷载后，承载力开始下降。为方便进行对比，将五个试件的骨架曲线放在一起，如图 5-15 所示，通过对比可得到以下几点：

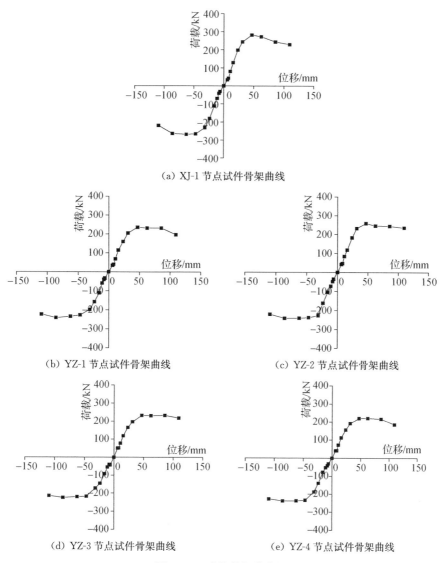

(a) XJ-1 节点试件骨架曲线

(b) YZ-1 节点试件骨架曲线　　　　　(c) YZ-2 节点试件骨架曲线

(d) YZ-3 节点试件骨架曲线　　　　　(e) YZ-4 节点试件骨架曲线

图 5-14　试件骨架曲线图

（1）试件 XJ-1 为典型的现浇梁柱节点试件骨架曲线，在低周反复荷载作用下经历了弹性状态、屈服状态、极限状态和破坏状态，曲线屈服平台较长，说明试件具有很好的延性；加载至最大位移 109.2 mm 时，由于梁端下部混凝土严重压碎剥落，下部钢筋受压弯曲，试件承载力下降明显，试件破坏。

（2）四个预制试件的骨架曲线总体形状与现浇试件相似，呈现出弹性、屈服、极限和破坏四个阶段，骨架曲线的屈服平台较长，说明预制试件也具有良好的塑性变形能力。相对于现浇试件 XJ-1 来说，预制试件屈服后承载力下降较为缓慢，这是由于预制试件高强底筋处于键槽上部，而现浇试件钢筋位置在梁的位置靠上，加载位移较大时所受弯矩相对较小。试件 YZ-2 的峰值荷载大于 YZ-1，这是由于试件 YZ-2 的梁在键槽部位有附加小箍筋，由于小箍筋的约束作用，键槽内部混凝土的极限压应变有所提高，从而提高了节点的承载力。试件 YZ-3 和其他试件相比,到达峰值荷载之后,其承载力下降最为缓慢。这是由于试件 YZ-3 的梁上部和下部均采用高强钢筋,具有较好的延性,因此其承载力下降较为缓慢;梁纵筋采用高强钢筋的装配式梁柱连接,具有较好的承载力和延性性能,抗震性能良好。

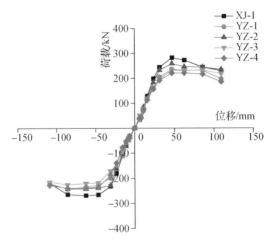

图 5-15　试件骨架曲线对比分析图

5.2.6　强度对比与强度退化

1) 强度对比

采用等能量法确定试件屈服荷载,将五个试件的荷载特征值统计于表 5-5。从试验结果来看,预制试件 YZ-1、YZ-2、YZ-3 和 YZ-4 的正反方向峰值荷载平均值比现浇试件 XJ-1 分别低 13.5%、9.0%、17% 和 16%。从试件承载力来看,预制试件要弱于现浇试件,这一方面是由于预制试件梁底高强纵筋位于键槽内,键槽底部厚度设计值为 40 mm,在试件加工过程中由于制作原因键槽底部厚度实际值为 50 mm,梁截面有效高度降低;另一方面从试验结果来看,键槽与后浇混凝土并没有完全共同工作,而试验设计时按照"等强等弯矩"原则设计,将新旧混凝土按照整体来进行配筋设计,简化的设计方法还需进一步改进。从强屈比来看,预制试件的强屈比和现浇试件基本相同,强屈比系数均接近1.1,说明预制试件同现浇试件一样,具有较高的安全储备。

表 5-5　试件强度

试件编号	加载方向	开裂荷载 (kN)	屈服荷载 F_y(kN)	峰值荷载 F_{max}(kN)	破坏荷载 (kN)	强屈比 F_{max}/F_y	强屈比平均值
XJ-1	正向	40.01	258.47	281.64	239.39	1.09	1.09
	负向	−39.61	−248.45	−268.50	−228.23	1.08	
YZ-1	正向	27.74	215.91	235.66	200.31	1.09	1.10
	负向	−32.12	−217.01	−240.00	−204.00	1.11	

续表 5-5

试件编号	加载方向	开裂荷载（kN）	屈服荷载 F_y(kN)	峰值荷载 F_{max}(kN)	破坏荷载（kN）	强屈比 F_{max}/F_y	强屈比平均值
YZ-2	正向	42.15	239.25	258.2	219.47	1.08	1.07
	负向	−46.34	−231.59	−242.22	−205.89	1.05	
YZ-3	正向	41.90	206.71	232.32	197.47	1.12	1.12
	负向	−39.91	−200.61	−221.89	−188.61	1.11	
YZ-4	正向	29.66	199.07	220.96	187.82	1.11	1.09
	负向	−36.32	−225.41	−239.15	−203.28	1.06	

2）强度退化

试件的强度退化用强度退化系数来表示，强度退化系数计算方法详见 4.2.7 节。五个试件的强度退化系数见表 5-6。

表 5-6　试件强度退化系数

加载位移（mm）	循环次数	XJ-1 正向	XJ-1 反向	YZ-1 正向	YZ-1 反向	YZ-2 正向	YZ-2 反向	YZ-3 正向	YZ-3 反向	YZ-4 正向	YZ-4 反向
6.2	1	1.053	0.849	0.964	0.991	1.003	1.019	0.956	0.944	0.984	0.944
	2	0.984	0.975	0.957	0.987	0.962	0.981	0.825	0.946	0.678	0.976
7.8	1	0.977	0.966	0.983	0.990	0.967	0.972	1.005	0.953	0.970	0.986
	2	0.966	0.958	0.936	0.986	1.018	0.957	1.020	0.945	0.958	0.977
10.9	1	0.985	0.983	0.971	0.985	0.999	0.960	0.951	0.965	0.974	0.980
	2	0.976	0.986	0.961	0.974	0.936	0.949	0.957	0.945	0.959	0.970
15.6	1	0.920	0.970	0.961	0.841	0.955	0.959	0.899	0.987	0.908	1.002
	2	0.909	0.955	0.947	0.847	0.941	0.945	0.894	0.941	0.856	0.998
23.4	1	0.956	0.974	0.999	0.953	0.921	0.956	0.942	0.969	0.944	0.996
	2	0.944	0.961	0.984	0.939	0.947	0.937	0.932	0.953	0.927	0.970
31.2	1	0.973	0.996	0.969	0.967	0.962	0.958	0.969	0.958	0.960	0.968
	2	0.960	0.992	0.956	0.952	0.930	0.945	0.956	0.945	0.938	0.956
46.8	1	0.920	0.961	0.931	0.979	0.905	0.967	0.938	0.948	0.937	0.958
	2	0.898	0.949	0.916	0.968	0.889	0.951	0.919	0.936	0.908	0.937
62.4	1	0.956	0.975	0.961	0.977	0.965	0.972	0.963	0.984	0.919	0.948
	2	0.940	0.956	0.945	0.963	0.946	0.952	0.949	0.975	0.872	0.898
85.6	1	0.960	0.901	0.956	0.962	0.962	0.962	0.938	0.952	0.857	0.915
	2	0.922	0.814	0.875	0.918	0.940	0.930	0.904	0.912	0.789	0.860

加载位移（mm）	循环次数	XJ-1		YZ-1		YZ-2		YZ-3		YZ-4	
		正向	反向	正向	反向	正向	反向	正向	反向	正向	反向
109.2	1	0.835	0.816	0.782	0.832	0.764	0.663	0.825	0.829	0.824	0.881
	2	—	—	—	—	—	—	0.680	0.643	—	—

由表中数据可知,试件从开始加载到加载位移至 85.6 mm 时,试件的强度退化系数均较高,说明试件在低周反复荷载作用下承载力降低较慢。试件同一级加载第三次循环的强度退化系数和第二次循环的强度退化系数相差不大,说明试件第三次循环的强度基本能够维持在第二次循环的强度水平。为便于观察和比较,将五个试件的强度退化系数绘制在图 5-16 中,其中试件的强度退化系数取同一循环正反方向的强度退化系数的平均值。

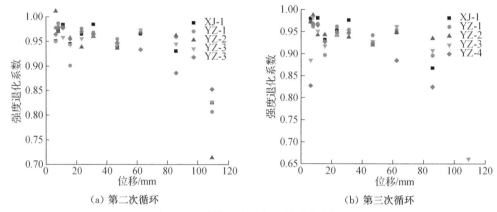

（a）第二次循环　　　　　　　　（b）第三次循环

图 5-16　试件强度退化系数对比分析图

从试件强度退化系数对比分析图可以看出,试件的强度退化趋势大致相同,加载位移至 85.6 mm 之前,试件强度退化系数变化较为平缓,维持在 0.95 左右。加载位移达到 109.2 mm 后,试件强度退化系数急剧下降,这是由于此时试件梁端混凝土被压碎剥落,试件破坏。相对于现浇试件来说,预制试件在加载前期强度退化系数相对较小,加载位移至 62.4 mm 时,预制试件 YZ-1、YZ-2 和 YZ-4 的强度退化系数与现浇试件持平,加载位移至 85.6 mm 时,现浇试件的强度退化系数相对于预制试件下降更快。试件 YZ-3 的强度退化系数在前期加载均小于其他试件,说明其强度退化更加明显,加载位移至 109.2 mm 时,试件 YZ-3 的强度退化系数大于其他试件。综上所述,梁纵筋采用高强钢筋的预制试件在加载位移较大的情况下,强度退化优于现浇试件,能够更好地维持试件的强度,具有较高的安全储备。

5.2.7　延性对比与刚度退化

1）延性对比

利用等能量法确定屈服位移后,将荷载下降至极限荷载的 85% 所对应的位移作为极限位移。本次试验试件的位移延性系数见表 5-7。

表 5-7　试件位移延性系数表

试件编号	加载方向	屈服位移 D_y(mm)	极限位移 D_u(mm)	延性系数 D_u/D_y	平均值
XJ-1	正向	37.26	109.2	2.93	2.87
	负向	38.85	109.2	2.81	
YZ-1	正向	36.80	109.2	2.97	2.81
	负向	41.34	109.2	2.64	
YZ-2	正向	35.51	109.2	3.08	3.04
	负向	36.36	109.2	3.00	
YZ-3	正向	35.76	109.2	3.05	2.86
	负向	41.07	109.2	2.66	
YZ-4	正向	35.36	109.2	3.09	2.80
	负向	43.67	109.2	2.50	

通过表 5-7 可以看出：

(1) 试件的位移延性系数基本接近于 3，说明试件在低周反复荷载作用下破坏状态属于延性破坏。《建筑抗震设计规范》(GB 50011—2010)规定钢筋混凝土框架弹塑性层间位移角限值为 2.0%，而由表 5-7 可知该新型装配式框架节点的极限位移为 109.2 mm (位移角为 3.5%)，满足抗震规范要求。

(2) 预制试件的延性系数和现浇试件基本持平，说明装配式高强底筋锚入式混凝土梁柱节点具有较好的延性性能。同时通过对比试件 YZ-1 和 YZ-2 可以发现，在梁键槽处加入附加箍筋可以提高试件的延性。

2) 刚度退化

每一级加载时的刚度取当前位移的第一个循环峰值点的割线刚度来表示，图 5-17 为五个试件在加载过程中的刚度退化曲线。从图中可以看出五个试件的刚度退化曲线形状大致相似，试件加载初期，刚度衰减较快，主要是由于加载初期，试件梁上混凝土开裂导致试件刚度不断降低。加载位移至 10 mm 左右时，试件刚度曲线均出现小程度的异常上升，之后又恢复正常，这主要是由于本次试验加载装置的底座钢板之间存在摩擦力导致试件刚度在此区间段出现异常升高。随着加载位移的增加，试件刚度恢复正常，因此该刚度退化曲线仍具有参考价值。五个试件的刚度退化曲线规律基本相同，不考虑中间异常段，在前期加载阶段，试件刚度退化较严重，曲线大幅下降，随着加载位移的增加，试件刚度衰减速度减慢，整个衰减过程中，刚度衰减比较均匀，无明显突变，至最后大位移加载阶段，曲线基本趋于平缓。

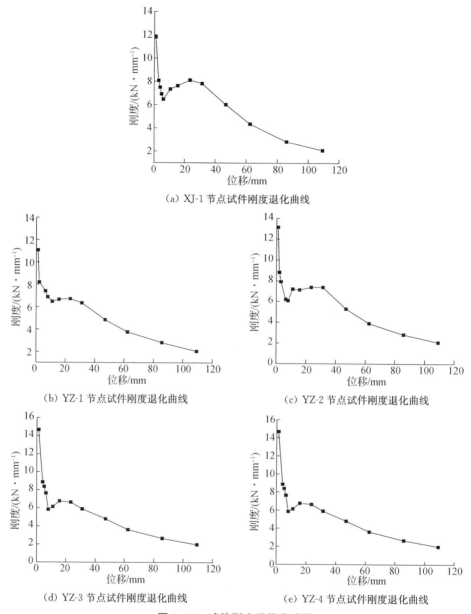

（a）XJ-1 节点试件刚度退化曲线

（b）YZ-1 节点试件刚度退化曲线

（c）YZ-2 节点试件刚度退化曲线

（d）YZ-3 节点试件刚度退化曲线

（e）YZ-4 节点试件刚度退化曲线

图 5-17　试件刚度退化曲线图

为方便进行对比,将各试件的刚度退化曲线绘于同一图形中进行对比,如图 5-18 所示。通过对比可以发现,五个试件初始刚度最高的是试件 YZ-3,刚度最低的是试件 YZ-1,但相差不大。试件开裂后,预制试件与现浇试件的刚度基本相同。加载位移 10.9 mm 至 46.8 mm 阶段,预制试件的刚度小于现浇试件的刚度,这是由于预制试件的梁柱结合面是一个薄弱处,此处产生的裂缝较多,使得预制试件的刚度较低。与试件 YZ-1 相比,试件 YZ-2 表现出较好的刚度,这是由于在梁端键槽处设置了小型加密箍筋,由于小箍筋的约束作用,键槽内部混凝土的极限压应变有所提高,混凝土破坏较轻,使得试件的刚度在加载过程中有所提高。试件 YZ-1、YZ-3 和 YZ-4 的刚度在加载过程中基本保持一致,说

明梁上部采用高强钢筋对试件的刚度影响不大。

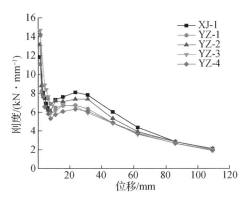

图 5-18　试件刚度退化曲线对比分析图

5.2.8　能量耗散能力

根据滞回曲线可以计算出各试件在低周反复荷载下的耗能和累积耗能，其滞回环面积越大，表示耗能能力越强，具体计算值如表 5-8 所示。在加载初期，滞回环面积较小，因此表中直接以加载位移 23.4 mm（位移角 1.5%）开始进行计算。

表 5-8　试件耗能值

加载位移	循环次数	耗能值 E(kN·mm)				
		XJ-1	YZ-1	YZ-2	YZ-3	YZ-4
$\Delta=23.4$ mm	1	1 254	1 458	1 330	1 675	1 271
	2	755	906	837	1 004	865
	3	662	804	776	934	743
$\Delta=31.2$ mm	1	2 659	2 453	2 200	2 441	2 345
	2	1 720	1 564	1 412	1 682	1 568
	3	1 471	1 418	1 237	1 539	1 360
$\Delta=46.8$ mm	1	9 608	8 343	9 082	7 548	7 497
	2	8 588	6 576	7 350	5 682	5 270
	3	7 653	5 772	6 194	4 936	4 364
$\Delta=62.4$ mm	1	17 571	14 389	15 225	12 732	11 873
	2	16 300	12 955	13 614	11 158	9 487
	3	14 913	11 544	12 143	9 731	7 803
$\Delta=85.8$ mm	1	30 686	25 311	26 408	21 959	17 853
	2	25 078	21 745	22 367	17 449	12 714
	3	19 797	17 924	18 858	13 894	10 550

续表 5-8

加载位移	循环次数	耗能值 E(kN·mm)				
		XJ-1	YZ-1	YZ-2	YZ-3	YZ-4
	1	29 900	26 453	30 239	22 489	18 678
Δ＝109.2 mm	2	23 268	18 980	20 986	16 471	14 599
	3	—	—	—	13 620	12 052

对表 5-8 进行分析可得：

（1）各个试件在加载初始阶段由于滞回曲线面积较小，因此初始节点耗能较小，同时由于节点在低周反复加载过程中产生损伤积累，因此相同位移下的三次循环加载中，每一次循环加载循环的耗能值均比上一次相同位移循环耗能值要小。

（2）各个试件均有较好的耗能能力，各个节点的单周滞回耗能呈阶梯状上升，耗能值随着位移的增加而不断增大，同时由于反复荷载的损伤积累，耗能增长在后期变缓。

（3）试件 YZ-4 由于加工原因，在加载位移至 46.8 mm 时梁柱结合面就已形成通长的垂直裂缝，在加载过程中裂缝反复张合，因此其耗能能力不如其他试件。

为了更好地对比各个试件的耗能情况，将试件的累积耗能放在同一张图中，如图 5-19 所示。可以发现随着位移的增大，各节点的总耗能趋势大致相同。对比试件 YZ-1 和 YZ-2 可以发现，在试件的梁键槽内加入附件小箍筋可以提高试件的耗能能力。

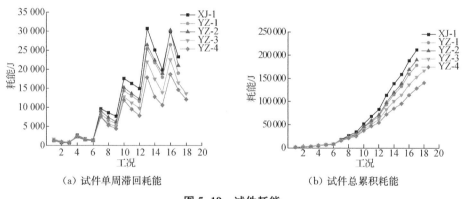

（a）试件单周滞回耗能　　　　　　　　（b）试件总累积耗能

图 5-19　试件耗能

根据滞回曲线可以计算出各个构件在不同加载位移情况下的等效粘滞阻尼系数，如图 5-20 所示。对比分析可以发现：

（1）各个试件的等效粘滞阻尼系数曲线的整体趋势大致相同。试件屈服前，试件的等效粘滞阻尼系数较小，试件屈服后，试件的等效粘滞阻尼系数呈上升趋势，此时滞回曲线越来越饱满，试件的耗能能力随着加载位移的增加而不断增强。随着试件加载位移的增加，滞回曲线的捏缩现象加剧，等效粘滞阻尼系数达到最大值后出现下降。

（2）试件 YZ-2 的粘滞阻尼系数大于试件 YZ-1，说明在键槽处增加附加小箍筋可以提高其试件的耗能能力。

（3）通过对比试件 YZ-1 和试件 YZ-3 的等效粘滞阻尼系数可以发现，梁上部采用高强钢筋后试件的耗能能力减弱。

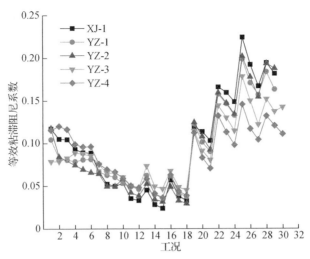

图 5-20　试件等效粘滞阻尼系数

5.3　部分高强筋梁柱连接塑性铰长度研究与设计原则

常规钢筋混凝土结构在遭遇地震作用时,通过局部构件的破坏或者损伤来吸收和耗散地震输入结构的能量,减轻地震对建筑内部的设施、人员以及其他构件的伤害。对于抗震性能良好的结构来说,往往在最大弯矩截面处首先发生纵筋屈服,截面的变形和曲率急剧增大。在该截面附近的混凝土不论是受拉区还是受压区都产生很大的局部变形,受压区形成集中的塑性变形区域,当截面弯矩达到极限弯矩时,转角急剧增大,相当于出现一个"铰",即所谓的塑性铰。塑性铰区域是钢筋混凝土构件破坏集中区域,在抗击地震冲击波的过程中要吸收和消耗较多的地震能量,关系到整个结构的抗震耗能能力。同时,塑性铰也是构件塑性变形的集中区域,结构的极限变形能力和延性性能往往决定于塑性铰区的变形能力,如果塑性铰区变形能力弱,那么整个结构在地震作用下的变形和延性也会相对较弱,不利于抗震。大量试验表明,钢筋混凝土结构的内力重分布主要是在结构产生塑性铰以后完成的,即结构在强度极限状态时,其真实内力取决于塑性铰的性能[1]。因此,在钢筋混凝土超静定结构的非弹性分析中,塑性铰的基本性能起着重要作用。可以说,钢筋混凝土塑性铰的性能对钢筋混凝土结构的抗震性能,非线性分析,钢筋混凝土超静定结构的变形、内力大小及其分布等都有明显的影响,塑性铰长度成了进行结构延性计算和塑性设计的一种重要参数,也是结构进行抗震加固的重要依据。对于等同现浇类的预制装配混凝土结构,塑性铰的形成和性能对于整个结构的抗震性能具有更加重要的作用,许多装配式混凝土结构正是由于在地震作用下未能充分形成塑性铰,因而抗震性能弱于现浇混凝土结构。

国内外学者对塑性铰,特别是塑性铰长度进行了大量研究,得出了许多有益的结论。

然而关于塑性铰的认识仍然没有形成统一的观点,针对装配式混凝土结构的塑性铰分析几乎没有,部分高强筋梁柱连接由于梁的顶、底部钢筋强度、配筋率均与普通钢筋混凝土梁柱连接存在着差异,故对部分高强筋梁柱连接塑性铰展开分析具有重要的意义。本章结合试验研究,采用物理塑性铰的概念,对部分高强筋梁柱连接的塑性铰,特别是作为关键参数的塑性铰长度进行研究和分析,填补这方面研究的空白,提供关于塑性铰长度的新观点。

5.3.1 塑性铰长度定义

目前,关于塑性铰长度的定义存在两种观点,一种观点认为塑性铰长度是用于结构非线性分析的力学概念,通过相关变形物理量计算等效而来,本书称为"分析塑性铰长度";另一种观点认为,塑性铰长度在物理意义上是真实存在的,能够通过试验手段测量获得,本书称为"物理塑性铰长度"。

1) 分析塑性铰长度

Park 和 Paulay[2]在前人的研究基础上,将塑性铰长度概念延伸到悬臂构件,形成了等效塑性铰长度的概念。如图 5-21 所示,钢筋混凝土悬臂构件实际曲率 ϕ_u 分布可以简化为沿长度范围线性分布的屈服曲率 ϕ_y 和沿塑性铰区均匀分布的塑性曲率 ϕ_p 相叠加的形式。假定塑性转动全部集中于等效塑性铰区内,则构件顶部位移由屈服位移 Δ_y 和塑性位移 Δ_p 组成。

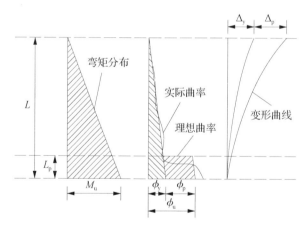

图 5-21 等效塑性铰长度概念

位移 Δ 可以用式(5-6)表示。

$$\Delta = \Delta_y + \Delta_p = \Delta_y + (\phi_u - \phi_y)L_p(L - 0.5L_p) \tag{5-6}$$

式中:L_p——等效塑性铰长度。

根据图 5-21,屈服位移 Δ_y 可以很容易地推导出,见式(5-7)。

$$\Delta_y = \frac{\phi_y L^2}{3} \tag{5-7}$$

将式(5-6)进一步简化,可以得到位移延性系数与等效塑性铰长度、曲率延性系数的关系,见式(5-8)。

$$\mu_\Delta = 1 + 3(\mu_\phi - 1)\frac{L_p}{L}\left(1 - 0.5\frac{L_p}{L}\right) \tag{5-8}$$

式中:μ_Δ——位移延性系数;

$\quad\mu_\phi$——塑性铰区截面曲率延性系数。

等效塑性铰长度与塑性铰区截面曲率和顶端侧向位移有关,对塑性铰区截面曲率和顶部变形进行测量,通过公式可以很方便地计算出等效塑性铰长度。值得注意的是,上述关系是建立在弯矩分布的基础上得出的,但实际测量曲率和变形再反推出的等效塑性铰长度包含了钢筋滑移和剪切变形的影响。

2) 物理塑性铰长度

关于物理塑性铰长度,由于关注物理量的不同,因而主要存在着三种认识,即曲率相关塑性铰长度、钢筋屈服塑性铰长度和混凝土损伤塑性铰长度。

(1) 曲率相关塑性铰长度

由于非线性转角主要集中在塑性铰区段内,在该区段内截面均具有较大的非线性截面曲率,超越此区域非线性曲率就逐渐下降为零。对于支座区域,从支座到非线性曲率基本为零截面之间的距离就是塑性铰长度[3]。

在实际试验中测量曲率集中区域长度时有多种方法。李振宝等[4]通过拉压钢筋的应变差与距离之比来确定构件的曲率 ϕ,曲率计算见式(5-9)。将屈服时,将通过最靠近支座处的钢筋应变计算的曲率作为屈服曲率;极限状态时,大于此曲率的区段即为塑性铰长度。李振宝等还采用了架设百分表直接测量混凝土表面变形的方式来确定塑性铰长度,该方法与上述钢筋应变法类似。Jiang C[5]等通过光学 DIC 图像处理技术来测量构件表面曲率,将线性和非线性曲率变化之间的临界点作为分割点,非线性曲率部分作为塑性铰长度。

$$\phi = \frac{|\varepsilon_1| + |\varepsilon_2|}{h_d} \tag{5-9}$$

式中:ε_1、ε_2——纵筋拉、压应变;

$\quad h_d$——拉、压纵筋的间距。

(2) 钢筋屈服塑性铰长度

对于一般受弯钢筋混凝土构件,塑性铰的形成始于最大弯矩截面的纵向受拉钢筋屈服。随着纵筋屈服,变形增大,截面中性轴不断上升,混凝土受压区高度逐渐减小,使得截面屈服曲率迅速增长。同时,纵筋与混凝土间粘结破坏,使裂缝间受拉钢筋应力趋于均匀,最后受压边缘混凝土达极限压应变,压区混凝土压碎,截面达到极限承载力。由于塑性铰区钢筋拉应变远比混凝土边缘压应变大,而截面中和轴位置大致保持不变,因而等效钢筋塑性应变分布长度被认为是塑性铰长度[6]。为了便于理解和测量,一般认为最外侧纵筋的屈服长度即为塑性铰长度[7-8]。

对于塑性铰区钢筋应变的测量,试验时常将主钢筋先刨成半圆截面并铣出凹槽,将应变片贴在槽中以后,再把两根半圆钢筋合成整根钢筋,这样处理既可以保持主钢筋表面原状,不影响钢筋与混凝土之间的粘结性能,又可以准确地测量钢筋的应变。为了减少工作量,也可以直接在钢筋外表面沿纵向铣窄槽贴上应变片后再用环氧树脂封起来,但是钢筋表面略有改变。

(3)混凝土损伤塑性铰长度

在塑性铰区域,构件的变形集中,混凝土受拉开裂或者受压破碎,其损伤较为严重,也是塑性铰最为明显的标志。通过混凝土损伤来确定塑性铰长度,不但可以深入了解塑性铰区域的抗震性能,而且也能作为建筑加固和修复的重要参数。

在实际通过确认混凝土损伤来确定塑性铰长度时,也存在多种方式。Elmenshawi等[9]在试件加载结束后,将混凝土碎块去除,剩下的未脱落部位到试件底部的距离作为塑性铰长度,这考虑了混凝土保护层的损伤。Bae等[10]通过截面分析获得混凝土受压应变沿构件长度方向的分布曲线,再以受压钢筋屈服应变作为基准,以与混凝土受压应变分布曲线相交获得的点作为临界点,该临界点到构件底座的距离减去0.25倍试件截面高度后获得的长度即为塑性铰长度,其中0.25倍的试件截面高度范围是底座额外约束造成的构件端部破坏较小区域。Ho[11]通过人为观测来确定混凝土损伤塑性铰长度,其将箍筋约束范围内的混凝土破碎作为塑性铰的标志,不考虑混凝土保护层的影响。

5.3.2　塑性铰长度模型

塑性铰长度对结构的抗震性能、非线性结构分析、结构设计、抗震加固等方面均具有重要的意义。自20世纪50年代开始,国内外学者对塑性铰长度进行了大量研究,提出了许多塑性铰长度计算模型。本章集中搜集了具有一定代表性的塑性铰计算模型,并对其进行简略介绍。

1)国外塑性铰长度计算模型

(1)Baker模型

20世纪50年代,为了研究钢筋混凝土梁、柱的弯矩与曲率的关系,由欧洲混凝土委员会支持,六个试验室对94个钢筋混凝土梁、柱试件进行了试验。试验研究的主要参数包括混凝土强度、钢筋屈服强度、受压或受拉钢筋数量、加载方式以及轴压力等。基于这些试验结果,1956年,Baker[12]提出了以下塑性铰计算公式,见式(5-10)。

$$L_p = k_1 k_2 k_3 \left(\frac{z}{d}\right)^{\frac{1}{4}} d \qquad (5-10)$$

式中:k_1——钢筋类型影响系数,普通钢筋取0.7,冷加工钢筋取0.9;

　　　k_2——轴压力影响系数;

　　　k_3——混凝土等级影响系数;

　　z——临界截面到相邻反弯点的距离；

　　d——构件截面有效高度。

　　1962 年，Bate 等[13]对钢筋混凝土结构极限荷载进行计算分析时，对轴压力影响系数和混凝土等级影响系数进行了进一步明确和简化，见式(5-11)和(5-12)。

$$k_2 = 1 + 0.5\frac{P}{P_u} \tag{5-11}$$

$$k_3 = \begin{cases} 0.6 & f_c' = 42 \text{ MPa} \\ 0.9 & f_c' = 14 \text{ MPa} \end{cases} \tag{5-12}$$

式中：P——压弯作用下极限轴压承载力；

　　　　P_u——仅轴压作用下极限轴压承载力；

　　　　f_c'——混凝土轴心抗压强度。

　　Baker 指出，z/d 取值在实际常用范围内时，塑性铰长度的取值一般在 $0.4d$ 到 $2.4d$ 之内。z/d 比值的意义类似于剪跨比，反映了弯矩梯度的影响。1964 年，Baker 和 Amarakone[14]将上述模型进行了简化，见式(5-13)。

$$L_p = 0.8k_1 k_3 \left(\frac{z}{d}\right)c \tag{5-13}$$

式中：c——构件破坏时的受压区高度。

　　(2) Mander 模型

　　基于坎特伯雷大学先前已有的对钢筋混凝土柱塑性铰长度的试验研究，Mander[15]提出了轴压力与截面高宽比对塑性铰长度影响不大的主张. 通过对试验数据的分析和对比，Mander 认为 0.5 倍截面高度可以用于塑性铰长度的简单估算。进一步对已有的试验结果进行分析，Mander 提出造成钢筋混凝土柱塑性变形的两个因素主要是弯矩分布梯度和钢筋屈服应变渗透，其中钢筋屈服渗透效应的长度可以通过纵筋直径近似表示。除渗透效应造成的等效塑性铰长度外，剩余的部分约为跨度的百分之六。故而，Mander 提出的塑性铰长度计算模型见式(5-14)。

$$L_p = 32\sqrt{d_b} + 0.06L \tag{5-14}$$

式中：d_b——纵筋直径；

　　　　L——构件跨度或长度。

　　(3) Paulay 和 Priestley 模型

　　Park 等[16]试验加载了四个足尺混凝土柱试件，截面尺寸为 550 mm×550 mm，跨高比为 2，施加的轴压比在 0.2 到 0.6 之间变化。结合试验结果，他们通过式(5-6)估算了试件等效塑性铰长度，发现试验获得的塑性铰长度受轴压力、纵筋配筋率以及纵筋屈服强度的影响较小，并且塑性铰长度接近 0.42 倍的截面高度，于是建议可以采用 0.4 倍截面高度简略地估算构件塑性铰长度。采用类似的方法，Priestley 和 Park[17]提出了一种塑性铰长度模型,见式(5-15)。式(5-15)右端第一项主要考虑柱的弯曲效应,第二项则考虑由于纵筋拉伸应变渗入基础而导致的钢筋-混凝土粘结滑移效应。

$$L_p = 0.08L + 6d_b \qquad (5\text{-}15)$$

1992 年,Paulay 和 Priestley[18]对理论曲率进行了修正,将剪切效应和应变渗透效应产生的塑性曲率等效集中于塑性铰长度范围内。随着纵筋进入强化阶段,纵筋应力大于钢筋与混凝土的粘结强度,纵筋与底座锚固混凝土会产生粘结滑移效应。基于这些考虑,Paulay 和 Priestley 对式(5-15)进行了修正,并且包含了不同钢筋强度级别的影响,见式(5-16)。对于常见典型的钢筋混凝土柱,按式(5-16)估算的塑性铰长度大约为 0.5 倍的截面高度。

$$L_p = 0.08L + 0.022d_b f_y \geqslant 0.044d_b f_y \qquad (5\text{-}16)$$

式中:f_y——纵筋屈服强度。

Paulay 和 Priestley 模型,即式(5-16),具有较为广泛的影响,多个国家或者地区的规范中关于塑性铰长度的计算规定均是以此模型作为基础。美国 Caltrans 规范[19]采用的桥墩塑性铰长度计算公式即为式(5-16)。中国现行的《公路桥梁抗震设计规范》(JTG/T 2231-01—2008)[20]以式(5-16)为主要表达式,但是提出了不能大于 $2/3b$(b 为矩形截面桥墩的短边尺寸或圆形截面桥墩直径)的要求。欧洲 Eurocode 8 规范[21]规定的塑性铰长度计算公式见式(5-17)。

$$L_p = 0.08L + 0.015d_b f_y \qquad (5\text{-}17)$$

(4) Panagiotakos 和 Fardis 模型

Panagiotakos 和 Fardis[22]对超过 1 000 个钢筋混凝土构件的试验数据进行了分析,基于平截面假定进行钢筋混凝土构件屈服和极限变形的计算研究。构件变形的计算涉及塑性铰长度的取值,依据前人的研究,他们认为塑性铰长度仍然是构件长度或跨度和纵筋直径与屈服强度乘积的函数。通过对 875 个试件结构的研究和拟合,并考虑了单调加载和反复加载的影响,他们发现单调荷载作用下的塑性铰长度比反复荷载作用下的塑性铰长度长出约 0.5 倍左右,建议的计算模型见式(5-18)。

$$L_p = \begin{cases} 0.12L + 0.014a_{sl}d_b f_y & 反复荷载 \\ 1.5(0.12L + 0.014a_{sl}d_b f_y) = 0.18L + 0.021a_{sl}d_b f_y & 单调荷载 \end{cases} \qquad (5\text{-}18)$$

式中:a_{sl}——滑移影响系数,当纵筋能够从基础发生滑移时取 1,当纵筋不能从基础发生滑移时取 0。

(5) Ho 模型

Ho[11]在研究正常强度混凝土和高强混凝土梁、柱的非线性分析设计问题时,对 20 个混凝土柱进行了低周反复荷载试验,研究了混凝土强度、柱轴压力、纵筋配筋率、横向钢筋体积配箍率和强度、横向钢筋形式以及搭接钢筋位置对高强混凝土柱非线性响应的影响。试验完成后,通过多种方法进行了试件破坏后的塑性铰区域长度的获取,包括直接观测、曲率量测、基于转角反算和基于位移反算等。他发现,对于柱来说,塑性铰长度随着轴压力和混凝土强度的增大而增大,随着横向钢筋配箍率的增大而减小。

通过数据回归分析等手段,确定了影响混凝土构件塑性铰长度的主要因素为轴压力、纵筋和横向钢筋的配筋量以及混凝土抗压强度。最终提出的塑性铰长度公式见式(5-19)。

$$L_p = \left[20 \left(\frac{P}{A_g f'_c} \right)^{0.5} \left(\frac{f'_c}{f_{ys}} \right)^{1.5} \left(\frac{\rho}{\rho_s} \right)^{0.5} + 0.6 \right] h \quad (5\text{-}19)$$

式中:P——轴压力;

A_g——截面全面积;

f'_c——混凝土轴心抗压强度;

f_{ys}——横向钢筋屈服强度;

ρ——纵向钢筋配筋率;

ρ_s——横向钢筋体积配箍率;

h——全截面高度。

(6) Bae 模型

Bae 等[10]通过四个低周反复荷载加载的柱试验,研究了轴向力、剪跨比及配筋率等参数对塑性铰长度的影响。试件是剪跨比为 5 或 7、混凝土强度为 42 MPa、截面为 610 mm×610 mm 或者 440 mm×440 mm 的方形截面钢筋混凝土柱。塑性铰长度通过柱端混凝土受压应变曲线来确定,主要为混凝土损伤类的塑性铰长度。结果显示,柱受到的弯矩达到极限弯矩和屈服弯矩时,塑性铰长度会随跨度的增大而增大。轴压力较低时,对塑性铰长度影响不明显;轴压力增大后,塑性铰长度会随着压力的增大而增大。纵筋配筋率的增大在某种程度上延长了混凝土压碎纵筋屈服至最终破坏的过程,增加了塑性铰长度。

基于试验和数据分析,Bae 考虑轴压力和配筋的影响,提出了塑性铰长度计算模型,见式(5-20)。

$$L_p = \left[0.3 \left(\frac{P}{P_0} \right) + 3 \left(\frac{A_s}{A_g} \right) - 0.1 \right] L + 0.25h \geqslant 0.25h \quad (5\text{-}20)$$

式中:P_0——$0.85 f'_c (A_g - A_s) + f_y A_s$;

A_s——钢筋截面积。

2) 国内塑性铰长度计算模型

(1) 沈聚敏模型

沈聚敏等[23]对 107 根钢筋混凝土柱进行了归纳总结,这些试件长为 2 m,截面尺寸为 120 mm×200 mm 或者 150 mm×200 mm 两种,剪跨比和箍筋相同。根据实测的弯矩-曲率关系以及在最大荷载开始卸载时构件的位移,推算出塑性铰区长度、极限曲率和极限位移都以最大荷载持续到开始卸载时的实测数值为准。他们发现塑性铰长度除个别试件外,一般约在 $(0.2 \sim 0.5)h_0$ 范围内变化,平均约为 $0.3h_0$,在超筋情况下塑性铰长度约为

0,混凝土强度、配筋率及轴向力等因素对塑性铰长度的影响并不明显。最终建议的等效性铰长度经验公式见式(5-21)。

$$L_p = (0.2 \sim 0.5)h_0 \qquad (5-21)$$

式中:h_0——截面有效高度。

(2)袁必果模型

袁必果[24]对 14 根尺寸为 150 mm×100 mm×1500 mm 的钢筋混凝土柱进行了拟静力加载试验。他认为塑性铰的实际长度在受拉钢筋上及在受压力较大一侧的混凝土上一般是不相等的。从实测情况看,当试件属于受压破坏时,受拉钢筋上的塑性区为零,混凝土受压塑性区则分布较长;当试件属于受拉破坏时,受拉塑性区较长,约为 $1.5h_0 \sim 2.8h_0$,而受压塑性区则较短,约为 $0.4h_0 \sim 1.5h_0$;接近平衡破坏时,二者相近。

袁必果考虑塑性铰长度范围内曲率的塑性部分是变化的,且试件受拉塑性区与受压塑性区的实测长度又多数都不相等,存在着塑性区长度的变异性,故引入折算塑性铰长度来计算塑性铰长度,见式(5-22)。

$$\bar{l}_s = \frac{200}{3 - e^{-1.25\frac{e_0}{\eta h_0}} - e^{-2.5\frac{e_0}{\eta h_0}}} \qquad (5-22)$$

式中:e_0——初始偏心距;

   η——偏心距增大系数;

   e——自然底数;

   h_0——截面有效高度。

(3)段炼模型

段炼等[1]提出根据破坏形态的不同,塑性铰分为三种形式:以受拉钢筋首先达到流限为标志的弯拉铰,以受压区混凝土首先达到其极限压缩变形而受拉钢筋尚未屈服为特征的弯压铰和有显著发展斜拉裂缝的弯剪铰。通过 9 根三跨连续梁和 16 根简支梁静载试验对弯拉铰进行了试验研究,实测挠度和曲率,计算出塑性铰长度,得出 26 个塑性铰长度试验数据。通过数理统计方法得出塑性铰计算模型公式,见式(5-23)。其最显著的特点是通过截面受压区高度来综合反映配筋率、截面高度和材料种类等因素的影响。

$$L_p = (0.8 - 0.6\xi)(0.1h_0 + 0.13a) \qquad (5-23)$$

式中:ξ——截面受压区高度;

   a——荷载作用点至临界截面的距离。

(4)朱伯龙模型

朱伯龙等[25]曾对钢筋混凝土受弯构件进行过试验研究,将主钢筋先刨成半圆截面并铣出凹槽,将应变片贴在槽中以后,再把两根半圆钢筋合成整根钢筋,用以研究钢筋混凝土塑性铰的形成和发展。他们认为塑性铰长度是最大曲率过渡到屈服曲率区段的长度,其值随配筋率的增大而减小。在坂静雄公式[26]的基础上,考虑轴向压力影响,提出了压弯构件的塑性铰长度公式,见式(5-24)。

$$L_p = 2\left[1 - 0.5\left(\mu_s f_y - \mu_s' f_y' + \frac{N}{bh}\right)\middle/ f_c\right]h_0 \qquad (5-24)$$

式中:μ_s、μ_s'——受拉、受压钢筋的配筋率;

f_y、f_y'——受拉、受压钢筋的屈服强度;

f_c——混凝土轴心抗压强度;

b、h——截面宽度和高度;

h_0——截面有效高度;

N——轴向压力。

(5)高振世模型

高振世等[6]指出国内外塑性铰长度计算公式多种多样,然而计算结果出入较大,塑性铰长度计算方法需要进一步研究。对于塑性铰长度,高振世等认为,杆端受拉塑性铰区的钢筋拉应变远比混凝土边缘压应变大,而截面中和轴的位置大致保持不变,等效钢筋塑性应变分布长度即是等效塑性铰长度,临界截面取在节点内钢筋最大应变处。

高振世等采用相同外形尺寸及配筋构造的构件进行了八榀刚架不变竖向加载和单调水平加载的试验研究,着重考虑了塑性铰长度与轴压比、钢筋类型以及反弯点至临界截面距离的关系。研究表明,塑性铰长度随反弯点至临界截面距离的增加而增加,随轴压比的增加而减小,采用变形钢筋的构件塑性铰长度大于采用光圆钢筋的构件。根据分析和试验结果数据,归纳了等效塑性铰长度极限值的经验公式,见式(5-25)。

$$L_p = k(1 + 0.1z)(0.62 - 1.2n)h \qquad (5-25)$$

式中:z——剪跨比;

n——轴压比;

k——钢筋类型影响系数,变形钢筋 $k = 1.0$,光圆钢筋 $k = 0.9$。

(6)王福明模型

王福明等[27]通过加载对称横向的轴压柱来分析不同配筋率、不同轴压比和不同剪跨比对压弯构件塑性铰性能的影响,共 27 个试件,按照三种跨度、三种配筋率和三种轴向荷载进行设计。基于试验结果分析,提出了塑性铰计算公式,见式(5-26)。

$$L_p = (0.12h_0 + 0.04a)\left(1.65 - 0.65\frac{N}{f_c b h_0}\right) \qquad (5-26)$$

式中:h_0——截面有效高度;

b——截面宽度;

N——轴向压力;

f_c——轴心抗压强度;

a——弯矩零点到塑性铰临界截面的距离。

（7）杨春峰、郑文忠模型

杨春峰、郑文忠等[28]认为等效塑性铰长度与极限曲率和屈服曲率的差成正比，但通过试验测得的极限曲率和屈服曲率建立起来的等效塑性铰区长度计算公式计算塑性铰区的转角时，所得结果是偏于保守的，实际长度大于理论长度，故可以认为等效塑性铰区的长度由理论长度和扩展长度两部分组成。忽略钢筋拉应变渗透的影响，理论塑性铰长度为弯矩大于屈服弯矩的区段长度，由几何关系推得，扩展长度主要考虑平均剪应力密度因素，最终得出的等效塑性铰区长度公式见式(5-27)。

$$L_p = 0.075z + \frac{\sqrt{r}h_0}{3} \tag{5-27}$$

式中：r——剪力密度，$r = V/bh_0$，V 为剪力，b 为截面宽度，$r > 3$ 时取 $r = 3$；

z——临界截面到相邻反弯点的距离；

h_0——截面有效高度。

5.3.3 塑性铰长度计算模型汇总

为了便于比较和分析，将以上模型进行编号，统一列于表5-9中。

表 5-9 塑性铰长度计算模型

序号	模型	表达式
1	Baker 模型	$L_p = k_1 k_2 k_3 \left(\frac{z}{d}\right)^{\frac{1}{4}} d$，$k_2 = 1 + 0.5\frac{P}{P_u}$，$k_3 = \begin{cases} 0.6 & f'_c = 42 \text{ MPa} \\ 0.9 & f'_c = 14 \text{ MPa} \end{cases}$
2	Mander 模型	$L_p = 32\sqrt{d_b} + 0.06L$
3	Paulay 和 Priestley 模型	$L_p = 0.08L + 0.022d_b f_y \geqslant 0.044d_b f_y$
4	Panagiotakos 和 Fardis 模型	$L_p = \begin{cases} 0.12L + 0.014a_{sl}d_b f_y & \text{反复荷载} \\ 1.5(0.12L + 0.014a_{sl}d_b f_y) = 0.18L + 0.021a_{sl}d_b f_y & \text{单调荷载} \end{cases}$
5	Ho 模型	$L_p = \left[20\left(\frac{P}{A_g f'_c}\right)^{0.5}\left(\frac{f'_c}{f_{ys}}\right)^{1.5}\left(\frac{\rho}{\rho_s}\right)^{0.5} + 0.6\right]h$
6	Bae 模型	$L_p = \left[0.3\left(\frac{P}{P_0}\right) + 3\left(\frac{A_s}{A_g}\right) - 0.1\right]L + 0.25h \geqslant 0.25h$
7	沈聚敏模型	$L_p = (0.2 \sim 0.5)h_0$
8	袁必果模型	$\bar{l}_s = \dfrac{200}{3 - e^{-1.25\frac{e_0}{h_0}} - e^{-2.5\frac{e_0}{h_0}}}$
9	段炼模型	$L_p = (0.8 - 0.6\xi)(0.1h_0 + 0.13a)$
10	朱伯龙模型	$L_p = 2\left[1 - 0.5\left(\mu_s f_y - \mu'_s f'_y + \frac{N}{bh}\right)\middle/ f_c\right]h_0$
11	高振世模型	$L_p = k(1 + 0.1z)(0.62 - 1.2n)h$

序号	模型	表达式
12	王福明模型	$L_p = (0.12h_0 + 0.04a)\left(1.65 - 0.65\dfrac{N}{f_c b h_0}\right)$
13	杨春峰、郑文忠模型	$L_p = 0.075z + \dfrac{\sqrt{r h_0}}{3}$

5.3.4　部分高强筋梁柱连接试验塑性铰

塑性铰最初的提出是为了便于对钢筋混凝土结构或者构件进行非线性变形计算,故而分析塑性铰的概念迄今为止仍然占有着重要地位。随着对塑性铰认识的加深,其作用和内涵越来越丰富。塑性铰的出现本质上是结构或者构件局部破坏的集中体现,而局部集中的破坏关系到整个结构的受力性能和地震响应,故而塑性铰对整体结构的可靠性有重要影响。目前主流的承载力设计方法则希望能够主动控制塑性铰的位置以及性能,出现具有良好抗震性能的所谓"梁铰破坏机制"或者"混合破坏机制"。三种物理塑性铰中,曲率相关塑性铰长度本质上也是出于对结构或者构件变形计算的需要,通过物理量测的方法确定塑性铰长度,相对于分析塑性铰来说,具有了明确的物理意义。钢筋屈服塑性铰长度和混凝土损伤塑性铰长度是从钢筋混凝土破坏损伤的角度来认识塑性铰的本质,塑性铰在一定程度上也能够反映出结构的抗震性能,一般认为更长的塑性铰长度代表了更好的耗能能力。另外,塑性铰区也是损伤加固重点关注的区域,其重要性越发凸显。钢筋屈服塑性铰长度的获取需要沿钢筋长度方向连续粘贴应变片,从而确定钢筋屈服区段的长度,实施较为困难;混凝土损伤塑性铰长度的获得相对容易,但容易受到人员因素的影响。

在众多塑性铰长度模型中,考虑荷载施加方式的较少,在表 5-9 中,仅 Panagiotakos 和 Fardis 模型考虑了单调荷载和反复荷载的区分。实际上,钢筋混凝土材料在地震荷载作用下受到拉、压两个方向的荷载作用,拉、压均对塑性铰区造成损伤和破坏。故本章认为塑性铰长度的确定应该同时考虑拉、压两个荷载作用状态的情况,以便综合反映塑性铰的损伤情况。

由于部分高强筋梁柱连接的梁下部受力钢筋主要位于键槽内部,从受力上而言,键槽内部的后浇混凝土部分传力更加直接。因此,为进一步了解预制梁键槽内的破坏状况,将预制构件梁端破坏区域的预制键槽凿除,观察内部破坏情形。由于试验原因,试件 YZ-4 梁端键槽未剥除观察。现浇试件 XJ-1 和预制试件 YZ-1、YZ-2、YZ-3 的塑性铰形态和长度如图 5-22 所示。可以发现,预制构件梁端键槽内现浇混凝土的破坏情况相对于键槽表面更加严重,说明预制部分与现浇部分不能完全形成整体,破坏主要发生在键槽内的现浇混凝土部分。

根据拉-压综合塑性铰长度概念和量取方法,将各试件最后一次加载循环回到零位置处的破坏形态作为试件的最终破坏状态,量取梁端上下部位混凝土受拉的可见裂缝和受压的破碎部分到柱边的长度,预制构件量取现浇混凝土部分的长度值,如图 5-22 所示,二者的平均值作为该部位的塑性铰长度。

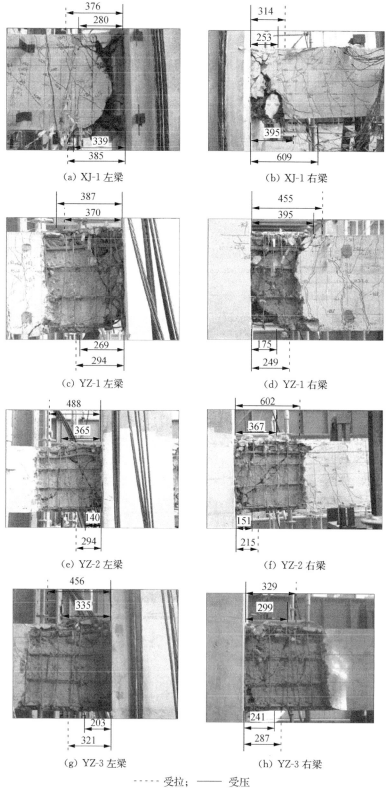

（a）XJ-1 左梁　　　　　　　　　（b）XJ-1 右梁

（c）YZ-1 左梁　　　　　　　　　（d）YZ-1 右梁

（e）YZ-2 左梁　　　　　　　　　（f）YZ-2 右梁

（g）YZ-3 左梁　　　　　　　　　（h）YZ-3 右梁

----- 受拉；——— 受压

图 5-22　塑性铰形态和长度

表 5-10 为试验塑性铰形态和长度。由表可知,各个试件的梁上部混凝土塑性铰长度较为接近,相差不大。部分高强筋梁柱连接预制梁柱连接的梁上区域均为叠合现浇层,说明通过叠合现浇方式形成整体的预制连接,其叠合层部位的塑性铰长度与现浇试件较为相似,初步可以确定预制构件叠合层部位的塑性铰长度可以直接采用现浇构件塑性铰长度进行计算。然而,预制连接的梁下部区域存在预制和后浇区域,构造形式与现浇试件较为不同,主要传力为键槽内的后浇混凝土。从塑性铰长度上来说,预制试件梁下部塑性铰长度也相差较大,因而预制构件的梁下部塑性铰长度不能直接采用现浇构件塑性铰计算模型。

表 5-10 试验塑性铰长度(单位:mm)

试件	部位	左梁		右梁		平均
		受拉	受压	受拉	受压	
XJ-1	上部	376	280	314	253	306
	下部	385	339	395	609	432
YZ-1	上部	370	387	395	455	402
	下部	294	269	249	175	247
YZ-2	上部	488	365	602	367	456
	下部	294	140	215	151	200
YZ-3	上部	456	335	329	299	355
	下部	321	203	287	241	263

5.3.5 部分高强筋梁柱连接塑性铰长度模型

1)基本形式

由表 5-9 可知,国内外学者提出了大量的塑性铰长度计算模型,但大多数模型均只考虑单向加载的情况。Panagiotakos 和 Fardis 提出了考虑加载方式的塑性铰长度模型,可以适用于受反复荷载作用的构件。本章以 Panagiotakos 和 Fardis 模型的低周反复荷载部分作为基础,考虑预制形式、混凝土局部横向约束、钢筋相对强度和配筋率的影响,提出适用于部分高强筋梁柱连接塑性铰长度计算模型,见式(5-28)。

$$L_p = 0.12(1-\eta)k_c L + (0.014-\lambda_s)a_{sl}d_b f_y \tag{5-28}$$

式中:η——预制形式影响系数;

k_c——混凝土局部横向约束影响系数;

λ_s——纵筋配筋率影响系数。

(1)预制形式影响系数 η

目前大部分应用的装配式混凝土结构均采用叠合现浇的形式连接预制构件形成整体,其天然存在后浇混凝土与预制混凝土的粘结面。已有研究表明[29],未经处理的新老混凝土结合面的抗剪和抗折强度仅为整浇混凝土抗剪和抗折强度的 60% 左右。故本章认为采用叠合现浇形式形成整体的预制结构在反复荷载的作用下,其新老混凝土结合面将提早破坏,进而削弱了构件的整体性,导致受力较大部位的混凝土破坏将更加严重,塑性铰长度相对也更大。

部分高强筋梁柱连接均采用了梁端键槽式的预制梁,其在键槽部位存在多处新老混凝土结合面,梁下部塑性铰较大地受到预制混凝土和后浇混凝土粘结面的影响,导致该部位的塑性铰长度相对于现浇试件变大。对于梁端键槽式的装配式混凝土试件,建议预制形式影响系数 η 采用预制部位截面积与总截面积之比来体现该部分的影响,见式(5-29)。对于现浇试件和预制试件的叠合层部位,不考虑预制形式的影响,η 取 0。

$$\eta = \frac{A_p}{A_0} \tag{5-29}$$

式中:A_p——键槽式预制叠合混凝土构件中预制部分截面积;

A_0——键槽式预制叠合混凝土构件总截面积。

(2)混凝土局部横向约束影响系数 k_c。

大部分现有的塑性铰模型均是依据一定数量的现浇试件试验结果,通过力学概念推导和数学统计回归的方式提出的,大部分的试验试件均采用了常规的箍筋约束形式,但较少有学者对常规的箍筋约束影响进行单独考虑。实际上,大多数塑性铰模型中,通过数学统计回归形成的关键系数往往包含了常规箍筋约束的影响,因而对于常规的混凝土试件,采用现有塑性铰模型进行分析时不需要特别考虑箍筋约束对混凝土的影响。然而,部分高强筋装配式框架梁柱连接在键槽内增设了 $\Phi 8@50$ 的加密小箍筋,在梁端下部形成了局部的混凝土横向约束加强区,提高了该部位的混凝土极限压应变,从而在较小的区域可以形成较大的混凝土变形而保持不被破坏,导致该部位的混凝土塑性铰长度相对变小。故混凝土局部横向约束影响系数 k_c 可以通过局部横向约束加强区内混凝土极限应变与普通混凝土极限应变的关系来予以考虑。建议采用普通混凝土极限应变与局部横向约束加强区内混凝土极限应变之比,见式(5-30)。当无局部横向约束加强区箍筋时,不需要考虑其影响,k_c 取 1.0。

$$k_c = \frac{\varepsilon_u}{\varepsilon_{cu}} \tag{5-30}$$

式中:ε_{cu}——局部横向约束加强区内混凝土极限压应变;

ε_u——普通混凝土极限压应变。

局部横向约束加强区内混凝土可当作约束混凝土进行计算,本章采用 Saatcioglu[30] 提出的约束混凝土本构,其针对矩形箍筋约束混凝土极限应变的计算见式(5-31)~(5-34),其中普通混凝土极限压应变 ε_u 在无试验数据的情况下,建议取 0.003 8。

$$\varepsilon_{cu} = 260\rho\varepsilon_1 + \varepsilon_u \tag{5-31}$$

$$\rho = \frac{\sum A_{sc}}{s(b_{cx} + b_{cy})} \tag{5-32}$$

$$\varepsilon_1 = \varepsilon_{01}\left(1 + \frac{k_1 f_{le}}{f_c}\right) \tag{5-33}$$

$$k_1 = 6.7(f_{le})^{-0.17} \tag{5-34}$$

式中：$\sum A_{sc}$—— 局部加强箍筋两个方向总面积；

s—— 局部加强箍筋间距；

b_{cx}、b_{cy}—— 局部加强箍筋两个方向的长度；

ε_{01}—— 普通混凝土受压峰值强度对应的应变，无试验数据时，建议取 0.002；

f_c—— 普通混凝土峰值应力；

ρ—— 体积配箍率；

ε_1—— 考虑约束效应的峰值应变；

k_1—— 系数；

f_{le}——等效均布横向约束应力。

对于矩形箍筋，等效均布横向约束应力 f_{le} 需要通过两个箍筋肢方向的等效均布横向约束应力 f_{lex} 和 f_{ley} 进一步等效转化而来，见式(5-35)。其中 f_{lex} 的计算见式(5-36)～(5-38)，f_{ley} 的计算与 f_{lex} 类似，相应参数采用另一方向的取值。

$$f_{le} = \frac{f_{lex}b_{cx} + f_{ley}b_{cy}}{b_{cx} + b_{cy}} \tag{5-35}$$

$$f_{lex} = k_2 f_{lx} \tag{5-36}$$

$$f_{lx} = \frac{\sum A_{scx} f_{yt}}{sb_{cy}} \tag{5-37}$$

$$k_{2x} = 0.26\sqrt{\left(\frac{b_{cy}}{s}\right)\left(\frac{b_{cy}}{s_{ly}}\right)\left(\frac{1}{f_{lx}}\right)} \leqslant 1.0 \tag{5-38}$$

式中：$\sum A_{scx}$—— 局部加强箍筋在 f_{lex} 方向的箍筋总截面积；

f_{yt}——局部加强箍筋屈服强度；

f_{lx}——x 方向名义约束应力；

k_{2x}—— 系数；

s_{ly}——局部加强箍筋垂直于 f_{lex} 方向的角部纵筋的间距。

（3）相对钢筋的屈服强度比 γ_s 和配筋率影响系数 λ_s

大部分的塑性铰模型作为依据的基础数据往往来自对称配筋的试件加载试验，所以往往忽略了试件纵筋配筋率的影响，仅有少数模型考虑了纵筋配筋率的影响，如 Ho 模型、Bae 模型、段炼模型等，但也基本不考虑试件两个方向配筋不一致的情况。然而，钢筋混凝土在反复拉压作用下，钢筋部分承受了相当部分的压力和所有拉力，其配筋率的大小直接影响相应部位的混凝土受力大小，故对混凝土塑性铰长度具有显著的影响。且相对部位的钢筋屈服应变也会影响构件在屈服状态下的转角大小,进而显著改变塑性铰长度。由于截面上下两个部位的纵筋受力时为一拉一压状态,因而截面上下两部位的纵筋对塑性铰长度均有影响,故建议通过相对钢筋的屈服强度比 γ_s 和配筋率影响系数 λ_s 考虑钢筋的影响,见式(5-39)和(5-40)。

$$\gamma_s = \frac{f_{y2}}{f_{y1}} \tag{5-39}$$

$$\lambda_s = \rho_1 - \gamma_s \rho_2 \tag{5-40}$$

式中:ρ_1、f_{y1}——塑性铰部位的纵筋配筋率及屈服强度;

　　ρ_2、f_{y2}——塑性铰相对部位的纵筋配筋率及屈服强度。

2)结果验证

将试件实际参数代入本章提出的改进型塑性铰长度计算模型进行塑性铰长度计算,与本章试验塑性铰长度进行比较,如图5-23所示。从图中可知,用本章提出的计算模型得到的塑性铰长度计算结果与试验结果较为接近。

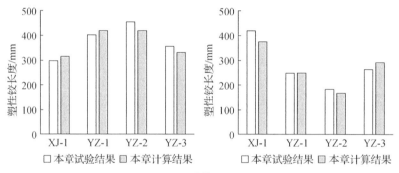

图 5-23　计算结果对比

5.3.6　部分高强筋梁柱连接设计原则

根据试验结果可知,部分高强筋梁柱连接的抗震性能与现浇结构极为接近,故总体设计思路仍采用等同现浇的基本原则,主要的设计方法可参照4.4节,其中塑性铰长度的取值应按照5.3.5节的计算公式进行确定。

本章参考文献

[1]段炼,王文长,郭苏凯.钢筋混凝土结构塑性铰的研究[J].四川建筑科学研究,1983,9(3):16-22.

[2]Park R, Paulay T. Reinforced Concrete Structures[M]. New York: John Wiley & Sons,1975.

[3]贾远林,陈世鸣,王新娣.预应力组合梁在负弯矩作用下的塑性铰长度研究[J].郑州大学学报(工学版),2009,30(3):5-8.

[4]李振宝,张岩,解咏平,等.钢筋混凝土柱塑性铰长度尺寸效应研究[J].北京工业大学学

报,2014,40(9):1334-1340.

[5] Jiang C,Wu Y F,Wu G. Plastic hinge length of FRP-confined square RC columns[J]. Journal of Composites for Construction,2014,18(4):04014003.

[6] 高振世,庞同和. 钢筋混凝土框架单元的延性和塑性铰性能[J]. 南京工学院学报,1987, 17(1):106-117.

[7] 李振宝,郭珺,周宏宇,等. 钢筋混凝土梁塑性铰长度变化规律及尺寸效应[J]. 北京工业 大学学报,2015,41(6):873-879.

[8] 王义俊,汪梦甫. 钢筋混凝土剪力墙塑性铰长度计算模型研究[J]. 工业建筑,2016,46 (5):80-85.

[9] Elmenshawi A,Brown T,El-Metwally S. Plastic hinge length considering shear reversal in reinforced concrete elements[J]. Journal of Earthquake Engineering, 2012, 16 (2): 188 -210.

[10] Bae S,Bayrak O. Plastic hinge length of reinforced concrete columns[J]. ACI Structural Journal,2008,105(3):290-300.

[11] Ho C M. Inelastic design of reinforced concrete beams and limited ductile high-strength concrete columns[D]. Hong Kong:The University of Hong Kong,2003.

[12] Baker B. The Ultimate Load Theory Applied To The Design of Reinforced & Prestressed Concrete Frames[M]. London:Concrete Publications Ltd. ,1956.

[13] Bate S C, Horne M R, Marshall W T, et al. Ultimate load design of concrete structures [J]. Proceedings of the Institution of Civil Engineers,1962,21(2):399-442.

[14] Baker A,Amarakone A M N. Flexural Mechanics of Reinforced Concrete[M]. Farmington Hills,MI:American Concrete Institute,1964.

[15] Mander J B. Seismic design of bridge piers [D]. Christchurch: The University of Canterbury,1983.

[16] Park R, Priestley M J N, Gill W D. Ductility of square-confined concrete columns[J]. Journal of the Structural Division,1982,108(4):929-950.

[17] Priestley M J N,Park R. Strength and ductility of concrete bridge columns under seismic loading[J]. ACI Structural Journal,1987,84(1):61-76.

[18] Paulay T,Priestley M J N. Seismic design of reinforced concrete and masonry buildings [M]. New York:John Wiley & Sons,1992.

[19] California Department of Transportation. Seismic design criteria, Version 1. 6 [S]. Sacramento,2010.

[20] 中华人民共和国交通运输部. 公路桥梁抗震设计规范:JTG/T 2231-01—2008[S]. 北京: 人民交通出版社,2008.

[21] Committee European De Normalization. Design of structures for earthquake resistance- part 2:bridges[S]. Brussels,2005.

[22] Panagiotakos T B,Fardis M N. Deformations of reinforced concrete members at yielding

and ultimate[J]. ACI Structural Journal,2001,98(2):135-148.

[23] 沈聚敏,翁义军. 钢筋混凝土构件的变形和延性[J]. 建筑结构学报,1980,1(2):47-58.

[24] 袁必果. 钢筋混凝土压弯构件塑性铰的试验研究[J]. 南京工学院学报,1981,11(3):117-129.

[25] 朱伯龙,董振祥. 钢筋混凝土非线性分析[M]. 上海:同济大学出版社,1985.

[26] 坂静雄,山田稔. 铁筋コンクリート プテスチックヒヅの回転限界[J]. 日本建筑学会论文报告集58号,1958.

[27] 王福明,曾建民,段炼. 钢筋混凝土压弯构件塑性铰的试验研究[J]. 太原工业大学学报,1989,20(4):20-29.

[28] 杨春峰,郑文忠,于群. 钢筋混凝土受弯构件塑性铰的试验研究[J]. 低温建筑技术,2003,25(1):38-40.

[29] 何伟. 新老混凝土界面粘结强度的研究[D]. 长沙:湖南大学,2005.

[30] Saatcioglu M,Razvi S R. Strength and ductility of confined concrete[J]. Journal of Structural Engineering,1992,118(6):1590-1607.

第**6**章

局部预应力装配整体式
混凝土梁柱连接研究与设计

6.1 概述

在抗震装配式混凝土框架结构中,我国大量采用湿式连接进行工程项目的建设,无法避免预制构件伸出钢筋相互干扰造成吊装效率不高的问题,无法彻底解决节点区搭设模板现浇混凝土导致的步骤多、周期长的问题,前述的多种新型高效装配整体式梁柱连接在一定程度上提高了吊装效率,具有一定的进步意义,但仍然无法彻底改变常规现浇混凝土环节安装效率不高、施工组织不灵活等问题。因此,本章提出一种局部预应力装配整体式混凝土梁柱连接方法,拟实现安装阶段无支架施工、使用阶段抗震性能良好的目的。

1)构造形式

如图 6-1 所示,局部后张预应力装配式混凝土框架节点包括带节点柱段的预制混凝土柱、预制混凝土梁、节点区局部预应力筋、预制混凝土板和后浇混凝土叠合面层。预制柱可采用与吊装起重设备能力相匹配的单层或多层预制混凝土柱,梁柱节点的柱段与柱身一体化预制,梁柱节点区设置柱侧牛腿,预留竖向交叉弧形预应力筋孔道,预制混凝土柱之间及与基础之间采用灌浆套筒连接。

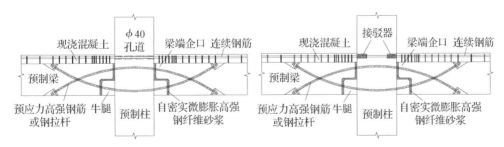

图 6-1 局部预应力装配整体式混凝土梁柱连接示意图

预制柱也可进一步采用分段预制,包括上下分段预制的混凝土柱节点区和混凝土柱下段,混凝土柱节点区预留纵向贯穿且分布在截面周边的钢筋孔道和截面中部的竖向预压拼接螺栓孔道。混凝土柱下段顶面伸出的纵向钢筋对应穿过预留钢筋孔道,并延伸至节点区之上,混凝土柱下段顶面伸出的张拉螺杆对应穿过竖向预压拼接预留孔道,混凝土柱节点区和混凝土柱下段由混凝土环氧拼缝胶粘合,拼缝由张拉螺栓压接并挤压密贴,钢筋孔道和竖向预压拼接孔道内灌浆。

预制梁为先张法预应力或钢筋混凝土梁,梁端设有台阶状企口,并设有与预制混凝土柱对应的竖向交叉弧形预应力筋孔道,梁端附近顶底面预留张拉锚固槽口。预应力筋和纵向钢筋预留孔道均采用镀锌金属波纹管成孔。预制梁、柱间的竖向接缝宽 30 mm,水平接缝宽 20 mm,在预应力筋张拉前,采用高强自密实微膨胀钢纤维砂浆灌缝。弧形预应力筋为高强、高延伸率的 630 级钢拉杆或 HTRB 630 级高强钢筋,断后伸长率均在 15% 以上,布置在梁端 2 倍梁高范围内,上下预应力筋竖向交叉布置,交叉点距离柱边约 1 倍梁高。采用小型千斤顶在预制梁的顶、底面张拉,施加微预应力并用螺母锚固,张拉应力约为 200~400 MPa。预应力筋处理成有粘结,张拉后灌浆和封锚。施加的预应力满足施工阶段承担后续施工荷载的需要,另外纵向钢筋采用 HRB 400 级普通钢筋,以保证高强钢筋与普通钢筋同时受拉屈服。预制梁端企口上半部分截面高度内布置纵向钢筋,预应力筋尾部交错在预制梁的上下层纵向钢筋之间形成搭接连接。

框架预制梁上部叠合面层内的纵向主受力钢筋通过在预制柱的节点柱段内预留孔道或预埋钢筋接驳器实现连续布置,叠合梁上部纵向钢筋可穿过梁柱节点多跨通长布置,或在多跨间进行搭接连接、焊接连接或机械连接。预制板的叠合面层内楼板面层钢筋在预制柱段周边切断,不连续通过节点柱段截面,最后整体现浇预制梁和预制板顶的叠合面层混凝土。

施工阶段,预制梁通过梁端的企口搁置在预制柱节点区柱段侧牛腿上,可实现预制梁的无临时支架搁置安装作业,将预制梁调准至设计标高,预制柱和预制梁端预留的左、右竖向弧形预应力筋孔道位置相互对位,形成完整的弧形交叉预应力筋孔道。弧形预应力筋从预制梁上下面预留张拉端穿入预应力孔道并张拉锚固,梁端张拉槽口封锚,完成预制梁与预制柱的干式连接,形成干式连接无楼板的承力框架结构,能够承受后续的搁置预制混凝土板和安装板面叠合面层内钢筋等荷载。

使用阶段,预制板铺设在交叉梁系的各框架梁上,绑扎预制梁顶叠合层钢筋,纵向主受力钢筋通过在预制柱的节点柱段内预留孔道或钢筋接驳器实现连续布置,在预制板和预制梁上部 60~200 mm 预留高度范围内后浇混凝土叠合面层,完成预制混凝土梁、预制混凝土柱及预制混凝土板的湿式连接,形成干湿混合式连接的有楼板的装配整体式框架结构。

2)施工流程

(1)安装本层相邻柱网的若干根预制柱;(2)安装本层预制梁,梁柱间隙灌缝,穿弧形预应力筋并张拉锚固,然后封锚和孔道灌浆,完成预制梁与预制柱的干式连接;(3)本层预制混凝土板搁置在框架结构的预制混凝土梁上,安装叠合面层内纵向钢筋与封口箍筋,并绑扎固定;(4)重复步骤(2)(3),采用流水作业逐跨安装预制梁、预制板、绑扎叠合面层钢筋和预埋电线管等;(5)按相同步骤安装上一层预制柱、预制梁;(6)整体后浇本楼层混凝土叠合面层,完成预制梁、柱和板的湿式连接;(7) 重复步骤(1)～(6)完成整个装配整体式混凝土框架结构的施工。步骤(4)～(6)可采用交叉作业同步施工,见图 6-2。

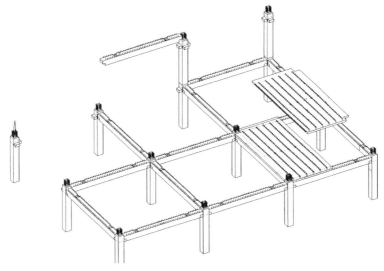

图 6-2　立体交叉施工示意图

6.2　局部预应力梁柱连接抗震性能试验研究

6.2.1　试件设计

本次试验取上下柱反弯点、左右梁反弯点之间的十字形节点作为试验构件的形式,如表 6-1 所示。设计了 5 个足尺框架梁柱中节点试件进行低周反复荷载试验,包括 1 个现浇试件 CP 和 4 个预制试件 PC-1、PC-2、PC-3 和 PC-4。基于试验室场地和加载工装的限制确定试件尺寸,两侧梁各长 3 m,梁顶面以上柱长 1.46 m,梁底面以下柱长 1.035 m。

所有试件均按"强柱弱梁""强剪弱弯""强节点弱构件"的抗震设计要求设计。预制试件均为局部后张预应力装配式框架梁柱节点,构件尺寸和配筋相同,仅在细部构造上有所区别,试验参数包括预应力筋类型和粘结方式、梁叠合层纵筋的粘结方式和孔道灌浆料类型。

表 6-1　试件梁柱配筋表

试件编号	截面尺寸 (mm×mm)	梁上部纵筋 (配筋率,%)	梁下部纵筋 (配筋率,%)	柱纵筋 (配筋率,%)	箍筋	试验参数
CP	梁:400×600 柱:600×600	3C25+2C20 (0.945)	3C22 (0.484)	12C25 (1.633)	梁:C8@100/200 柱:C10@100/200	现浇试件
PC-1	叠合梁:400×600 预制梁:400×470 柱:600×600	3C25+2C^{H}25 (1.357)	2C^{H}25 (0.695)	12C25 (1.633)	梁:C8@50/100/200 柱:C10@100/200	钢拉杆、高强灌浆料、有粘结

续表 6-1

试件编号	截面尺寸 (mm×mm)	梁上部纵筋 (配筋率,%)	梁下部纵筋 (配筋率,%)	柱纵筋 (配筋率,%)	箍筋	试验参数
PC-2	叠合梁:400×600 预制梁:400×470 柱:600×600	3C25+2C^{H}25 (1.357)	2C^{H}25 (0.695)	12C25 (1.633)	梁:C8@50/100/200 柱:C10@100/200	钢拉杆、预应力压浆料、有粘结
PC-3	叠合梁:400×600 预制梁:400×470 柱:600×600	3C25+2C^{H}25 (1.357)	2C^{H}25 (0.695)	12C25 (1.633)	梁:C8@50/100/200 柱:C10@100/200	钢拉杆、预应力压浆料、局部无粘结
PC-4	叠合梁:400×600 预制梁:400×470 柱:600×600	3C25+2C^{H}25 (1.357)	2C^{H}25 (0.695)	12C25 (1.633)	梁:C8@50/100/200 柱:C10@100/200	高强钢筋、预应力压浆料、有粘结

注:表中 C^H 表示预应力钢筋,下同;预制试件配筋率计算时,高强钢筋按等强代换为普通钢筋,截面有效高度按现浇试件取值。

1) 现浇试件

现浇试件如图 6-3 所示,柱截面尺寸为 600 mm×600 mm,柱截面配置 12C25 纵向受力钢筋和 C8 复合箍筋,节点核心区及其上下 600 mm 范围为箍筋加密区,箍筋间距为 100 mm,其他部分箍筋间距为 200 mm。梁截面尺寸为 400 mm×600 mm,上缘配置 3C25+2C20 纵向受力钢筋,下缘配置 3C22 纵向受力钢筋,中部腰筋 4C12;同时采用 C8 三肢箍,梁端箍筋加密区为 1 m,间距为 100 mm,其他部分箍筋间距为 200 mm。

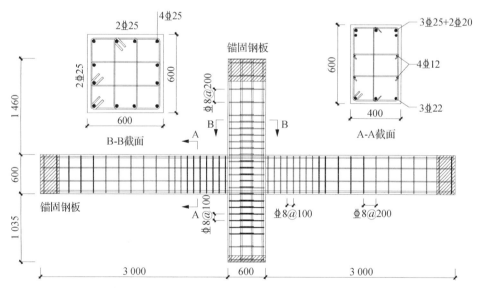

图 6-3　现浇试件设计详图(单位:mm)

2) 预制试件

局部后张预应力装配式混凝土框架节点属于等同现浇节点,根据设计设想,按照梁端截面"等强度"的原则进行钢筋换算。具体为预制构件与现浇构件尺寸保持相等,按负弯矩强度相同来确定叠合梁上部预应力筋和普通钢筋面积,叠合梁下缘预应力筋面积约取上缘总等效配筋面积的 1/2,比例维持与现浇试件一致。

4 个预制试件的试验参数包括预应力筋类型、弧形预应力筋和梁叠合层纵筋的粘结方式、预应力孔道及梁叠合层通长纵筋预留孔道灌浆料类型,见表 6-2。试件 PC-1、PC-2 和 PC-3 的预应力筋采用 630 级钢拉杆,试件 PC-4 采用 HTRB 630 级高强钢筋。630 级钢拉杆为光圆钢棒,在厂家定制成品,采用墩粗后车削螺纹和配套六角螺母锚固;HTRB 630 级高强钢筋外形尺寸同普通带肋钢筋,采用滚压螺纹和配套直螺纹套筒锚固。两者分别采用冷弯弧热定型工艺和钢筋弯弧机冷弯工艺加工。4 个预制试件的预应力管道均采用预应力专用压浆料灌浆。试件 PC-1 的叠合层钢筋孔道灌浆料采用套筒用高强砂浆灌浆料,其他 3 个预制试件采用预应力专用压浆料灌浆。预应力专用压浆料不含砂,水料比为 0.36,强度大于 60 MPa,流淌距离远,施工方便。高强砂浆灌浆料稠度大,水料比为 0.13,流淌距离短,强度大于 80 MPa,现场灌浆施工较前者困难。梁柱接缝为薄弱处,变形可能集中在此处,为防止钢筋局部应变过大而拉断,在试件 PC-3 的预应力筋和叠合层钢筋的梁端处包裹塑料胶带,进行局部粘结失效处理,失效长度为 150～200 mm。

表 6-2 预制试件试验参数表

试件	预应力钢筋类型	粘结方式		孔道灌浆料类型	
		预应力筋	叠合层纵筋	预应力筋	纵向钢筋
PC-1	630 级钢拉杆	有粘结	有粘结	预应力专用压浆料	高强砂浆灌浆料
PC-2	630 级钢拉杆	有粘结	有粘结	预应力专用压浆料	预应力专用压浆料
PC-3	630 级钢拉杆	局部无粘结	局部无粘结	预应力专用压浆料	预应力专用压浆料
PC-4	HTRB 630 级高强钢筋	有粘结	有粘结	预应力专用压浆料	预应力专用压浆料

预制试件的设计详图和实物图见图 6-4、图 6-5。柱截面尺寸为 600 mm×600 mm,叠合梁截面尺寸为 400 mm×600 mm,其中预制梁高 470 mm,叠合层厚 130 mm。预制试件柱纵向受力钢筋和箍筋配置与现浇试件相同。预制柱两侧牛腿长 200 mm,截面尺寸为 400 mm×200 mm,上缘纵向钢筋为 4C20+4C12,下缘纵筋为 4C12,穿过节点区连续布置;箍筋采用 C8 四肢箍,间距为 50 mm。预制梁上缘纵向钢筋为 3C20,下缘纵筋为 3C22。预制梁顶叠合层纵向钢筋 3C25 通过节点区连续。企口部分长 200 mm,高 230 mm,下部配置 3C20+3C12 环头钢筋。预制梁采用直径 C8 三肢箍,企口部分箍筋间距为 50 mm,企口根部的箍筋间距为 25 mm,梁端箍筋加密区间距为 100 mm,其他部分箍筋间距为 200 mm。预制梁、柱内采用 φ40 金属波纹管预留成孔,上下两层共 4 根弧形预应力钢筋,圆弧半径为 2 232 mm,上下对称布置,预应力钢筋采用直径 25 mm 的 630 级钢拉杆或 HTRB 630 级高强钢筋,张拉控制应力为 350 MPa。

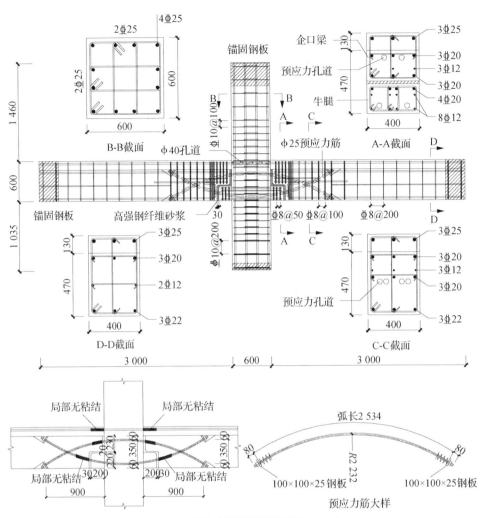

图 6-4　预制试件设计详图（单位：mm）

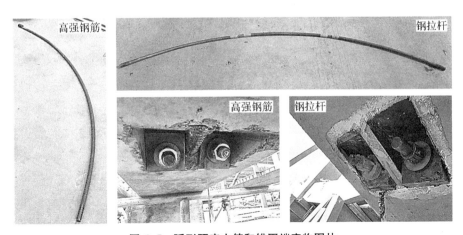

图 6-5　弧形预应力筋和锚固端实物图片

6.2.2　试件材性试验

每次浇筑混凝土时,预留 3 个 150 mm×150 mm×150 mm 混凝土试块,与试验试件进行同条件养护,在整体对试件进行试验加载时,对试块进行抗压强度试验。试验依据《混凝土结构试验方法标准》(GB/T 50152—2012)的规定,采用压力机进行测试,试验结果见表 6-3。

表 6-3　混凝土材料性能

混凝土批次	设计强度	抗压强度(MPa)
预制梁柱、现浇试件	C40	41.1
叠合层	C40	39.5

所有钢筋按照不同的规格每组预留 3 根试样,测量钢筋材料的屈服强度、极限强度和伸长率。钢筋拉伸试验依据《金属材料 拉伸试验 第 1 部分:室温试验方法》(GB/T 228.1—2010)的规定进行拉伸测试,钢筋材料力学性能指标见表 6-4。

表 6-4　钢筋材料力学性能

钢筋等级	直径(mm)	屈服强度(MPa)	抗拉强度(MPa)	断后伸长率(%)
HRB 400	8	455	641	19.0
HRB 400	12	443	623	18.6
HRB 400	20	436	611	16.8
HRB 400	22	438	615	17.1
HRB 400	25	439	598	16.9
HTRB 630	25	645	826	22.3
630 级钢拉杆	25	650	850	22.0

预应力筋和叠合层普通钢筋孔道采用的两种灌浆料即预应力专用压浆料和高强砂浆灌浆料,均为江苏苏博特新材料股份有限公司生产的成熟商用产品。SBTHF©-Ⅲ型后张预应力混凝土结构孔道压浆料在较低的水胶比下具有很好的流变性,而且还能在水化硬化的不同阶段产生微膨胀,充盈灌注的孔道。高强砂浆料为套筒专用灌浆料。梁柱接缝处灌缝用高强钢纤维砂浆灌浆料是苏博特公司为本试验专门研发的高强、早强、增韧自流平的高性能水泥基砂浆材料,采用 JGM-201 型砂浆料添加钢纤维制作而成,每 25 kg 砂浆料掺 1 kg 钢纤维。

在灌浆或灌缝施工时,各预留 3 个 40 mm×40 mm×160 mm 试块进行标准养护,按照《水泥胶砂强度检验方法(ISO 法)》(GB/T 17671—1999)进行抗折、抗压强度试验。试验在江苏华江祥瑞现代发展有限公司预制构件厂抗折强度试验机和抗压强度试验机上进行,试验结果见表 6-5。

表 6-5　灌浆料材料性能

类别	水料比	抗压强度（MPa）		抗折强度（MPa）		流动度（mm）
		1 天	28 天	1 天	28 天	
预应力专用压浆料	0.32	30.0	65.1	4.5	6.2	—
高强砂浆灌浆料	0.13	42.5	100.2	7.0	13.1	大于 325
钢纤维砂浆灌浆料	0.13	53.0	120.1	12.6	17.3	大于 325

6.2.3　试验加载装置及方案

1）加载装置

加载装置如图 6-6 所示。为了模拟梁柱十字形节点在地震荷载作用下的结构响应特性，试件柱底端和梁端均设置铰支座，在恒定竖向荷载作用下，对试件施加水平低周反复荷载，进行拟静力试验。

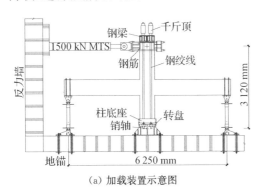

（a）加载装置示意图　　　　（b）加载装置现场照片

图 6-6　加载装置

2）加载制度

本次试验构件节点形式较复杂，屈服点不易确定，故采用位移控制加载法，通过控制构件位移角来分级加载。试验具体加载过程如下：

（1）加轴压 288 t，拟加载的竖向荷载达到 0.2 的试验轴压比（试验轴压比为竖向荷载与柱的全截面面积和混凝土实际轴心抗压强度乘积的比值）。通过柱顶部四台穿心式千斤顶张拉预应力钢绞线同步施加轴向压力，轴压分三级缓慢加载，以便检查试验装置是否正常、钢绞线受力是否均匀及轴压力是否存在偏心。在加载过程中，时刻注意施加轴压的大小，必要时进行补偿。

（2）预加载。通过作动器进行预加载，加载位移分别为 3 mm、4 mm 和 5 mm，每级循环一次，通过作动器采集的滞回曲线检查加载系统是否正常工作，并消除试件与加载装置间存在的间隙。

（3）正式开始试验。采用位移加载制度施加水平荷载，正式加载分 12 级，如图 6-7 所示，位移角分别为 0.20%、0.25%、0.35%、0.50%、0.75%、1.00%、1.50%、2.00%、

2.75%、3.50%、4.25%、5.00%，每级循环 3 次，共 36 个循环。层间位移角为柱顶水平加载点横向位移与加载点到柱底座转动铰销轴竖向距离的比值。当施加的水平荷载降到最大荷载的 80% 以下时，认为试件发生破坏。

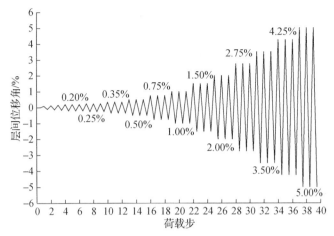

图 6-7   水平加载制度示意图

6.2.4   试验现象

1）破坏形态

图 6-8 为各试件的最终破坏形态。现浇试件 CP 为典型的梁端弯曲破坏模式，首先在梁端距柱表面 15 cm 处形成 1 条竖向贯通主裂缝，破坏时梁端下部混凝土压碎严重，大量剥落，同时纵向钢筋受压弯曲，节点核心区和柱上基本无裂缝产生。

预制试件 PC-1 也是梁端弯曲破坏模式，主裂缝沿着预制梁与柱、牛腿的水平和竖向接缝开展，非弹性变形也集中在此处，梁端上部叠合层混凝土、下部接缝附近混凝土及柱侧牛腿混凝土压碎剥落，破损范围约 15～20 cm；节点核心区有少量斜向裂缝，柱基本无裂缝产生。由此可见，新型节点为梁端弯曲破坏模式，满足"强柱弱梁"的设计原则，与预期设想相符。

预制试件 PC-2、PC-3、PC-4 的最终破坏形态与试件 PC-1 相似，同时伴有叠合层纵向钢筋在节点核心区锚固破坏，试验后期可见拉风箱式滑移。由下文可知试件 PC-3 叠合层中的 1 根纵向普通钢筋发生严重滑移，试件 PC-2 和 PC-4 叠合层中的 3 根纵向普通钢筋均发生严重滑移。

（a）试件 CP

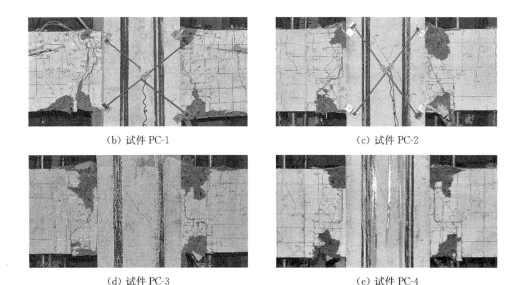

（b）试件 PC-1　　　　　　　　　　　　（c）试件 PC-2

（d）试件 PC-3　　　　　　　　　　　　（e）试件 PC-4

图 6-8　试件的最终破坏形态

2）钢筋滑移情况

试验过程中发现预制试件叠合层纵向钢筋有滑移现象，试验结束后局部凿除破损混凝土，对钢筋滑移情况进行进一步观察。预制柱中的预留孔道采用内径 40 mm 的金属波纹管成孔，叠合层纵筋 3 根 C25。试件 PC-1 叠合层的直径 C25 纵筋管道采用套筒用高强砂浆灌浆料，其他 3 个预制试件纵筋管道采用预应力专用压浆料灌浆。4 个预制试件的直径 CH25 预应力筋的管道均采用预应力专用压浆料灌浆。

在反复荷载下，试件 PC-1（高强砂浆灌浆料）梁柱接缝处钢筋周围混凝土未全部剥落，钢筋未完全外露，波纹管口处灌浆料完好，纵向钢筋未见明显滑移，说明采用高强砂浆灌浆料的叠合层纵筋锚固效果较好，见图 6-9。试件 PC-2、PC-4 采用预应力压浆料，上缘梁柱接缝处混凝土严重剥落，钢筋外露，节点区全部 3 根叠合层纵筋均可见明显滑移，波纹管内灌浆料被拔出剥落，见图 6-10、图 6-12。试件 PC-3 的钢筋在柱边处设置了局部无粘结段，上缘梁柱接缝处一侧混凝土严重剥落，钢筋外露，有 1 根纵向钢筋可见明显滑移，波纹管内灌浆料被拔出剥落，另外 2 根纵筋未见明显滑移；但 3 根钢筋可见明显受压弯曲，见图 6-11。

图 6-9　试件 PC-1 叠合层纵筋滑移情况

因此,高强砂浆灌浆料(试件 PC-1)能满足叠合层钢筋在孔道内的锚固要求,而预应力压浆料锚固性能较差。叠合层钢筋采取的局部无粘结措施(试件 PC-3)能改善接缝处的钢筋应变集中分布,从而减轻甚至避免纵向钢筋在节点区发生锚固失效和滑移,但无粘结构造会加剧钢筋受压屈曲,需保证此处箍筋布置。由此还可以推断,采用预应力压浆料灌浆的预应力筋也有可能在节点区发生滑移,尤其是对于表面光圆的钢拉杆,其锚固条件比带肋钢筋更为不利。

 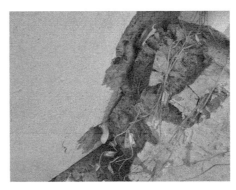

图 6-10　试件 PC-2 叠合层纵筋滑移情况

 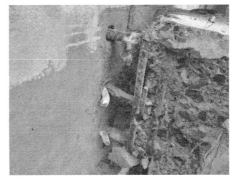

图 6-11　试件 PC-3 叠合层纵筋滑移情况

 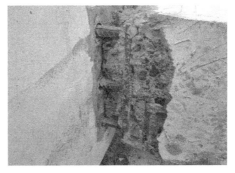

图 6-12　试件 PC-4 叠合层纵筋滑移情况

6.2.5　滞回曲线和骨架曲线

1）滞回曲线

5 个试件的荷载-位移曲线如图 6-13 所示。

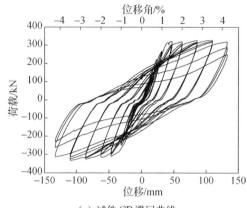

（a）试件 CP 滞回曲线

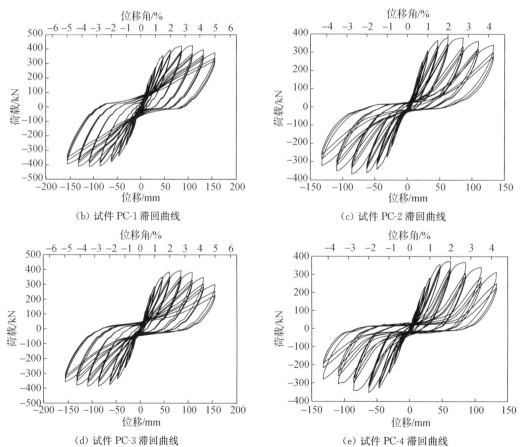

（b）试件 PC-1 滞回曲线　　　　（c）试件 PC-2 滞回曲线

（d）试件 PC-3 滞回曲线　　　　（e）试件 PC-4 滞回曲线

图 6-13　试件滞回曲线图

对于现浇试件 CP,在加载初期,梁上裂缝较少,滞回环接近于直线,耗能及残余变形均较小。位移角为 1％时,试件开裂加剧,残余变形增加,滞回环面积变大。位移角为 1.5％时,滞回曲线出现明显的屈服平台,试件进入屈服状态,曲线存在少许捏缩现象,呈弓形滞回环。直至位移角为 3.5％时,均呈稳定的弓形滞回环,曲线面积持续增大。位移角为 4.25％时,第 1 次循环仍表现为弓形滞回环,第 2 次循环发展为反 S 形,同时构件恢复力出现明显下降,第 3 次循环后试件破坏。

预制试件的滞回曲线相对较瘦,恢复力较小。试件 PC-1 和 PC-3 的滞回曲线相似,在加载初期,滞回环接近于直线,耗能及残余变形均较小。位移角为 1％时,试件开裂加剧,滞回环面积变大。位移角为 1.5％时,滞回环面积明显变大,说明试件已经开始进入屈服状态,呈现出瘦长条状滞回环。位移角为 2.75％时,曲线面积继续增大,出现滑移现象,呈瘦长反 S 形滞回环。随着加载位移的增大,曲线面积持续增大,直至位移角为 5％,均呈稳定的中间捏缩的反 S 形滞回环。位移角不大于 2.75％时,试件 PC-1、PC-3 的滞回曲线基本相同,之后试件 PC-3 滞回环相对稍瘦,说明叠合层钢筋在此时开始发生了滑移。

试件 PC-2 和 PC-4 叠合层钢筋均全部滑移,二者滞回曲线也相似,在加载后期捏缩严重。在位移角不大于 1.5％时,滞回曲线与试件 PC-1、PC-3 基本相同。位移角为 2％时,滞回环存在明显的滑移段,并由瘦长条形发展为反 S 形。随着加载位移的增大,滑移段长度增加,在位移角为 3.5％时,发展成 Z 形。位移角为 4.25％时,达到破坏状态,试件 PC-4 的捏缩现象比试件 PC-2 更严重。

2) 骨架曲线

本次试验 5 个试件的荷载-位移骨架曲线如图 6-14 所示。由图可知,预制试件的荷载-位移骨架曲线与现浇试件相似,均存在明显的屈服台阶。

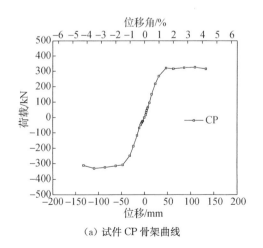

(a) 试件 CP 骨架曲线

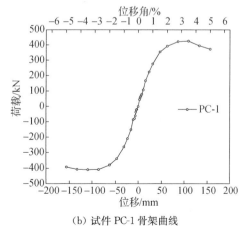

(b) 试件 PC-1 骨架曲线

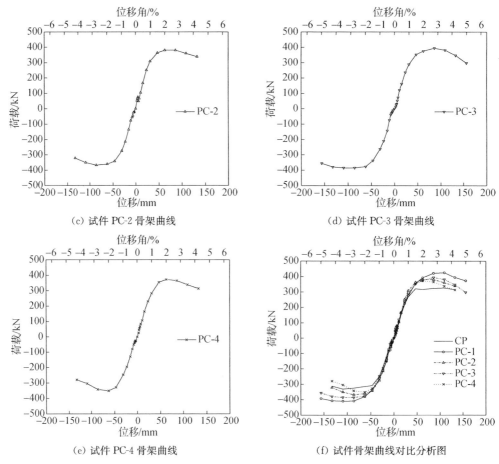

（c）试件 PC-2 骨架曲线　　　　　　　（d）试件 PC-3 骨架曲线

（e）试件 PC-4 骨架曲线　　　　　　　（f）试件骨架曲线对比分析图

图 6-14　试件骨架曲线图

6.2.6　强度对比与强度退化

1）强度对比

采用等能量法确定试件屈服荷载。将五个试件的荷载特征值统计于表 6-6，从试验结果来看，预制试件屈服荷载、峰值荷载试验值由大到小为 PC-1、PC-3、PC-2、PC-4，与钢筋滑移程度排序相一致，均比现浇试件略高。强屈比均与现浇试件相近，平均值约为 1.1。这说明预制试件的强度性能与现浇试件类似，满足等同现浇的要求，且具有较好的安全储备。

表 6-6　试件承载力

试件编号	加载方向	屈服荷载 P_y(kN)	峰值荷载 P_{max}(kN)	强屈比 P_{max}/P_y	平均值 P_{max}/P_y
CP	正向	296	326	1.10	1.09
	负向	−309	−331	1.07	

试件编号	加载方向	屈服荷载 P_y(kN)	峰值荷载 P_{max}(kN)	强屈比 P_{max}/P_y	平均值 P_{max}/P_y
PC-1	正向	375	425	1.13	1.13
	负向	−364	−410	1.13	
PC-2	正向	332	381	1.15	1.12
	负向	−340	−368	1.08	
PC-3	正向	351	394	1.12	1.12
	负向	−346	−385	1.11	
PC-4	正向	334	375	1.12	1.10
	负向	−331	−354	1.07	

2）强度退化

试件的强度退化用强度退化系数表示。图 6-15 分别给出了第二和第三个加载周期的强度比 α_2 和 α_3，每一级位移的强度退化系数取正反方向的平均值。在加载初期，强度退化系数有些异常波动，出现大于 1.0 的情况，这是由于加载装置存在一定的间隙，加载过程中对其进行了调整。

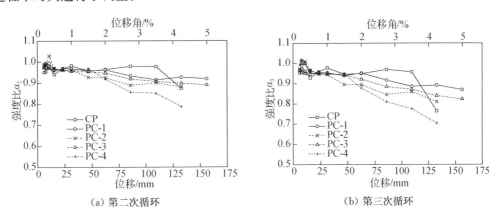

（a）第二次循环　　　　　　（b）第三次循环

图 6-15　强度退化系数

现浇试件的强度退化系数在破坏前很稳定，直至破坏时才突然降低。对于现浇试件 CP，在位移角不大于 3.5% 时，强度比 α_2 和 α_3 稳定在 0.95～1.0 之间；在 4.25% 的位移角时，两者分别突然急剧下降到 0.87 和 0.80。

预制试件的强度退化系数在加载前期较为稳定，在一定的加载位移后逐渐降低；试件 PC-1、PC-2 和 PC-3 下降速率相似、试件 PC-4 下降速率最快；最终强度退化系数与钢筋滑移程度相吻合。对于预制试件 PC-1，在位移角不大于 2.0% 时，强度比 α_2 和 α_3 稳定在 0.95～1.0 之间；在位移角大于 2.75% 时，两者逐渐下降到 0.91 和 0.89。对于预制试件 PC-2，在位移角不大于 1.0% 时，强度比 α_2 和 α_3 稳定在 0.95～1.0 之间；在位移角大于 1.5% 时，两者逐步下降到 0.88 和 0.81。对于预制试件 PC-3，在位移角不大于 1.5% 时，

强度比 α_2 和 α_3 稳定在 0.95～1.0 之间；在位移角大于 2.0％时，两者逐步下降到 0.89 和 0.82。对于预制试件 PC-4，在位移角不大于 1.5％时，强度比 α_2 和 α_3 稳定在 0.95～1.0 之间；在位移角大于 2.0％时，两者逐步下降到 0.78 和 0.70。可见，预制试件在叠合层不发生滑移的情况下，后期拥有较好的强度退化性能，承载潜力大。

6.2.7　延性对比与刚度退化

1）延性对比

利用等能量法确定屈服位移后，将荷载下降至峰值荷载的 80％所对应的极限位移 Δ_u 与屈服位移 Δ_y 的比值作为延性系数 μ，本次试验试件的位移延性系数见表 6-7。表中，δ_y、δ_u 分别为屈服位移角和极限位移角。

表 6-7　试件位移延性系数表

试件编号	加载方向	屈服位移 Δ_y(mm,δ_y,％)	极限位移 Δ_u(mm,δ_u,％)	延性系数 μ	μ 平均值
CP	正向	40.2(1.29)	132.6(4.25)	3.30	3.00
	负向	49.2(1.58)	132.6(4.25)	2.70	
PC-1	正向	53.9(1.72)	156(5.0)	2.89	2.86
	负向	55.4(1.77)	156(5.0)	2.82	
PC-2	正向	40.3(1.29)	132.6(4.25)	3.29	3.07
	负向	46.6(1.49)	132.6(4.25)	2.84	
PC-3	正向	47.6(1.53)	132.6(4.25)	2.79	2.92
	负向	51.2(1.64)	156(5.0)	3.05	
PC-4	正向	42.1(1.35)	132.6(4.25)	3.15	2.74
	负向	47.0(1.51)	109.2(3.5)	2.32	

现浇试件的极限位移角为 4.25％，除钢筋滑移严重的预制试件 PC-4 外，预制试件极限位移角均在 4.25％以上，其中叠合层钢筋未滑移或滑移较轻的预制试件 PC-1、PC-3 的极限位移角可达 5％，可见预制试件的极限变形能力大于现浇试件。

5 个试件的屈服位移普遍偏大，此为工装间隙及因足尺构件受力较大引起的工装变形影响，但位移延性系数和现浇试件基本相当，均接近于 3，说明预制试件具有与现浇试件相当的延性性能。可以预见，如果增大加载工装的刚度，预制试件的位移延性系数会进一步增大。

2）刚度退化

每一级加载时的刚度取当前位移的第一个循环峰值点的割线刚度来表示，图 6-16 为 5 个试件在加载过程中的刚度退化曲线。

在加载初期，试件刚度退化曲线均有异常波动，分析认为是加载工装存在不可避免的间隙及转动钢板之间存在摩擦力导致。随着加载位移的增大，影响大幅下降，因此对刚度退化曲线的对比分析仍具有重要价值。

5 个试件的刚度退化曲线规律基本相同，不考虑异常段，随着梁的混凝土开裂，试件刚度退化较严重，曲线大幅下降；随着加载位移的增加，试件刚度衰减速度减慢；至最后位移加载阶段，曲线基本趋于平缓。5 个试件刚度差别不大，预制试件刚度稍大于现浇试件，这是由于预制试件梁中配筋量相对较大，且因预应力的有

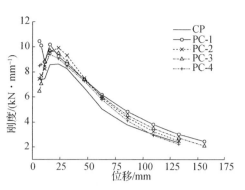

图 6-16　试件刚度退化曲线对比分析图

利作用梁开裂也较轻。受试件试验时安装误差的影响，预制试件初始刚度有一定差异，随着加载位移增大到位移角为 1.5% 时，试件开始进入屈服阶段，预制试件的刚度基本相同；随后，其刚度逐渐有所差异，试件刚度由大到小顺序为 PC-1、PC-3、PC-2 和 PC-4，与钢筋滑移的程度相符，刚度退化速度也呈类似规律。

6.2.8　能量耗散能力

试件单周耗能和累积耗能曲线如图 6-17 所示。由图可知，现浇试件 CP 耗能大于预制试件，后者因预应力筋和普通钢筋的滑移使钢筋屈服不够充分，耗能能力未能充分发挥。在位移角为 4.25% 时（荷载步 36，试件 CP、PC-2、PC-4 破坏时），预制试件的累计耗能分别为现浇试件 CP 的 67%、43%、57%、39%，而试件 PC-1、PC-3 在此后的耗能仍能大幅增大，最终破坏时的累计耗能可达现浇试件 CP 的 98%、79%，此时仍未见明显降低。

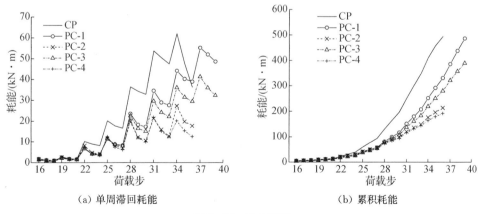

(a) 单周滞回耗能　　　　　　　　　　(b) 累积耗能

图 6-17　试件耗能

总体来说，预制试件 PC-1 和 PC-3 的耗能曲线类似，预制试件 PC-2 和 PC-4 的耗能曲线基本一致。在位移角为 1%（荷载步 21）时，所有 5 个试件的耗能均很小，曲线基本重合；在位移角为 1.5%（荷载步 22）时，所有试件已经进入屈服阶段，耗能开始大幅增加，现浇试件 CP 的耗能增加得最快；在位移角不大于 2%（荷载步 27）时，所有预制试件的耗能

曲线基本一致;在位移角 2.75%(荷载步 28)之后,预制试件的耗能曲线差异明显,试件 PC-1 最大,PC-3 次之,PC-2 和 PC-4 最小,与钢筋滑移程度相吻合,说明此时预制试件 PC-2、PC-3 和 PC-4 叠合层钢筋发生了滑移。在破坏阶段(位移角 4.25%,荷载步 34~36)时,试件 PC-4 耗能相比试件 PC-2 进一步降低,说明此时试件 PC-4 的钢筋滑移更加严重。

　　等效粘滞阻尼比如图 6-18 所示。试件的阻尼比与耗能曲线的规律相似,在位移角不大于 1%(荷载步 21)时,所有试件的阻尼比均很小,约为 5%左右。现浇试件 CP 在位移角为 3.5%(荷载步 31)时阻尼比最大为 23.7%;预制试件 PC-1 和 PC-3 在位移角为 5.0%(荷载步 37 或 38)时,阻尼比最大为 15.1%和 12.9%;预制试件 PC-2 和 PC-4 在位移角为 2.75%(荷载步 28)时,阻尼比达到最大为 9.9%和 10.9%。根据经验,预应力结构的阻尼比约为 12.5%,PRESSS 预应力混合结构的阻尼比约为 15%,现浇结构的阻尼比在 20%以上,可见新型节点结构的等效粘滞阻尼比大于预应力结构,可与预应力混合结构相当。

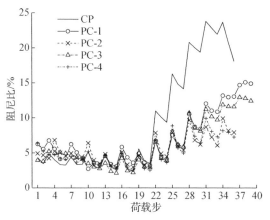

图 6-18　试件等效粘滞阻尼比

6.2.9　梁端结合部混凝土表面应变分析

　　梁端结合部混凝土表面应变采用手持式应变仪进行测量。如图 6-19 所示,在试件一侧梁端结合区 0~50 cm 范围内粘贴 5 排测钉,铜头左右间隔约 25 cm,共 3 列 15 个测点。在每级加载的第一个加载循环,分别在加载开始时、达到正向峰值位移时、位移回零时、达到反向峰值位移时,人工测读手持式应变仪上百分表的数据,后期处理成应变数据。

　　采用手持式应变仪对梁端结合部混凝土表面应变进行测量,部分测点在后期剥落或超出量程,因此仅给出部分数据。因人工测读,部分测量数据存在一定的误差,但数据总体上体现了真实应变分布规律和趋势。应变结果如图 6-20、6-21 所示,仅给出具有代表性的两个试件 PC-1 和 CP 的结果。

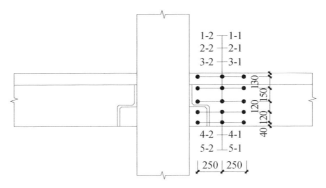

图 6-19　梁端结合部混凝土表面应变测点布置

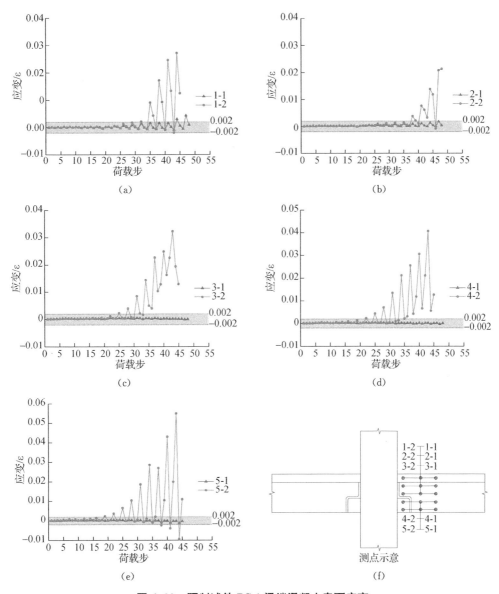

图 6-20　预制试件 PC-1 梁端混凝土表面应变

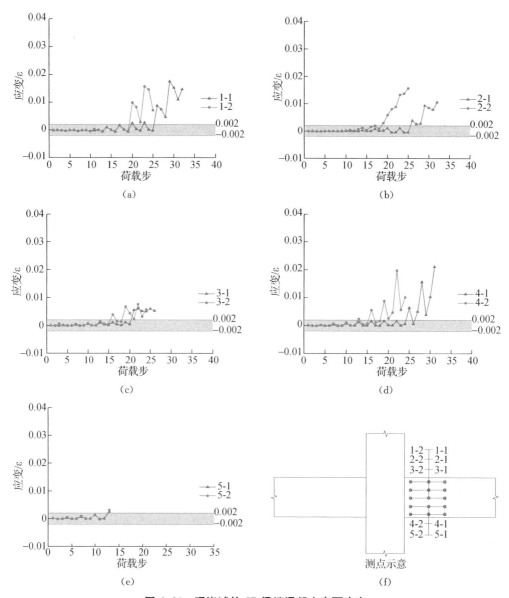

图 6-21　现浇试件 CP 梁端混凝土表面应变

由图可知,现浇试件 0～55 cm(2 个测距)范围内的混凝土表面拉应变均较大,均超过 HRB400 级钢筋的屈服 2 000 微应变;混凝土压应变均较小。而预制试件 0～30 cm(1 个测距)范围内的混凝土表面拉应变较大,超过 2 000 微应变,叠合层 30～55 cm 范围(测点 1-2)后期也能达到钢筋屈服应变;混凝土压应变较小,下缘牛腿处混凝土压应变(测点 5-2)在后期较大,可超过屈服应变。因此,预制试件的梁端塑性铰长度较小,非弹性变形集中在 0～30 cm 范围内;叠合层钢筋的屈服可以向梁内传递一定范围。

6.3 局部预应力梁柱连接设计方法

6.3.1 设计流程

局部预应力梁柱连接考虑了施工状态和使用状态的不同条件,因此,在计算和设计时,需考虑不同的施工工况和使用工况,确认不同状态下的最大受力后,再进行相应部位的设计。根据局部预应力梁柱连接的施工方式不同,设计思路分为以下两种。

1) 少支架施工

少支架施工时,在按照普通现浇结构设计的基础上,进行叠合梁和梁端结合等的深化设计即可,设计流程见图 6-22。

（1）按照常规现浇结构进行结构总体受力计算和配筋

直接采用 PKPM、YJK 等传统设计软件计算结果。

（2）叠合梁深化设计

叠合梁梁端预应力和普通钢筋总面积按等强代换,预应力筋面积取上缘总配筋面积的 1/3～1/2,下缘预应力筋面积同上缘,张拉应力取 200～300 MPa。

叠合梁按照等强钢筋面积代换,因负弯矩处截面内力臂有所减小,换算钢筋面积会有所增大,且梁端施加了微预应力,接缝和负弯矩裂缝宽度自动满足。预应力筋有效应力按 200～300MPa 控制,正常使用阶段不会屈服,其应力也不需验算。跨中截面配筋同现浇结构,无须再验算。

（3）梁端结合部及节点核心区深化设计

按照 6.3.8 节和 6.3.10 节建议进行梁端结合部牛腿和缺口梁的设计,柱子节点核心区配筋根据牛腿配筋进行微调。

图 6-22 少支架施工设计流程图

2) 无支架施工

无支架施工时,需根据施工过程按三阶段受力进行设计,设计流程见图 6-23。

（1）荷载内力计算

根据施工过程进行一阶段内力、二阶段内力和三阶段内力计算,详见 6.3.2 节。

（2）柱、叠合梁配筋

根据第三阶段内力组合对叠合梁和柱进行配筋。

叠合梁设计:按承载能力极限状态对叠合梁进行配筋。根据梁端预应力筋和普通钢筋的配筋总量,按等强代换的原则,预应力筋面积可试取上缘总配筋面积的 1/3～1/2,有效应力取 300 MPa。

柱设计:按承载能力极限状态对常规框架结构的柱进行配筋,通常为构造配筋。

(3)第三阶段验算

根据第三阶段内力组合,在上一步调整的基础上,对正常使用阶段标准组合或准永久组合下的叠合梁裂缝和预制梁预应力筋、普通钢筋应力进行验算,如不满足则调整预应力筋张拉应力或增大预应力钢筋、普通钢筋面积。验算方法详见 6.3.8 节。

(4)第二阶段验算

根据第二阶段内力组合,对标准组合下的预制梁受力进行验算,包括承载能力、裂缝和钢筋应力,验算方法详见 6.3.8 节。如不满足要求则调整预应力筋张拉应力或增大预应力筋面积,按等强代换的原则减小叠合层普通钢筋面积。

(5)第一阶段验算

一般不控制设计,不用验算。

(6)梁端结合部及节点核心区深化设计

按照 6.3.8 节和 6.3.10 节建议进行梁端结合部牛腿和缺口梁的设计,柱子节点核心区配筋根据牛腿配筋进行微调。

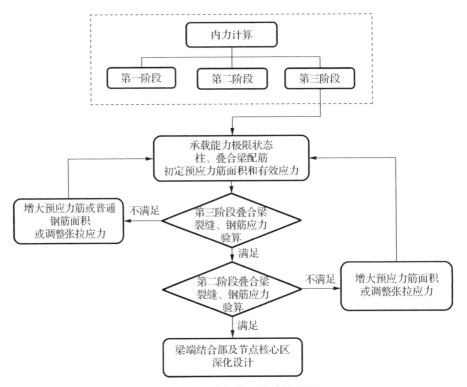

图 6-23　无支架施工设计流程图

6.3.2 预制框架结构内力计算

施工阶段在预制梁下设有少量支撑时,预制梁不承受施工阶段荷载,这种情况下框架的内力计算与一般的现浇框架结构相同。当采用无支架施工时,整体结构从施工阶段到使用阶段经历了两次结构体系转变和三阶段受力过程。

1) 第一阶段

施工阶段安装时,预制梁下不设支撑,两端为简支状态。预制梁承担自重以及本阶段施工活荷载。

2) 第二阶段

张拉预应力后,叠合层混凝土达到强度设计值之前,形成梁端固结状态。预制梁承担预制梁、预制板及叠合现浇层自重以及本阶段施工活荷载。

3) 第三阶段

叠合层混凝土达到强度设计值之后,叠合梁按整体结构计算,荷载考虑下列两种情况。

施工阶段:考虑叠合构件自重,预制楼板自重,面层、吊顶等自重及本阶段的施工活荷载;

使用阶段:考虑叠合构件自重,预制楼板自重,面层、吊顶等自重及使用阶段的可变荷载。

6.3.3 构件尺寸拟定及节点总体布置

采用局部预应力梁柱连接的框架结构中,梁的截面高度可按常规现浇结构取值。梁的最小截面宽度受构造控制,应能容纳预应力孔道、梁纵向主筋、箍筋、柱纵筋及保护层,还要能适用张拉锚固垫板。如梁内上下缘各布置 2 根预应力筋,锚固垫板尺寸为 100 mm,箍筋直径 10 mm,波纹管直径 40 mm,则梁最小截面宽度受张拉锚固空间限制。如果柱子是 4 根纵筋的话,波纹管中间应留有间隔通过柱子中部两根纵向钢筋,梁宽度最小为 475 mm;如果柱子的纵向钢筋在核心区内弯折,避让预应力管道,则梁截面尺寸宽度可降为 450 mm;如果预应力筋通过横向偏转,避开柱子中部 2 根钢筋,同时调整锚固垫板的位置,则梁的最小宽度可缩小为 400 mm,此数值已达到极限。

柱内的纵筋需与预应力筋管道位置错开,由此确定的柱子尺寸约为 420 mm,小于梁宽度 475 mm,因此在梁宽度满足要求的情况下,根据构造确定的柱子尺寸能满足要求,即柱子尺寸每边大于梁截面宽度各 25 mm,由此可知柱子的最小尺寸为 450 mm。结构方案合理时,柱子的尺寸由轴压比控制,配筋一般为构造配筋。

采用双向框梁时,为避让在节点区为双向预应力管道,保持双向预制梁高度相同,主受力方向梁底标高降低约等于预应力管道直径的高度,即双向预制梁上下错位布置。同一轴线的预应力梁截面高度和宽度及截面偏心距应尽量保持一致,以方便预应力钢筋的布置和构件的模数化。

6.3.4　预应力弧形钢筋配置

弧形应力筋可采用钢拉杆或高强钢筋,设计成有粘结或无粘结,有粘结的结构抗震性能更好。预应力筋布置范围约为 1.5～2 倍梁高,由此确定圆弧半径,同一工程预应力筋的圆弧半径应统一。为方便加工和穿束,预应力筋的长度不宜过长,一般可取 2.5～3 m,直径最好不超过 25 mm。

在增加牛腿、缺口梁下缘钢筋的配筋和保证接缝处高强砂浆性能的情况下,梁端截面即可满足延性要求。但为了降低对前述措施的要求,保证结构的延性性能,建议框架梁接缝处底部纵向钢筋和顶面纵向受力钢筋截面面积比值满足《混凝土结构设计规范》(GB 50010—2010)11.3.6 条第 2 款的规定,即下缘预应力钢筋的截面面积不小于上缘总面积的 1/3 或 1/2。计算钢筋面积时,将预应力筋按抗拉强度设计值换算为普通钢筋面积。

有支架施工时,顶缘预应力筋和叠层普通钢筋总配筋量受使用阶段叠合梁的受力情况控制,顶缘预应力筋面积按等强代换的原则,直接取上缘总面积的 1/3～1/2 即可。无支架施工时,预应力筋的配筋量需满足施工阶段预制梁顶缘的承载能力和抗裂性能要求,并综合考虑使用阶段叠合梁的总体受力要求。预制梁下缘的预应力筋面积尽量与上缘相同。

因局部预应力装配整体式结构施加微预应力,混凝土压应力较小,预压应力对截面的延性影响不大。张拉应力越大,截面屈服越早,结构的延性越好。此外,无支架施工时,梁端接缝为薄弱环节,微预压应力情况下,在施工阶段不可避免开裂,张拉应力越大抗裂性越好。然而,张拉应力不宜过大,以防在施工阶段或正常使用状态时,预应力筋发生提前屈服。因此,经试算在一般情况下以有效应力为 300～400 MPa 确定张拉控制应力即可满足要求。少支架施工时,张拉应力可降低到 200～300 MPa。地震作用下按有粘结设计时,接缝处局部无粘结长度在一般情况下取 100～200 mm 即可满足要求,精确计算详见6.3.7 节。采用单端张拉,配套螺母锚固。

6.3.5　接缝及灌缝

在梁柱接缝处设置间隙以满足必要的安装公差,竖向接缝宽 30 mm,水平接缝宽20 mm。梁柱界面处的灌缝材料性能非常重要,因为将受到拉应力和高压应力的循环作用,拉应力会导致间隙张开。因此,梁柱界面应用不收缩的浆液灌缝,这种浆液应具有良好的强度和韧性,以避免浆液在高压力下被压碎和脱落。此外这种浆液应具有良好的工作性,以方便灌注施工。以往类似试验所用的接缝灌浆料有两种类型,水泥基的纤维灌浆料和环氧的灌浆料,这两种都表现良好。灌浆料的类型对试验影响不显著,而环氧灌浆料的强度上来得更快些。本次试验采用的水泥基的 C80 无收缩自流平高强钢纤维砂浆表现良好,因此建议灌浆料强度不小于 C80。灌缝施工时,应采取措施充分排出缝隙及浆液内的空气,保证灌注密实。

6.3.6　波纹管及灌浆

预留孔道采用金属波纹管成孔,波纹管的直径不宜小于 2 倍的钢筋直径。直径 25 mm 以下时可采用内径 40 mm 或 50 mm 的波纹管。叠合层纵向钢筋灌浆料应采用高强砂浆灌浆料,强度不小于 C80。预应力筋无论按有粘结或无粘结设计均需灌浆,灌浆料应具有较好的流动性,强度不小于 C60。当地震作用下采用有粘结设计时,灌浆料与预应力筋的粘结性能应满足锚固要求,并经适用性试验验证。灌缝施工时,应采取措施保证灌注密实。

6.3.7　无粘结长度

梁端变形集中于接缝处,为了防止接缝处钢筋应变过大被拉断,采取局部无粘结措施如包裹胶带或热缩管等。本次试验表明,叠合层纵向普通钢筋屈服应力向梁内的传递长度可达 30 cm;采用灌浆波纹管连接时,未采用无粘结构造的试件,叠合层纵向钢筋也没有发生断裂现象,因此其传递长度还不明确。考虑无粘结构造可以减轻钢筋在梁柱节点核心区的粘结滑移和接驳器处的应力集中,建议仍对叠合层纵筋采用无粘结措施。采用钢拉杆作为预应力筋时,未采用特殊灌浆料会发生粘结滑移,无须采用无粘结措施。

无粘结长度 L_{up}、L_{us} 由预应力钢筋和普通钢筋的最大应变 ε_{prs} 和 ε_{su} 控制;抗震钢筋的断后伸长率均在 15% 以上,最大力伸长率在 9% 以上,因此 ε_{prs} 和 ε_{su} 限值可偏安全取 9%。最大层间位移角 θ_p 取 3.5%,如图 6-24 所示。预应力钢筋和普通钢筋的最大应变计算公式如下:

预应力钢筋:

$$\varepsilon_{prs} = \varepsilon_{se} + \frac{\Delta_{pu}}{L_{up}} = \varepsilon_{se} + \frac{\theta_u(h_p - c)}{(L_{up} + \alpha_p d_p)} \tag{6-1}$$

式中:d_p——预应力钢筋直径;

　　　α_p——预应力筋在管道内附加的锚固传递长度系数,应该通过试验确定,ACI 374.1—05 建议的取值范围为 2~5.5,因此偏安全可取 2;

　　　θ_u——接缝张开角;

　　　h_p——预应力筋有效高度;

　　　c——混凝土受压区高度。

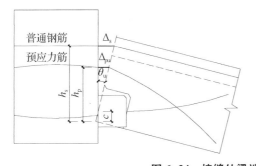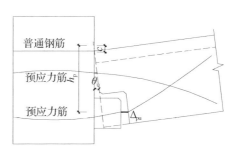

图 6-24　接缝处梁端转角及钢筋伸长量

普通钢筋：

$$\varepsilon_{su} = \frac{\Delta_s}{L_{us}} = \frac{\theta_u(h_s - c)}{(L_{us} + \alpha_s d_s)} \tag{6-2}$$

式中：d_s——钢筋直径；

  α_s——附加的锚固传递长度，系数仅考虑其向柱内传递，因此采用波纹管灌浆连接时偏安全取 2，采用接驳器连接时取 1。

6.3.8 预制梁、叠合梁设计

预制梁可采用先张法预应力梁或钢筋混凝土梁，预制梁端部顶底缘普通钢筋按与预应力钢筋面积等强原则确定，并采取有效措施锚固在梁端面，与预应力筋在接缝处形成搭接。预制梁和叠合梁除特殊说明外，应遵循《装配式混凝土结构技术规程》(JGJ 1—2014)中装配整体式框架结构有关框架梁的规定。

1) 使用阶段验算

(1) 少支架施工

施工阶段设有少量支撑时，预应力和钢筋混凝土的预制梁和叠合梁依据《混凝土结构设计规范》(GB 50010—2010)和《装配式混凝土结构技术规程》(JGJ 1—2014)，按照一阶段受力构件进行承载能力和正常使用极限状态验算。

(2) 无支架施工

无支架施工时，预应力和钢筋混凝土的预制梁和叠合梁依据《混凝土结构设计规范》(GB 50010—2010)附录 H 中无支撑叠合梁板结构进行验算。

(3) 抗弯承载能力验算

正弯矩作用下（梁上部受压，下部受拉），偏安全不考虑牛腿和预制梁内普通钢筋，梁端结合部的受力和计算图示如图 6-25 所示。上缘普通钢筋和预应力钢筋不一定屈服，与普通双筋配筋截面计算公式类似，不考虑钢筋滑移的影响，根据平截面假定和截面平衡条件，计算公式如下：

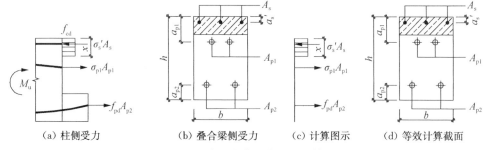

(a) 柱侧受力 (b) 叠合梁侧受力 (c) 计算图示 (d) 等效计算截面

图 6-25 正弯矩抗弯承载能力计算图示

轴向力平衡：

$$-(f_{cd}bx + \sigma_s'A_s) = \sigma_{p1}A_{p1} + f_{pd}A_{p2} \tag{6-3}$$

以受压区钢筋中心点取力矩：

$$M_u = f_{cd}bx\left(\frac{x}{2}-a_s'\right)+\sigma_{p1}A_{p1}(a_{p1}-a_s')+f_{pd}A_{p2}(h-a_{p2}-a_s') \tag{6-4}$$

根据平截面假定：

$$\sigma_s' = \varepsilon_{cu}E_s\left(\frac{\beta a_s'}{x}-1\right)=E_s\cdot0.003\,3\left(\frac{0.8a_s'}{x}-1\right),且不大于 f_{sd} \tag{6-5}$$

$$\sigma_{p1} = \varepsilon_{cu}E_p\left(\frac{\beta a_{p1}}{x}-1\right)+\sigma_{p0}\cdot0.003\,3\left(\frac{0.8a_{p1}}{x}-1\right)+\sigma_{p0},且不大于 f_{pd} \tag{6-6}$$

公式中，均以受拉为正，受压为负。为防止出现超筋，受压区高度应满足 $x\leqslant\xi_b h_0$。为求解以上四个方程，可先假设受压区高度为 x，采用迭代法计算，步骤如下：

① 假设受压区高度为 x，取截面有效高度的 $1/4\sim1/3$；

② 计算受压区钢筋应力 σ_s'[式(6-5)]和上层预应力筋应力 σ_{p1}[式(6-6)]；

③ 计算截面压力合力，式(6-3)左侧 $C=f_{cd}bx+\sigma_s'A_s$；

④ 计算截面拉力合力，式(6-3)右侧 $T=\sigma_{p1}A_{p1}+f_{pd}A_{p2}$；

⑤ 平衡条件检查，如果 $T\approx C$，差值小于 $0.05T$，则进行下一步⑥；

如果 $T>C$，则增大受压高度 x，并返回步骤③；

如果 $T<C$，则减小受压高度 x，并返回步骤③；

⑥ 计算截面弯矩 M_u[式(6-4)]。

取有效张拉应力 σ_{p0} 为 $0\sim400$ MPa，$f_{py}=630$ MPa，$E_p=2\times10^5$ MPa，由式(6-6)可知，上层预应力钢筋可以屈服。可见在张拉应力 300 MPa 左右时，比值约为 0.5，取 $a_{p1}=180$ mm，x 约为 90 mm。在正常情况下，框架梁端部截面高度由负弯矩控制，正弯矩较小且上缘存在受压钢筋，受压区高度较小，上层预应筋可以达到屈服状态，此时可以直接取设计强度进行计算，计算方法同普通双筋配筋截面，不需迭代，当 $x<2a_s'$ 时，取 $x=2a_s'$ 即可。此外，考虑上缘钢筋一般满足 $A_s/(A_{p1}+A_{p2})\geqslant0.5$，此时压力中心非常接近受压钢筋中心，根据鲍雷等的《钢筋混凝土和砌体结构的抗震设计》[2]，此时可以按式(6-7)简化计算。

$$M_u = f_{pd}A_{p1}(a_{p1}-a_s')+f_{pd}A_{p2}(h-a_{p2}-a_s') \tag{6-7}$$

负弯矩作用下(梁上部受拉，下部受压)，偏安全不考虑牛腿和预制梁内普通钢筋，梁端结合部的受力和计算图示如图 6-26 所示。上缘普通钢筋和上层预应力钢筋均可以屈服，下缘预应力钢筋在混凝土达到受压极限应变 0.003 3 时不能受压屈服，有可能受拉或受压。根据平截面假定和截面平衡条件，计算公式如下：

轴向力平衡：

$$-(f_{cd}bx+\sigma_{p2}A_{p2})=f_{pd}A_{p1}+f_{sd}A_s \tag{6-8}$$

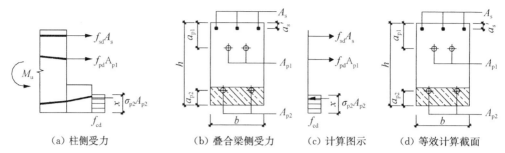

$$\text{（a）柱侧受力} \qquad \text{（b）叠合梁侧受力} \qquad \text{（c）计算图示} \qquad \text{（d）等效计算截面}$$

图 6-26　负弯矩抗弯承载能力计算图示

以受压区混凝土合力点取力矩：

$$M_\mathrm{u}=f_\mathrm{pd}A_\mathrm{p1}\left(h-a_\mathrm{p1}-\frac{x}{2}\right)+f_\mathrm{sd}A_\mathrm{s}\left(h-a_\mathrm{s}'-\frac{x}{2}\right)-\sigma_\mathrm{p2}A_\mathrm{p2}\left(a_\mathrm{p2}-\frac{x}{2}\right) \tag{6-9}$$

或以下缘预应力筋中心取力矩：

$$M_\mathrm{u}=f_\mathrm{pd}A_\mathrm{p1}(h-a_\mathrm{p1}-a_\mathrm{p2})+f_\mathrm{sd}A_\mathrm{s}(h-a_\mathrm{s}'-a_\mathrm{p2})-f_\mathrm{cd}bx\left(a_\mathrm{p2}-\frac{x}{2}\right) \tag{6-10}$$

根据平截面假定：

$$\sigma_\mathrm{p2}=\varepsilon_\mathrm{cu}E_\mathrm{p}\left(\frac{\beta a_\mathrm{p2}}{x}-1\right)+\sigma_\mathrm{p0}'=E_\mathrm{p}\cdot0.0033\left(\frac{0.8a_\mathrm{p2}}{x}-1\right)+\sigma_\mathrm{p0}',\text{且不大于}f_\mathrm{pd} \tag{6-11}$$

公式中，均以受拉为正，受压为负。为防止出现超筋，受压区高度应满足 $x\leqslant\xi_\mathrm{b}h_0$。为求解以上三个方程，可先假设受压区高度为 x，采用迭代法计算，步骤如下：

① 假设受压区高度为 x，取截面有效高度的 $1/4\sim1/3$；

② 计算下层预应力筋应力 σ_p2［式(6-11)］；

③ 计算截面压力合力，式(6-8)左侧 $C=f_\mathrm{cd}bx+\sigma_\mathrm{p2}A_\mathrm{p2}$；

④ 计算截面拉力合力，式(6-8)右侧 $T=f_\mathrm{pd}A_\mathrm{p1}+f_\mathrm{sd}A_\mathrm{s}$；

⑤ 平衡条件检查，如果 $T\approx C$，差值小于 $0.05T$，则进行下一步⑥；

如果 $T>C$，则增大受压高度 x，并返回步骤③；

如果 $T<C$，则减小受压高度 x，并返回步骤③；

⑥ 计算截面弯矩 M_u［式(6-9)或式(6-10)］。

（4）抗裂或裂缝

因叠合梁多阶段受力的特性，与一阶段受力构件相比，有应力滞后或超前现象，其抗裂或裂缝、钢筋应力计算与一阶段受力构件不同。

正弯矩时，叠合梁跨中截面下缘混凝土和钢筋有应力超前现象。因此，预应力混凝土叠合梁跨中附近截面的正截面和斜截面抗裂验算可按照《混凝土结构设计规范》(GB 50010—2010)附录 H.0.5 和 H.0.6 进行。钢筋混凝土叠合梁跨中附近截面的钢筋应力和裂缝宽度验算可按照《混凝土结构设计规范》(GB 50010—2010)附录 H.0.7 和 H.0.8 进行。

负弯矩时,预制梁支点截面顶缘混凝土和预应力筋有应力超前,叠合层混凝土和钢筋有应力滞后现象,与设计规范的抗裂性和钢筋应力计算公式不符。目前,国内外控制裂缝宽度通常采用的方法有:① 直接计算裂缝宽度;② 计算名义拉应力;③ 限制钢筋的应力增量。因此,新型节点梁端处截面拟采用限制叠合层钢筋应力增量的方法来进行裂缝宽度验算。

竖向结合面处为最薄弱截面,受弯裂缝有可能最先集中于此处。参考深圳市《预制装配整体式钢筋混凝土结构技术规范》(SJG 18—2009)[3]6.3.2条,为了避免在正常使用状态下结合面处集中发生裂缝,影响使用功能,竖向荷载标准组合下的叠合层纵向受拉钢筋的应力 σ_{sk} 不应超过 $1/1.5f_{yk}$:

$$\sigma_{sk} \leqslant \frac{1}{1.5f_{yk}} \qquad (6\text{-}12)$$

正常使用状态标准组合下,上层弧形预应力钢筋的应力增量 $\Delta\sigma_{pk}$ 限值也参考此规定取同一数值。应力增量指在永存应力基础上的增量:

$$\Delta\sigma_{pk} \leqslant \frac{1}{1.5f_{yk}} \qquad (6\text{-}13)$$

式中:f_{yk}——钢筋抗拉强度标准值。

当采用 HRB400 级钢筋时,钢筋应力限值为 266 MPa;上层预应力钢筋的应力增量限值也取 266 MPa。

(5) 钢筋应力

因叠合构件存在钢筋应力超前现象,除了承载能力、裂缝等外,还需对钢筋混凝土构件进行钢筋应力验算,以免钢筋在正常使用阶段提前发生屈服。根据《混凝土结构设计规范》(GB 50010—2010)附录 H.0.7,准永久组合时纵向受拉钢筋的应力 σ_{sq} 应符合:

$$\sigma_{sq} \leqslant 0.9f_y \qquad (6\text{-}14)$$

弧形预应力钢筋的材料特性与普通钢筋类似,与常用的预应力钢筋材料不同,因此,其准永久组合时的应力限值也参考此规定:

$$\sigma_{pq} \leqslant 0.9f_{py} \qquad (6\text{-}15)$$

式中:f_y——钢筋抗拉强度设计值;

f_{py}——弧形预应力筋抗拉强度设计值。

跨中截面的钢筋应力计算可参照《混凝土结构设计规范》(GB 50010—2010)附录 H.0.7 的计算公式,梁端截面的钢筋和弧形预应力筋应力计算详见下文。

2) 施工阶段验算

预制构件运输和安装阶段,尤其是无支架施工时,施工阶段则有可能成为控制工况,同样需进行重点验算。施工阶段的验算与使用阶段有很大不同,宜根据混凝土的实际密度和钢筋的实际配筋量确定现浇层的自重。当采用普通混凝土时,钢筋混凝土自重可取

25 kN/m³。施工活荷载宜按实际情况计算,且宜大于等于 1.5 kN/m²。

《工程结构可靠性设计统一标准》(GB 50153—2008)4.2.1 条规定,施工阶段属于短暂设计状况,应进行承载能力极限状态设计;4.3.1 条规定,可根据需要进行正常使用极限状态设计;4.1.2 条对这两种极限状态均要求给出明确的标志或限值;1.0.3 条规定,工程结构设计宜采用以概率理论为基础,以分项系数表达的极限状态设计方法,当缺乏统计资料时,工程结构设计可根据可靠的工程经验或必要的试验研究进行,也可采用容许应力或单一安全系数等经验方法进行。对预制构件的施工验算,国内外现行规范大多要求在荷载标准组合下验算混凝土应力。采用应力验算方法既可控制裂缝,又可起到保证安全的作用[4]。

《混凝土结构工程施工规范》(GB 50666—2011)9.2.3 条规定,对不允许开裂的情况,钢筋混凝土和预应力混凝土构件正截面边缘的混凝土法向压应力和拉应力满足:

$$\sigma_{cc} \leqslant 0.8 f'_{ck} \tag{6-16}$$

$$\sigma_{ct} \leqslant 1.0 f'_{tk} \tag{6-17}$$

式中:σ_{cc}——各施工环节在荷载标准组合作用下产生的构件正截面边缘混凝土法向压应力,可按毛截面计算;

f'_{ck}——与各施工环节的混凝土立方体抗压强度相应的抗压强度标准值;

σ_{ct}——各施工环节在荷载标准组合作用下产生的构件正截面边缘混凝土法向拉应力,可按毛截面计算;

f'_{tk}——与各施工环节的混凝土立方体抗压强度相应的抗拉强度标准值。

《混凝土结构工程施工规范》(GB 50666—2011)9.2.4 条规定,施工过程中允许出现裂缝的钢筋混凝土构件,其正截面边缘混凝土法向拉应力限值可适当放松,但开裂截面处受拉钢筋应力应满足:

$$\sigma_s \leqslant 0.7 f_{yk} \tag{6-18}$$

式中:σ_s——开裂截面处受拉钢筋应力;

f_{yk}——预应力筋屈服强度。

试验研究和算例分析表明[4],对于配置 500 MPa 及以下级别钢筋,当受拉钢筋满足上述要求时,短期裂缝宽度不会过宽,且承载力安全仍有保证。

施工阶段,弧形预应力钢筋标准组合作用下的应力增量限值也参考此规定:

$$\Delta \sigma_p \leqslant 0.7 f_{yk} \tag{6-19}$$

式中:$\Delta \sigma_p$——预应力筋应力增量。

当采用 HRB400 级钢筋时,钢筋应力限制为 280 MPa;上层预应力钢筋的应力增量限值也取 280 MPa。钢筋应力应按开裂截面计算,对于跨中截面,可采用设计规范 7.1.4 条的简化公式进行计算。梁端截面的钢筋和弧形预应力筋应力计算详见下文。

3）梁端接缝处截面钢筋应力计算

预制试件接缝处的裂缝宽度和预应力钢筋应力可参照部分预应力 B 类构件计算。也可根据下文推导的公式采用迭代法计算。

弹性分析根据内力平衡和应变协调两个条件通过试算分析开裂截面的方法，概念清晰。在弯矩作用下，中和轴以下的混凝土压应力为三角形分布，若截面下缘混凝土的压应变为 ε_c，应变以压为负，以拉为正，则混凝土压应力的合力 N_c 为

$$N_c = 0.5\sigma_c bx = 0.5 E_c \varepsilon_c bx \tag{6-20}$$

式中：σ_c——下缘混凝土压变力；

$\quad\quad b$——梁截面宽度；

$\quad\quad x$——受压区高度，

$\quad\quad E_c$——混凝土弹性模量。

如图 6-27 所示，预应力筋应变可用开裂截面受压区高度 ε_{ce} 和下缘混凝土应变 ε_c 求出，计算公式如下（以下公式中的上标 t、b 分别代表上、下预应力筋）：

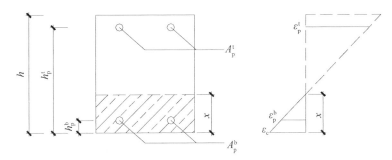

图 6-27 预制试件应变分布图

$$\varepsilon_p^t = \varepsilon_{pe}^t - \varepsilon_{ce}^t + \varepsilon_c \left(\frac{x - h_p^t}{x} \right) \tag{6-21}$$

$$\varepsilon_p^b = \varepsilon_{pe}^b - \varepsilon_{ce}^b + \varepsilon_c \left(\frac{x - h_p^b}{x} \right) \tag{6-22}$$

式中：ε_{pe}、ε_{ce}——预应力筋的有效张拉应变和它中心处混凝土的预压应变，计算公式如下。式中混凝土的预压应变 ε_{ce} 未考虑二次效应引起的附加应力。本次框架结构预应力筋为对称配筋，二次效应将引起附加拉力，量值较小，因此忽略。精确计算时，可直接取整体结构有限元模型中的预应力效应引起的应变值。

$$\varepsilon_{pe}^t = \frac{\sigma_{pe}^t}{E_p} \tag{6-23}$$

$$\varepsilon_{pe}^b = \frac{\sigma_{pe}^b}{E_p} \tag{6-24}$$

$$\varepsilon_{ce}^t = \frac{A_p^t \sigma_{pe}^t}{E_c} \left(\frac{1}{A} + \frac{e_p^{t\,2}}{I} \right) + \frac{A_p^b \sigma_{pe}^b}{E_c} \left(\frac{1}{A} + \frac{e_p^t e_p^b}{I} \right) \tag{6-25}$$

$$\varepsilon_{ce}^{b}=\frac{A_p^b\sigma_{pe}^b}{E_c}\left(\frac{1}{A}+\frac{e_p^{b2}}{I}\right)+\frac{A_p^t\sigma_{pe}^t}{E_c}\left(\frac{1}{A}+\frac{e_p^t e_p^b}{I}\right) \tag{6-26}$$

式中：ε_{pe}、σ_{pe}——预应力筋的有效张拉应变和应力；

E_p、E_c——预应力筋和混凝土的弹性模量；

ε_{ce}——预应力中心处混凝土的预压应变；

A_p——预应力筋截面积；

A、I——梁截面积和截面惯性矩；

e_p——预应力筋偏心距。

钢筋处于弹性阶段，预应力筋拉力分别为：

$$T_p^t=A_p^t E_p\left[\varepsilon_{pe}^t-\varepsilon_{ce}^t+\varepsilon_c\left(\frac{x-h_p^t}{x}\right)\right] \tag{6-27}$$

$$T_p^b=A_p^b E_p\left[\varepsilon_{pe}^b-\varepsilon_{ce}^b+\varepsilon_c\left(\frac{x-h_p^b}{x}\right)\right] \tag{6-28}$$

式中：T_p——预应力筋拉力；

h_p——预应力筋离受压边缘的距离；

ε_c——混凝受压边缘应变；

x——截面受压区高度。

截面弯矩为：

$$M=T_p^t h_p^t+T_p^b h_p^b-\frac{E_c\varepsilon_c bx^2}{6} \tag{6-29}$$

式中：M——截面弯矩；

b——截面宽度。

给定一个 ε_c 值时，根据截面内力平衡条件，可用试算法求出受压区高度 x。得到预应力钢筋的应变和应力，求出对应的弯矩。实际应用中，一般选取两个较大差距的 ε_c 值，以求得相应的钢筋应力、弯矩，任何中间的数值则可以通过线性比例关系求得。

叠合后构件应变变化仍满足平截面假定，如图 6-28 所示。受压区高度 x 一般情况下不可能位于叠合层内，混凝土和预应力筋的应变、应力计算公式同前文叠合前截面，其中预应力筋的应变 ε_{pe}^t、ε_{pe}^b、ε_{ce}^t 和 ε_{ce}^b 的值不变。上缘叠合层普通钢筋存在应变滞后，滞后应变 ε_s^0 可通过叠合前截面的受压区高度 x_0 求出，其最终应变为：

$$\varepsilon_s=\varepsilon_c\left(\frac{x-h_s}{x}\right)-\varepsilon_c^0\left(\frac{x_0-h_s}{x_0}\right) \tag{6-30}$$

$$T_s=A_s E_s\varepsilon_c\left(\frac{x-h_s}{x}\right)-A_s E_s\varepsilon_c\left(\frac{x_0-h_s}{x_0}\right) \tag{6-31}$$

式中：ε_s——上缘叠合层内普通钢筋应变；

ε_c^0、ε_c——叠合前后混凝土受压边缘应变；

x_0、x——叠合前、后受压区高度；

h_s——普通钢筋距受压边缘的距离；

A_s、E_s——普通钢筋的截面积及弹性模量；

T_s——普通钢筋拉力。

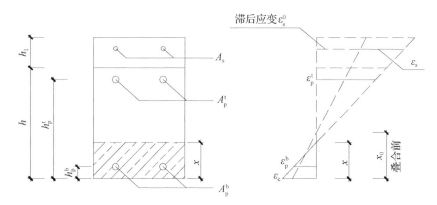

图 6-28　叠合构件应变分布图

截面弯矩为：

$$M = T_s h_s + T_p^t h_p^b + T_p^b h_p^b + \frac{E_c \varepsilon_c b x^2}{6} \tag{6-32}$$

式中：M——叠合后截面弯矩。

同样，可通过试算求得预应力筋、钢筋应变和截面弯矩。

6.3.9　节点核心区设计

1）核心区受力分析

节点核心区的剪力推导过程可参照现浇构件，不考虑预应力钢筋弯曲角度的影响。对于钢拉杆试件，钢拉杆会发生粘结滑移，斜压杆机理传递剪力较大；高强钢筋试件桁架机理传递剪力较大，受力更为不利，因此取高强钢筋试件进行分析，钢拉杆试件可以偏安全按照高强钢筋试件进行配筋。节点的外部荷载分布如图 6-29 所示，柱子内钢筋及混凝土的受力未标注。

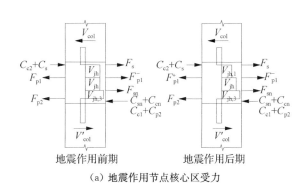
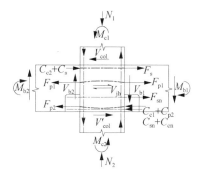

（a）地震作用节点核心区受力　　　（b）计算模式下地震作用节点核心区受力

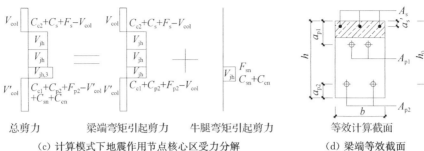

(c) 计算模式下地震作用节点核心区受力分解　　　　(d) 梁端等效截面

图 6-29　节点受力分析图

通过模拟分析可知,由于上层预应力筋最大负弯矩时的拉应变大于最大正弯矩时的拉应变,前期正负弯矩时均能达到屈服,后期正弯矩时不能达到屈服。图 6-29(a)为两种状态节点核心区的剪力分布,可见均能达到屈服时受力最为不利,因此计算模式取图 6-29(b)和图 6-29(c),牛腿弯矩引起的局部剪力增大可由其自身配筋承担,因此暂不考虑。

根据节点核心区顶部平衡关系:

$$V_{jh} = C_s + C_{c2} + F_s - V_{col} \tag{6-33}$$

$$C_s + C_{c2} = F_{p1} + F_{p2} \tag{6-34}$$

将式(6-34)代入式(6-33)得:

$$V_{jh} = F_{p1} + F_{p2} + F_s - V_{col} \tag{6-35}$$

框架梁端邻近节点核心区处会形成塑性铰,节点将承受两侧塑性铰区受弯钢筋达到屈服并超强所产生的剪力,此时水平剪力 V_{jh} 可表达为:

$$V_{jh} = \gamma(f_y A_s + f_{py} A_{p1} + f_{py} A_{p2}) - V_{col} \tag{6-36}$$

对前半式做如下变换:

$$
\begin{aligned}
&\gamma(f_y A_s + f_{py} A_{p1} + f_{py} A_{p2}) \\
&= \frac{\gamma(f_{py} A_{p1} + f_{py} A_{p2} + f_s A_s)(h_0 - a_{p2})}{h_0 - a_{p2}} \\
&= \frac{\gamma f_{py} A_{p1}(h_0 - a_{p2}) + \gamma(f_{py} A_{p2} + f_s A_s)(h_0 - a_{p2})}{h_0 - a_{p2}} \\
&= \frac{\gamma f_{py} A_{p1}[(h - a_{p1} - a_{p2}) + (a_{p1} - a_s')] + \gamma(f_{py} A_{p2} + f_s A_s)(h_0 - a_{p2})}{h_0 - a_{p2}} \\
&= \frac{\gamma[f_{py} A_{p1}(a_{p1} - a_s') + f_{py} A_{p2}(h_0 - a_{p2})] + \gamma[f_s A_s(h_0 - a_{p2}) + f_{py} A_{p1}(h - a_{p1} - a_{p2})]}{h_0 - a_{p2}}
\end{aligned}
$$

$$\tag{6-37}$$

正弯矩时,上缘受压区合力点近似位于受压钢筋中心处;负弯矩时,下缘受压区合力点在受压预应力钢筋下部,但偏差不大。因此

$$M_u^+ = [f_{py} A_{p1}(a_{p1} - a_s') + f_{py} A_{p2}(h_0 - a_{p2})]$$

$$M_u^- \geqslant \left[f_s A_s (h_0 - a_{p2}) + f_{py} A_{p1} (h - a_{p1} - a_{p2}) \right]$$

$$\sum M_{bua} = M_u^- + M_u^+ \tag{6-38}$$

柱子剪力在节点核心区上下是不相等的,然而它对总的水平剪力影响较小,可近似取 $V'_{col} = V_{col}$。柱子的剪力可用如下公式求得:

$$V_{col} = \frac{\gamma \sum M_{bua}}{H_c - h_{b0}} \tag{6-39}$$

将式(6-37)、式(6-38)和式(6-39)代入式(6-36)得:

$$V_{jh} \leqslant \frac{\gamma \sum M_{bua}}{h_0 - a_{p2}} - \frac{\gamma \sum M_{bua}}{H_c - h_{b0}} \tag{6-40}$$

偏安全可取:

$$V_{jh} = \frac{\gamma \sum M_{bua}}{h_0 - a_{p2}} \left(1 - \frac{h_0 - a_{p2}}{H_c - h_{b0}} \right) \tag{6-41}$$

根据我国规范,现浇结构节点核心区水平方向剪力的计算公式为:

$$V_{jh} = \gamma f_y (A_s + A'_s) \left(1 - \frac{h_0 - a'_s}{H_c - h_{b0}} \right) = \frac{\gamma \sum M_{bua}}{h_0 - a'_s} \left(1 - \frac{h_0 - a'_s}{H_c - h_{b0}} \right) \tag{6-42}$$

可见新型节点与现行规范公式关于现浇结构的计算公式形式相同,仅 h_0 的定义有所不同。在 M_{bua} 相同的情况下,a_{p2} 越大,节点的剪力越大。当 a_{p2} 接近于 a'_s 时,节点剪力与现浇构件相同。

2) 节点核心区抗剪强度计算

节点的受力机理受多种因素的影响,包括混凝土强度、钢材的屈服强度、节点内的配筋构造以及梁柱主筋的锚固状况等。目前较为流行的有斜压杆机理、桁架机理和剪摩擦机理。三种受力机理被应用于各种不同的破坏形式和规范。然而,目前还没有建立一个合理的、统一的节点核心区受力模型,不同的规范之间存在着不一致。苏联以斜压杆为基础,新西兰以斜压杆机理和桁架机理共同作用为依据,而美国以剪摩擦机理和斜压杆机理为主。

我国对框架节点抗震性能的研究起步于 20 世纪 60 年代,80 年代在一批框架节点试验的基础上,基于"桁架"和"斜压杆"受力模型,研究人员提出最初的节点设计方法,在此后的规范修订中不断修正及优化。对于有水平预应力筋通过的节点,预应力增加了横向的约束,因而可以提高节点的抗剪强度。对于有粘结预应力框架节点,其节点核心的受剪承载力可由混凝土、箍筋和预应力作用三者组成,即在普通钢筋混凝土框架梁柱节点抗震受剪承载力计算公式的基础上增加预应力作用一项,其表达式为[5-6]:

$$V_j \leqslant \frac{1}{\gamma_{RE}} \left(1.1 \eta_j f_t b_j + 0.05 \eta_j N \frac{b_j}{b_c} + f_{yv} A_{svj} \frac{h_{b0} - a'_s}{s} + 0.4 N_p \right) \tag{6-43}$$

式中:N_p——作用在节点核心范围内预应力筋有效预应力的合力。

但是,如果预应力筋布置在接近梁截面的外纤维处,在塑性铰形成后的预应力筋会因为应变很大导致预应力丧失,只有在梁截面中部 1/3 截面范围的预应力才是有效的。节点预应力筋张拉力小,且在极限状态下发生屈服,因此应按普通钢筋混凝土构件进行设计,其表达式为[5-6]:

$$V_j \leqslant \frac{1}{\gamma_{RE}} \left(1.1 \eta_j f_t h_j + 0.05 \eta_j N \frac{b_j}{b_c} + f_{yv} A_{svj} \frac{h_{b0} - a'_s}{s} \right) \qquad (6\text{-}44)$$

式中:N——考虑地震作用组合剪力设计值的节点上柱底部的轴向力设计值,当 N 为压力时取轴向压力设计值的较小值,当 N 大于 $0.5 f_c b_c h_c$ 时,取 $0.5 f_c b_c h_c$,当 N 为拉力时,取为 0;

　　　　γ_{RE}——承载力抗震调整系数;

　　　　η_j——正交梁的约束影响系数;

　　　　b_j——框架节点核心区的截面有效验算宽度;

　　　　h_j——框架节点核心区的截面高度;

　　　　b_c——柱截面宽度;

　　　　A_{svj}——核心区有效验算范围内同一截面验算方向箍筋各肢的全部截面面积;

　　　　h_{b0}——梁截面有效高度,节点两侧梁截面高度不等时取平均值;

　　　　a'_s——梁纵向受压钢筋合力点至截面近边的距离;

　　　　s——箍筋间距。

3) 节点核心区设计建议

(1) 上层预应力筋的位置对节点核心区最大剪力大小无影响,节点剪力仅与梁端弯矩及下层钢筋位置(内力臂高度)有关,节点剪力计算公式的形式同现浇结构,可按现行规范进行计算。

(2) 牛腿的存在改变了节点区剪力的分布,牛腿处的节点剪力为梁端弯矩引起的核心区剪力加上牛腿纵向钢筋的拉力。由试验结果可知牛腿的水平主筋和分布钢筋可以兼作节点核心区的箍筋,因此,一般不用再另配箍筋。

(3) 节点核心区的抗剪强度计算不考虑预应力的影响,按我国规范普通钢筋混凝土结构计算。采用钢拉杆的构件,预应力接近无粘结,斜压杆机理的贡献更大,节点核心区的抗剪强度偏安全可以采用同样的方法计算和配筋。

6.3.10　牛腿受力设计

局部预应力装配整体式混凝土梁柱连接的牛腿受力非常复杂,纵筋和箍筋的受力与简支牛腿均有很大的不同,牛腿上、下缘纵筋和竖向箍筋受力均较大,且在正、负弯矩作用下均有可能控制设计。根据拉压杆理论,给出刚接牛腿的拉压杆模型。

1) 负弯矩作用时

梁端负弯矩作用时,拉压杆模型如图 6-30 所示。其为静定结构,可直接求出各杆件内力,其中 AF 为零力杆。可见,框架梁下缘的压力 F_{bc} 由压杆 EF 承担,等效减小了牛腿的有效高度,尤其当预应力筋采用钢拉杆时,由于节点区钢筋滑移,压杆 EF 压力更大,因此在牛腿高度不足时,可在压杆 EF 中配置受压钢筋,从而减小压杆的高度。牛腿顶部竖向荷载由斜压杆 AB 和拉杆 AC 承担,斜压杆 AB 的进一步精细化模型和配筋可参照欧洲 EC 2 规范[7]。

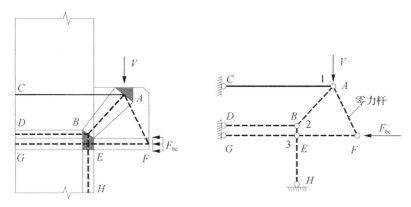

图 6-30   梁端负弯矩时牛腿拉压杆模型

2）正弯矩作用时

梁端正弯矩作用时,框架梁下缘弧形预应力筋受拉,简化为折线考虑,在牛腿内有一斜向直线,牛腿与梁柱接缝处有一折角,水平地震荷载下梁端转角集中于此。牛腿承担的荷载有其预应力筋通过与混凝土的粘结力向牛腿传递的拉力,以及在牛腿端部接缝处因转角引起的竖向力和水平力。因牛腿尺寸较小,后者引起的力应考虑。

牛腿范围内的拉压杆模型如图 6-31 所示。其为静定结构,可直接求出各杆件内力。E 为牛腿外伸长度的中点,粘结应力传递角度 θ 取 $45°$,混凝土的粘结应力为 τ_b,牛腿范围内传递的拉力为 F_{p1}、F_{p2}。计算公式如下:

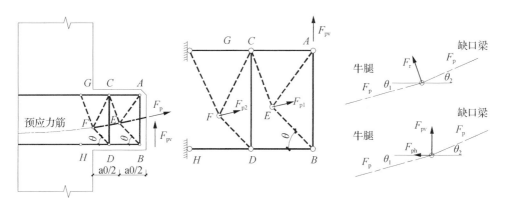

图 6-31   梁端正弯矩时牛腿拉压杆模型及荷载计算图示

$$F_{p1}=F_{p2}=\tau_b \pi d_b l_{EF} \tag{6-45}$$

预应力筋在牛腿端部因转角将引起指向圆心的径向力 F_r，分解为竖向力 F_{vi} 和水平力 F_{hi}，可按层间位移角为 2% 时引起的转角计算，梁高越大，引起的折角越大，荷载也越大。试验试件 F_{pv} 约为 0.06 倍 F_p，水平力 F_{ph} 很小可忽略不计。力方向以向上和向左为正，荷载计算公式如下：

$$F_r = F_p \sin\frac{\theta_2 - \theta_1}{2} \tag{6-46}$$

$$F_{ph} = F_p(\cos\theta_1 - \cos\theta_2) \tag{6-47}$$

$$F_{pv} = F_p(\sin\theta_1 - \sin\theta_2) \tag{6-48}$$

拉杆 AC、CG、BD 和 DH 的拉力由顶、底缘纵向钢筋承担。拉杆 CD 和拉杆 AB 受到的拉力由箍筋承担，计算所得箍筋量平均分布在牛腿外伸长度范围内。模型中节点均为弥散节点，拉杆和压杆均分布在整个牛腿空间内，不用对节点和压杆进行验算。

3）局部预应力装配整体式混凝土梁柱连接的牛腿设计建议

（1）牛腿的高度取预制梁高度的一半，外伸长度取 20 cm，凸角处应做成斜角或圆角。施工阶段不控制设计，因此采用使用阶段荷载进行设计计算。

（2）节点牛腿与常规简支牛腿的受力有很大不同，应采用本章提出的拉杆模型法进行分析和配筋。节点牛腿顶部竖向力作用下，牛腿的竖向箍筋和横向箍筋的配筋量计算可参照欧洲 EC 2 规范中拉压杆模型法的规定。

（3）与简支牛腿不同，刚接牛腿下缘同样应配置一定数量的普通纵筋，以承担地震反复荷载作用下的压力和拉力，尤其是采用钢拉杆作为预应力筋时，要防止发生牛腿提前受压破坏。钢筋面积可偏保守取下缘预应力筋的等效面积。

（4）牛腿竖向箍筋的作用尤为重要，配筋量应满足计算要求，且不小于直径 8 mm，间距不大于 60 mm，第一排箍筋的位置应尽量靠近端面布置。

（5）牛腿的横向主筋和分布箍筋可以兼顾节点核心区箍筋，且应可靠锚固在牛腿端面，锚固措施可参照简支牛腿的相关规定。

（6）拉杆模型法尚未纳入《混凝土结构设计规范》（GB 50010—2010）中，其拉杆、压杆和节点可参照《公路钢筋混凝土及预应力混凝土桥涵设计规范》（JTG 3362—2018）进行验算。

本章参考文献

［1］American Concrete Institute（ACI）. Guide to Emulating Cast-in-Place Detailing for Seismic Design of Precast Concrete Structures：ACI 550. 1R-09［S］. Farmington Hills，2009.

［2］鲍雷 T，普利斯特利 M J N. 钢筋混凝土和砌体结构的抗震设计［M］. 北京：中国建筑工业出版社，1992.

［3］深圳市住房和建设局. 预制装配整体式钢筋混凝土结构技术规范：SJG 18—2009［S］. 深圳，2009.

［4］赵勇,王晓锋,姜波,等. 装配式混凝土结构施工验算评析[J]. 施工技术,2012,41(5):29-34.

［5］中华人民共和国住房和城乡建设部. 混凝土结构设计规范:GB 50010—2010[S]. 北京:中国建筑工业出版社,2011.

［6］中华人民共和国住房和城乡建设部,中华人民共和国国家质量监督检验检疫总局. 建筑抗震设计规范:GB 50011—2010[S]. 北京:中国建筑工业出版社,2010.

［7］EN 1992-1-1. Eurocode 2-Design of Concrete Structures—Part 1-1: General Rules and Rules for Buildings[S]. Brussels:European Committee for standardization,2004.